高等院校计算机应用系列教材

ASP.NET Web开发技术

(微课版)

王 颖 刘 艳 王先水 主 编

清華大学出版社

北 京

内 容 简 介

ASP.NET Web 是目前软件开发市场比较流行的一种开发技术，可配合任何一种.NET 平台下的语言进行开发。本书以构建 SPOC 混合教学模式对 ASP.NET Web 开发技术课程进行总体设计：课程从“准职业人”的角度，以工作过程为导向、工作任务为基础、学生能力为落脚点，突出培养学生软件设计、代码编写、算法设计能力，通过课内、课外双线同步并实施教学。

本书共 10 章，主要内容包括 Web 技术概述、ASP.NET Web 标准服务器控件、用户控件和母版页技术、站点导航控件、ASP.NET 常用内置对象与数据传递、ASP.NET 状态管理、ADO.NET 数据库访问技术、数据绑定与数据绑定控件、ASP.NET AJAX 控件、三层架构和 MVC 开发技术等。书中的所有案例均来自编者多年的教学手稿笔记及项目开发经验，具有一定的实用性。

本书可作为高等院校计算机相关专业的 Web 开发、网络程序设计、Web 数据库应用技术等课程的教材，也可作为对 Web 应用开发有兴趣的人员的自学用书。

图书在版编目(CIP)数据

ASP.NET Web 开发技术：微课版 / 王颖，刘艳，王先水主编. —北京：清华大学出版社，2023.1 (2025.1 重印)

高等院校计算机应用系列教材

ISBN 978-7-302-62103-4

I. ①A… II. ①王… ②刘… ③王… III. ①网页制作工具—程序设计—高等学校—教材 IV. ①TP393.092

中国版本图书馆 CIP 数据核字(2022)第 198320 号

责任编辑： 刘金喜
封面设计： 高娟妮
版式设计： 妙思品位
责任校对： 成凤进
责任印制： 刘海龙

出版发行： 清华大学出版社
网　址：https://www.tup.com.cn, https://www.wqxuetang.com
地　址：北京清华大学学研大厦 A 座　　邮　编：100084
社 总 机：010-83470000　　邮　购：010-62786544
投稿与读者服务：010-62776969，c-service@tup.tsinghua.edu.cn
质 量 反 馈：010-62772015，zhiliang@tup.tsinghua.edu.cn

印 装 者： 三河市龙大印装有限公司
经　销： 全国新华书店
开　本： 185mm×260mm　　**印　张：** 19.5　　**字　数：** 438 千字
版　次： 2023 年 1 月第 1 版　　**印　次：** 2025 年 1 月第 3 次印刷
定　价： 79.00 元

产品编号：099238-01

前　言

ASP.NET Web 是目前软件开发市场比较流行的一种开发技术。该技术易学易用，开发效率高，可配合任何一种.NET 平台下的语言进行开发。

本书以构建 SPOC 混合教学模式对 ASP.NET Web 开发技术课程进行总体设计：课程从"准职业人"的角度，以工作过程为导向、工作任务为基础、学生能力为落脚点，突出培养学生软件设计、代码编写、算法设计能力，通过课内、课外双线同步并实施教学，培养 Web 开发设计、数据库设计、ASP.NET 后台开发技术、ADO.NET 技术等方面的高技能与高素质应用型人才；按职业岗位能力设计 Web 网站设计基础模块、Web 开发控件基础模块、ADO.NET 数据库访问技术模块、ASP.NET 项目上机实验模块四大课程模块。

本书的目的在于让广大学生和学员更快、更好地理解和掌握 ASP.NET Web 开发技术的每个知识要点。本书在整理时参考了目前市面上已有的相关书籍，集各家之所长，结合多年的教学手稿笔记进行扩展与整理，将一些原本深奥并难以理解的开发技术思想通过一些简单的案例进行解析，让学生能够轻松掌握开发技术思想的精髓。

本书以"案例驱动教学"为整体编写原则，所有开发技术知识要点均基于一两个案例，通过案例来加深对项目开发技术思想的理解。书中设计的案例来自企业真实项目的拆分，上机实验部分体现了知识的综合应用及设计开发能力的培养。书中的例题、上机实验内容均在 Visual Studio 2013 以上版本开发平台下通过测试且运行无误。在这种思想指导下，组织本书的内容如下。

第 1 章　Web 技术概述：主要介绍软件体系架构、Web 工程原理、Web 网页开发技术，以及 ASP.NET 的运行、开发环境和配置。

第 2 章　ASP.NET Web 标准服务器控件：主要介绍常用的 ASP.NET Web 标准服务器控件的属性、事件、方法及应用，ASP.NET 验证控件的基本属性、事件、方法及应用。

第 3 章　用户控件和母版页技术：主要从项目开发要求页面风格的一致角度出发，讲解用户控件的创建和使用、母版页的创建和使用。

第 4 章　站点导航控件：主要介绍站点导航控件在网站开发中的基本应用，以及指示当前操作页面的具体位置。

第 5 章　ASP.NET 常用内置对象与数据传递：主要介绍 ASP.NET 各内置对象的属性、方法及基本应用，跨页传递数据的基本方法和应用。

第 6 章 ASP.NET 状态管理：主要介绍 Cookie 对象、Session 对象和 Application 对象的常用属性及基本应用。

第 7 章 ADO.NET 数据库访问技术：主要介绍 ADO.NET 数据模型及常用对象、数据库的连接字符串、连接数据库的 Connection 对象、执行数据库命令的 Command 对象、读取数据的 DataReader 对象、DataSet 对象、数据读取器的 DataAdapter 对象。

第 8 章 数据绑定与数据绑定控件：主要介绍数据绑定表达式实现数据绑定的基本原理，常用数据绑定控件 GridView、DetailsView、FormView 等的常用属性，以及绑定数据的基本原理和基本应用。

第 9 章 ASP.NET AJAX 控件：本章主要实现用户体验，重点介绍 AJAX 技术工件原理、常用 ASP.NET AJAX 控件的基本语法和基本应用。

第 10 章 三层架构和 MVC 开发技术：简单介绍三层架构的基本原理和 MVC 开发技术的入门知识。

为方便教师教学和学生自学，本书对重点知识和案例通过嵌入二维码的形式进行视频讲解，同时配套相应的免费讲稿、PPT 课件、教学大纲、实验大纲和案例源代码，这些资源可通过扫面下方二维码下载。

教学资源

本书在武汉轻工大学机械工程学院和武汉工程科技学院信息工程学院的大力支持下，由武汉轻工大学机械工程学院材料成型系王颖、武汉工程科技学院信息工程学院计算机系刘艳、王先水三位老师共同编写完成。书中案例全部来自教师多年上课的手稿笔记和讲稿，同时引用了参考文献中列举的 ASP.NET Web 开发技术相关书籍中的部分内容，吸取了同行的宝贵经验，在此谨表谢意。

因编者水平有限，书中难免有不当之处，欢迎广大读者批评指正。

服务邮箱：476371891@88.com。

编　者

2022 年 10 月于武汉

目　录

第 1 章 Web 技术概述

Web 技术的飞速发展增强了人们对现实世界的认识，为人们的生活提供了极大的便利。ASP.NET是进行 Web 应用程序开发的主流技术之一，该技术易学易用、开发效率高，可以配合任何一种.NET 语言进行 Web 开发。

Web 技术概论

1.1 软件体系架构

架构设计出现的背景是需要进行超越算法和数据结构的设计，以适应软件规模和复杂性的增长。由美国 Borland 公司最早研发的 C/S(client/server，客户/服务器)架构技术、美国微软公司研发的 B/S(browser/server，浏览器/服务器)架构技术是当今应用软件开发领域在主流软件中的开发体系结构。

1.1.1 C/S 架构

C/S架构是典型的两层架构，其客户端包含一个或多个在用户计算机上运行的程序。服务器端有两种：一种是数据库服务器端，客户端通过数据库连接访问服务器端的数据；另一种是 Socket 服务器端，服务器端的程序通过 Socket 与客户端的程序通信。

在 C/S 架构中，客户端需要实现绝大多数的业务逻辑和页面展示，通过与数据库的交互(通常是 SQL 或存储过程)实现持久化数据，以此满足实际项目的需要。

C/S架构的优点：界面和操作丰富；安全性能容易保证，容易实现多层论证；只有一层交互，响应速度非常快。

C/S 架构的缺点：适用面窄，常用于局域网中；用户群固定，程序需要安装才可使用；维护成本高，软件每升级一次，其所涉及的所有客户端程序都需要升级。

1.1.2 B/S 架构

B/S 架构是三层架构，由浏览器端、Web 服务器端、数据库端构成。其中，浏览器指的是 Web 浏览器，其极少数业务逻辑在前端实现，主要的业务逻辑在服务器端实现。B/S 架构系统只需有 Web 浏览器就可访问，不存在软件安装。

B/S 架构中的显示逻辑在 Web 浏览器上完成，而业务逻辑则在 Web 服务器上完成，减少了客户端压力。

B/S 架构的优点：客户端无须安装，只需 Web 浏览器即可；B/S 架构可直接连在局域网上，通过一定的权限控制实现多客户访问的目的，交互性强；B/S 架构只需升级服务器软件。

B/S 架构的缺点：在跨浏览器方面，B/S 架构不尽人意；在速度和安全性方面需要花费巨大的设计成本。

1.2 Web 工程原理

当用户通过浏览器访问 Web 站点时，数据必须遵从 HTTP(hyper text transfer protocol，超文本传输协议)进行数据传输。HTTP 是基于 B/S 架构使用 TCP 连接在应用层进行可靠的数据传输。

按 HTTP 传输的数据实质是 W3C 网页文件。该网页文件是用 HTML(hyper text markup language，超文本标记语言)编写的可在 WWW 上传输能被浏览器识别显示的文本文件，文件的扩展名为 htm 或 html 等。

1.2.1 HTTP

因特网能够迅速发展的原因是 WWW 的迅速发展，而 WWW 不断成功的最主要原因是超文本传输协议的高效性。HTTP 是以 TCP/IP(transmission control protocol/Internet protocol，传输控制协议/网际协议)通信协议为基础，提供在 WWW 服务器和客户端浏览器之间传输信息机制，规定客户端浏览器和服务器间的交互规则。

因特网上的每个网页都具有一个唯一的名称标识，通常称为 URL(uniform resource locator，统一资源定位地址)，其可以是本机磁盘，也可以是局域网上的某一台计算机，但更多的是因特网上的网站。简单地说，URL 是 WWW 地址，即通常所说的网址，其基本格式为

传输协议: // 主机名:端口号/路径

例如：

http://localhost:17186/WebUserLogin.aspx

传输协议　本机服务器端口 17186　网页文件

http://www.wuhues.com/jigoushezhi/xueyuanshezhi/

传输协议　武汉工程科技学院网站　网页文件

1. HTTP 的工作原理

WWW 使用 HTTP 传输各种超文本网页和数据，HTTP 会话过程包括以下 4 个步骤。

1) 建立连接

客户端的浏览器向服务器端发出建立连接的请求，服务器端给出响应后即可建立连接。

2) 发出请求

客户端按照协议要求通过连接向服务器端发出自己的请求，客户端常采用 HTTP URL 向服务器端发出访问请求。

3) 给出应答

服务器端按照协议的要求给出应答，把结果(HTML文件)返回给客户端。也就是说，服务器端将选中的 HTML 文档通过连接传输到客户端，并将其在浏览器中显示出来。

4) 关闭连接

客户端接到响应后关闭连接。也就是说，HTML文件传到客户端后，服务器将会自动终止该 TCP/IP 连接。

例如，某客户端发出请求的 URL 为 http://www.wuhues.com/jigoushezhi/xueyuanshezhi.htm，假设 xueyuanshezhi 网页是一个基本的 HTML 文件，请分析完整的会话过程。客户端浏览器与服务器主机 www.wuhues.com 的会话过程如下。

(1) 客户端初始化一个与服务器主机 www.wuhues.com 中服务器的 TCP 连接，服务器使用默认端口号 80 监听来自客户端的连接建立请求。

(2) 客户端与 TCP 连接相关的本地套接字发出一个 HTTP 请求消息，该消息中包含路径 jigoushezhi/xueyuanshezhi.htm。

(3) 服务器与 TCP 连接相关联的本地套接字接收这个请求消息，再从服务器主机的内存或磁盘中取出对象 jigoushezhi/xueyuanshezhi.htm，经由同一个套接字发出包含该对象的响应消息。

(4) 服务器告知 TCP 关闭该 TCP 连接，但TCP 要到客户端收到刚才的响应消息之后才会真正终止该连接。

(5) 客户端由同一个套接字接收该响应消息，TCP连接随后终止，该消息表明所封装的对象是一个 HTML 文件。

2. HTTP 的特点

HTTP 的特点主要有：以 B/S 架构为基础；简单快速，浏览器向服务器请求服务时只需传送请求方法和路径，HTTP 简单，使得服务器和程序规模小，通信速度快；HTTP 允许传输任意类型的数据对象；浏览器向服务器发出一个请求，服务器响应处理客户的请求并收到客户的应答后，断开服务器与浏览器的连接，从而节约传输时间；HTTP对于事务处理没有记忆能力。

1.2.2 网页开发技术

网页分为静态网页和动态网页两大类，相应的网页开发技术也分为静态网页开发技术和动态网页开发技术。

1. 静态网页开发技术

静态网页是指用纯 HTML代码编写的网页，并保存扩展名为 html 或 htm 的文件形式。这种用纯 HTML代码编写的网页在设计完成后，任何人在任何时候采用任何方式浏览该页面，其效果都是相同的。因此，这种网页的内容更新较烦琐，必须是设计制作好之后用专门的软件上传到服务器上才能更新。

静态网页开发技术适用于更新较少的展示型网站，可用于传统的媒体广告，会出现各种动态效果，如 GIF 格式的动画、滚动字幕等，但这些动态效果只是视觉上的。

静态网页的执行过程：用户通过客户端浏览器输入网址并按 Enter 键后，发出 WWW 请求；服务器收到静态网页请求；服务器从硬盘的指定位置查找相应的 HTML 文件；将硬盘中找到的 HTML 文件返回给服务器；服务器向客户端返回请求的文件；客户端浏览器收到请求的文件，解析这些 HTML 代码并将其显示出来。

静态网页中没有程序代码，只有HTML标记，但静态网页中可以包含客户端脚本，常见的客户端脚本语言有 JavaScript。客户端脚本在一个特定的网页中改变界面及行为，或者响应鼠标或键盘操作。也就是说，静态网页的动态行为都是在客户端进行的，而网页是静态生成的。

2. 动态网页开发技术

动态网页是执行时用户可以输入允许的各种信息，以实现人机交互，能根据不同的时间、不同的访问者显示不同的内容。采用动态网页开发技术可实现用户注册、用户登录、用户管理、订单管理等操作。动态网页的文件格式根据不同的程序设计语言而定，常见的有 ASP、JSP、PHP 等。

动态网页的执行过程：用户通过客户端浏览器输入网址并按 Enter 键后，发出 WWW 请求；服务器收到动态网页请求；服务器从硬盘的指定位置查找相应的动态网页文件；将硬盘中找到的动态网页文件返回给服务器；服务器执行其中的程序代码，生成 HTML 文件；服务器向客户端返回 HTML 文件，客户端浏览器收到请求的文件，并以图形方式将 HTML 标记显示在浏览器上。

对于动态网页，服务器的主要功能是通过文件系统找到用户要访问的动态网页文件，执行该网页文件中的程序代码，产生 HTML 文件，再将 HTML 文件传给客户端浏览器。

1.3 Web 网页开发技术

WWW 是一种典型的分布式应用架构，其应用中的每次信息交换都涉及客户端和服务器端两个层面，因此 Web 网页开发技术主要分为 Web 客户端技术和 Web 服务器端技术。

1.3.1 Web 客户端技术

Web客户端的首要任务是展现信息内容，而 HTML 是信息展现的最有效的载体之一。最初的 HTML 只能在浏览器中展现静态的文本或图像信息，满足不了人们对信息丰富和多样性的强烈要求，因此由静态网页技术向动态网页技术转变成为 Web 客户端技术演进的必然趋势。目前，支持 Web 客户端动态技术的语言主要有 VBScript、JavaScript 脚本语言。

1. HTML

HTML 是 Internet 用于编写网页的主要语言，它提供了精简而有力的文件定义，可以设计出多姿多彩的超媒体文件。借助 HTTP，HTML 文件可以在全球的互联网上进行跨平台的文件交换。

HTML 文件是纯文本的文件格式，文件中的文字、字体、字号大小、段落、图片、表格及超链接，甚至文件名称都是用不同意义的标签来描述的，以此来定义文件的结构与文件间的逻辑关联。简而言之，HTML 是以标签来描述文件中的多媒体信息。

客户端浏览器按顺序解释执行 HTML 文件，对 HTML 文件中的标签用错或属性用错，既不报错，也不终止执行。不同的浏览器对同一标记会有不同的解释，也就有不同的显示效果。

2. CSS

CSS(cascading style sheet，样式表)属于动态 HTML 技术，扩充了 HTML 标记的属性设置，使得显示页面效果更加丰富，表现效果更加灵活，它与 DIV 配合使用可以很好地对页面进行分割和布局。CSS 对页面元素、布局更加精确，同时能够实现页面内容与表现形式的分离，使得网站的设计风格趋向统一，维护更加容易。

3. JavaScript 脚本语言

JavaScript 是一种轻量级的直译式编程语言，基于 ECMAScript 标准(一种由 ECMA 国际组织，通过 ECMA-262 标准化的脚本程序语言)，于 1995 年由网景(Netscape)公司开发，基于对象的、采用事件驱动的脚本语言。JavaScript、HTML 和 CSS 被称为“Web 前端开发的三大技术”，目前 JavaScript 已经广泛应用于 Web 开发，当今几乎所有的浏览器都支持 JavaScript，无须额外安装第三方插件。

JavaScript 脚本语言的特点：JavaScript 是一种直译式的脚本语言，无须事先编译，要以在程序运行的过程中逐行解释的方式使用；JavaScript 具有非常简单的语法，无须定义变量类型，所有变量的声明都可以用统一的类型关键字表示；JavaScript 语言是一种 Web 程序开发语言，只与浏览器的支持有关，与操作系统的平台类型无关；JavaScript 语言对大小写非常敏感。

1.3.2 Web 服务器端技术

Web 服务器端技术是指服务器端的脚本编程技术，常用的服务器脚本语言有 CGI、ASP、PHP、JSP、ASP.NET、Python 等。这些脚本语言的共同特点是都运行于服务器端，能够动态生成网页，脚本运行不受客户端浏览器的限制，脚本程序都是将脚本语言嵌入 HTML 文档中，执行后返回给客户端的是 HTML 代码。

1. CGI

CGI 即通用网关接口，是一种早期的动态网页技术，可以使用不同的程序设计语言编写适合的 CGI 程序，如 VB、C/C++等。该技术已经发展成熟且功能强大，但因编程困难，效率低下，修改复杂，所以逐渐被新技术取代。

2. ASP

ASP 是 Microsoft 开发的服务器脚本环境，内置于 IIS 3.0 及以后的版本中，通过 ASP

可结合 HTML 网页、ASP 指令和 ActiveX 组件建立动态、交互且高效的 Web 服务器应用程序。ASP 动态网页技术开发网页程序代码是在服务器端执行的，服务器端将程序执行的结果返回给客户端浏览器，从而减轻客户端浏览器的负担，极大提高了服务器端与客户端浏览器的交互速度。

3. PHP

PHP 是一种易学习和使用的服务器端脚本语言，用户只需要很少的编程知识就能使用 PHP 建立一个真正交互的 Web 网站。PHP 不需要特殊的开发环境，不仅支持多种数据库，还支持多种通信协议。

4. JSP

JSP 是由 Sun 公司推出的，基于 Java Servlet 及 Java 体系的 Web 开发技术。在 HTML 文档中嵌入 Java 程序片段(Scriptlet)和 JSP 标记可形成 JSP 文件。JSP 脚本运行于服务器端，可以跨 UNIX、Linux、Windows 平台使用。JSP 代码需编译成 Servlet 并由 Java 虚拟机执行，编译操作仅在对 JSP 页面第一次请求时发生。

5. ASP.NET

ASP.NET 是继 ASP 后推出的全新动态网页开发技术，是建立在.NET Framework 公共语言运行库上的，可用于在服务器上生成功能强大的 Web 应用程序。

6. Python

Python 是由荷兰人 Guido van Rossum 发明，于 1991 年公开发行的一种脚本语言。它是面向对象的解释型程序设计语言，具有简洁性、易读性和可扩展性，广泛应用于系统管理任务的处理和 Web 的开发。

1.4 ASP.NET 基础知识

ASP.NET 是 Microsoft 公司的 Web 服务器端脚本技术，运行在 IIS(internet information server，互联网信息服务)服务器中的程序，可以使嵌入网页中的脚本由 WWW 服务器执行，其是动态网页技术，也是面向新一代企业级的网络计算 Web 平台，还是.NET Framework (.NET 框架)中的一部分，可使用.NET 兼容的语言编写 ASP.NET 应用程序。

在 ASP.NET 网页中，可以使用 ASP.NET 服务器端控件建立常用的用户接口元素，并对其进行编程；还可以使用内建可重用组件和自定义组件快速建立 Web 网页，从而使代码极大简化。

1.4.1 ASP.NET 引擎

在处理动态网页时，服务器既要查找动态网页文件，同时还要执行动态网页文件以生成 HTML 文件，为了减轻服务器的压力，可将 Web 服务器和动态网页源代码的执行分离开来。当一个 Web 请求到达时，Web 服务器判断所请求的页面是静态网页还是动态网页，如果是静态网页，则服务器直接将该页面内容发送到请求浏览器；如果是动态网页，如一个 ASP.NET 网页，则服务器把执行该网页的任务转交给 ASP.NET 引擎，由 ASP.NET 引擎执行动态网页中的程序代码，以 HTML 文件形式返回给 Web 服务器，再由 Web 服务器将该 HTML 文件发送到请求的客户机浏览器。

ASP.NET 动态网页的请求过程如图 1.1 所示。图 1.1 中常见的配置有：客户机浏览器，安装有 IE 浏览器；Web 服务器，配置有 IIS；数据库服务器，安装有 SQL Server 数据库管理系统。

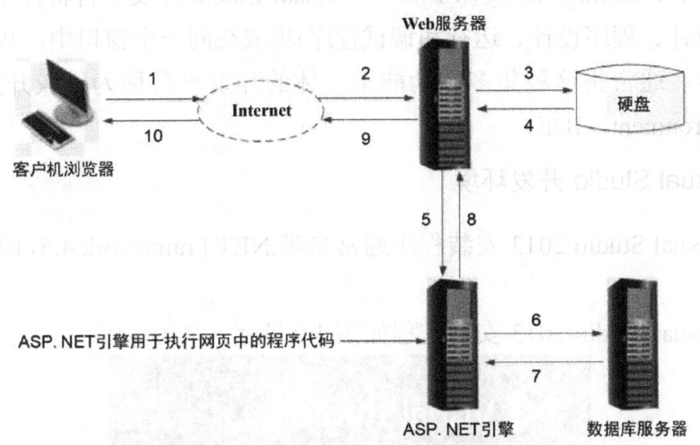

图 1.1　ASP.NET 动态网页请求过程

图 1.1 的 ASP.NET 动态网页请求过程如下。

(1) 客户端通过浏览器发出 Web 请求。

(2) Web 服务器收到 ASP.NET 动态网页请求。

(3) Web 服务器从硬盘的指定位置查找相应的 ASP.NET 动态网页文件。

(4) 将在硬盘中找到的 ASP.NET 动态网页文件返回给 Web 服务器。

(5) Web 服务器将 ASP.NET 动态网页文件发送给 ASP.NET 引擎。

(6) ASP.NET 引擎逐行读取该文件，并执行程序中的代码，如果需要访问数据库，则将这部分代码发给数据库服务器；如果不需要访问数据库，则直接转到步骤(8)。

(7) 数据库服务器执行数据库访问，并将结果返回给 ASP.NET 引擎。

(8) ASP.NET 引擎生成最终的纯 HTML 文件并返回给 Web 服务器。

(9) Web 服务器将纯 HTML 文件发送给客户端浏览器。

(10) 客户端收到请求的纯 HTML 文件，并在浏览器中以图形方式将 HTML 标记显示在计算机屏幕上。

由于网页处理发生在 Web 服务器上，因此网页执行的每个操作都需要一次到服务器的往返过程。ASP.NET 网页可以执行客户端脚本，而客户端脚本不需要到服务器的往返过程，这对于客户输入数据验证和某些类型的用户界面编程十分有用。

1.4.2　ASP.NET 应用程序开发工具

ASP.NET 应用程序开发模式有 ASP.NET Web 窗体、ASP.NET MVC、ASP.NET Core 等，

实际开发时根据具体需求和公司开发人员技术背景而定。本书采用 ASP.NET Web 窗体开发模式。

开发 ASP.NET 应用程序的主要开发工具是 Visual Studio，本书采用 Visual Studio 2013。

在开发 ASP.NET Web 窗体程序时，首要任务是开发 ASP.NET 动态网页，而执行网页的程序代码软件是 ASP.NET 引擎，在安装 Visual Studio 版本后，计算机自动配置好 ASP.NET 引擎。

Visual Studio 是 Microsoft 推出的用于软件开发的重要平台，目前最高版本为 Visual Studio 2021，内置.NET Framework 4.7 及以上版本。Visual Studio 开发平台将程序设计中需要的各个环节(如界面设计、程序设计、运行和调试程序)集成在同一个窗口中，极大地方便了开发人员的设计工作，通常将这种集多项功能于一体的开发平台称为集成开发环境(integrated development environment，IDE)。

1．安装 Visual Studio 开发环境

Microsoft Visual Studio 2013 安装程序通常自带.NET Framework 4.5，读者也可从微软官方网站下载。

Microsoft Visual Studio 2013 安装过程如图 1.2 所示。

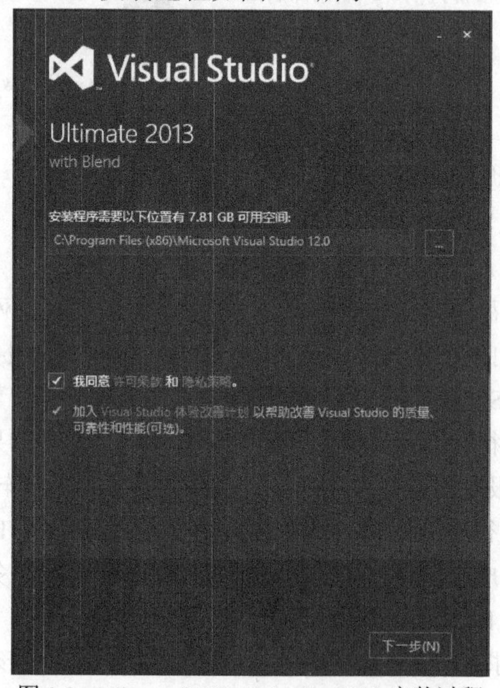

图 1.2　Microsoft Visual Studio 2013 安装过程

2．安装和配置 Web 服务器

IIS 是 ASP.NET 唯一可以使用的 Web 服务器，目前常用的版本是 IIS 7.0，下面以 Windows 11 配置进行说明。

(1) 在“控制面板”的程序中选择“启用或关闭 Windows 功能”，这是一个触发 UAC 的操作，如果 Windows 11 没有关闭 UAC，则会弹出提示信息，确认并继续。

(2) 如果仅需要IIS 7.0支持静态内容，可直接选中“Internet 信息服务”，如果希望支持动态内容，则需要展开“万维网服务”分支，将所需要的选项全部选中。

(3) 单击“确定”按钮，Windows 11 即启动IIS 的安装过程。

1.4.3　.NET Framework 体系结构

.NET 平台是 Microsoft 公司 2000 年推出的全新的应用程序开发平台，可用来构建和运行新一代 Microsoft Windows 和 Web 应用程序。它建立在开放体系结构之上，集 Microsoft 在软件领域的主要技术成就于一身。.NET 框架也是 Windows 7、Windows 8、Windows 10 操作系统的核心部件。

.NET 平台主要由.NET Framework(.NET 框架)、基于.NET 的编程语言、开发工具 Visual Studio 构成。其中.NET Framework 是基础和核心。.NET Framework 体系结构如图 1.3 所示。

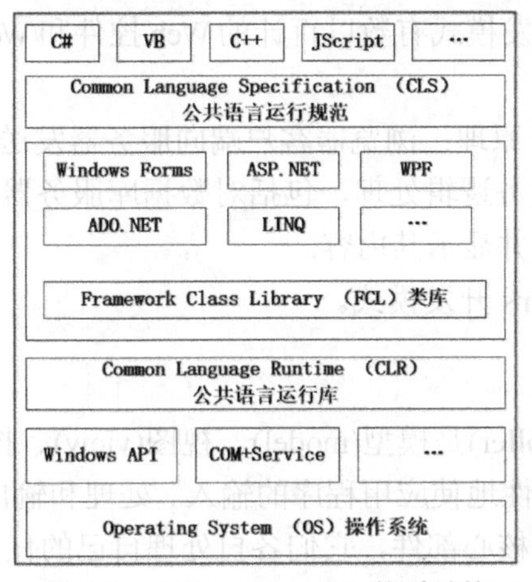

图 1.3　.NET Framework 体系结构

1. CLS

.NET Framework 中定义了一个 CLS(common language specification，公共语言运行规范)，包含函数调用方式、参数传递方式、数据类型和异常处理方式等。在进行程序设计时，如果使用符合 CLS 的开发语言(称为.NET 兼容语言，如 C#语言、VB 语言等)，那么所开发的程序可以在任何公共语言开发环境的操作系统下执行。

2. ADO.NET 和 XML

.NET Framework 直接支持 ADO.NET(数据访问接口)和 XML 文件的操作。在 XML 文档和数据集之间可以进行数据转换，甚至共享一份数据，程序员可以选择熟悉的方式处理数据，提高程序设计效率。

3. .NET 类库

.NET Framework 提供了一个巨大的统一类库，该类库提供了程序员在开发程序时所需要的大部分功能，而且可以使用任何一种.NET 兼容语言加以引用。

4. CLR

在.NET Framework下，所有的.NET兼容语言将使用统一的虚拟机，而 CLR(common language runtime，公共语言运行库)将是所有的兼容.NET语言在执行时所必备的运行环境，这种统一的虚拟机与运行环境可以达到跨平台的目标。

1.5 ASP.NET 的开发模式

ASP.NET 有两种开发模式，分别是 Web Forms 模式和 MVC 模式。

1.5.1 Web Forms 模式

Web Forms 模式是传统的 ASP.NET 编程模式，它是集 HTML、服务器控件和服务器代码事件驱动于一体的开发模型。Web Forms 在服务器上编译和执行，再由服务器生成 HTML 显示为网页。Web Forms 开发模式有数以百计的 Web 控件和 Web 组件，为软件开发的页面设计提高效率。

Web Forms 模式的工作原理：浏览器客户端向服务器发送窗体页面请求，服务器根据相应的后台代码文件进行业务逻辑处理，包括对数据库服务器的访问，找到浏览器请求的窗体页面文件回传给浏览器并显示其内容。

本书主要讲解 Web Forms 开发模式。

1.5.2 MVC 模式

MVC(model view controller)是模型(model)、视图(view)、控制器(controller)的缩写，是一种程序架构模式，它强制性地使应用程序的输入、处理和输出分开。MVC 将应用程序分成视图、模型、控制器 3 个核心部件，它们各自处理自己的任务。

(1) 视图。视图是用户看到并与之交互的界面。对 Web 应用程序来说，视图就是由 HTML 元素组成的界面。

(2) 模型。模型表示企业数据和业务规则，在 MVC 的 3 个部件中，模型拥有最多的处理任务。

(3) 控制器。控制器接收用户的输入并调用模型和视图去完成用户的需求，当单击页面中的超链接和发送 HTML 表单时，请求首先被控制器捕获。控制器本身不输出任何信息和做任何业务处理，它只是接收请求并决定调用哪个模型部件去处理请求，然后再确定用哪个视图来显示返回的数据。

1.6 ASP.NET Web 项目的创建

创建 ASP.NET Web 项目有两种方式：一种是创建 ASP.NET Web 应用程序项目；另一种是创建 ASP.NET Web 网站。下面分别介绍这两种方式的创建过程。

1.6.1 创建 ASP.NET Web 应用程序项目

【例题 1.1】创建一个简单的 ASP.NET Web 应用程序项目，项目名称为 Capter1_1。ASP.NET Web 应用程序项目 Capter1_1 效果如图 1.4 所示。

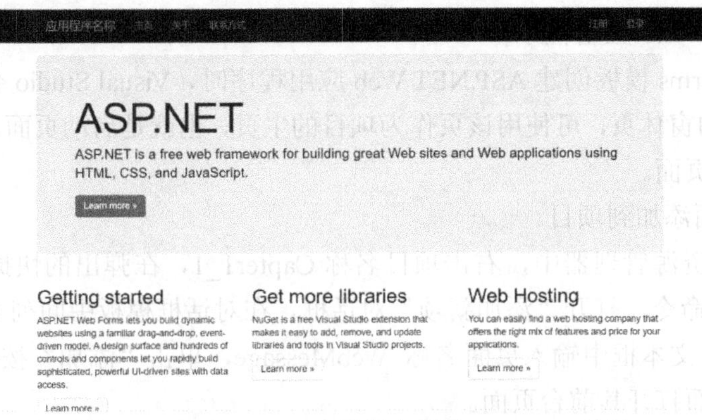

图 1.4　ASP.NET Web 应用程序项目 Capter1_1 效果

实现步骤：

1) 新建一个 ASP.NET Web 应用程序项目

(1) 启动 Visual Studio 2013，在菜单栏中单击“文件” | “项目”选项，在打开的“新建项目”对话框中，单击左侧面板中的 Visual C#下的 Web 选项，接着单击中间面板中的“ASP.NET Web”应用程序，在名称框中输入项目名称(Capter1_1)，在位置框中选择项目保存的位置，单击“确定”按钮，弹出“新建 ASP.NET 项目”对话框。

(2) 在“新建 ASP.NET 项目”对话框中，选择开发应用程序项目的类型，即 Web Forms 模板。

(3) 如果想要更改模板默认使用的身份验证方式，则可在“新建 ASP.NET 项目”对话框中单击“更改身份验证”按钮，打开“更改身份验证”对话框，在其中选择需要的身份验证方式。

(4) 单击“更改身份验证”对话框中的 OK 按钮，返回“新建 ASP.NET 项目”对话框，单击“确定”按钮，完成新建 ASP.NET Web 应用程序项目的创建，新建的 Capter1_1 项目目录结构如图 1.5 所示。

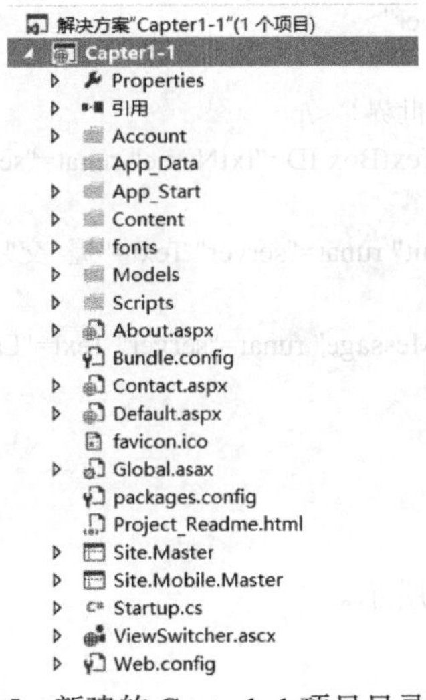

图 1.5　新建的 Capter1_1 项目目录结构

2) 编写 ASP.NET 应用程序

使用 Web Forms 模板创建 ASP.NET Web 应用程序时，Visual Studio 会自动创建一个名为 Default.aspx 的窗体页，可使用该页作为项目的主页，也就是启动页面。用户也可根据自己的需要创建新页面。

(1) 将新页面添加到项目。

在解决方案资源管理器中，右击项目名称 Capter1_1，在弹出的快捷菜单中执行“添加”|“新建项”命令，打开“添加新项”对话框，在对话框模板中间列表中选择“Web 窗体”，在“名称”文本框中输入页面名称 WebMessage，单击“添加”按钮，Visual Studio 将创建一个新页面打开其前台页面。

Visual Studio 为添加的 WebMessage 页面创建 3 个文件，分别是前台页面文件 WebMessage.aspx、后台代码文件 WebMessage.aspx.cs、设计器文件 designer.cs。页面文件中使用控件对象会在设计器文件中自动生成声明。

(2) 前台页面设计。

前台页面设计分为代码设计和视图设计两种，本书重点讲解代码设计的实现过程。ASP.NET Web 页面文件类似 HTML 文件，可以包含 HTML、XML 及脚本，ASP.NET 网页文件的脚本在服务器上运行。前台页面设计代码如下。

```
    <%@ Page Language="C#" AutoEventWireup="true" CodeBehind="WebMessage.aspx.cs"
Inherits="WebProject1.WebMessage" %>
    <!DOCTYPE html>
    <html xmlns="http://www.w3.org/1999/xhtml">
    <head runat="server">
    <meta http-equiv="Content-Type" content="text/html; charset=utf-8"/>
        <title></title>
    </head>
    <body>
        <form id="form1" runat="server">
        <div>
        <p>欢迎来到 ASP.NET 编程世界！</p>
        <p>请输入你的姓名：<asp:TextBox ID="txtName" runat="server"></asp:TextBox></p>
        <p>
            <asp:Button ID="btnSumit" runat="server" Text="提  交"    Width="120px"/></p>
            <p>
                <asp:Label ID="lblMessage" runat="server" Text="Label"></asp:Label></p>
        </div>
        </form>
    </body>
    </html>
```

前台页面运行效果如图 1.6 所示。

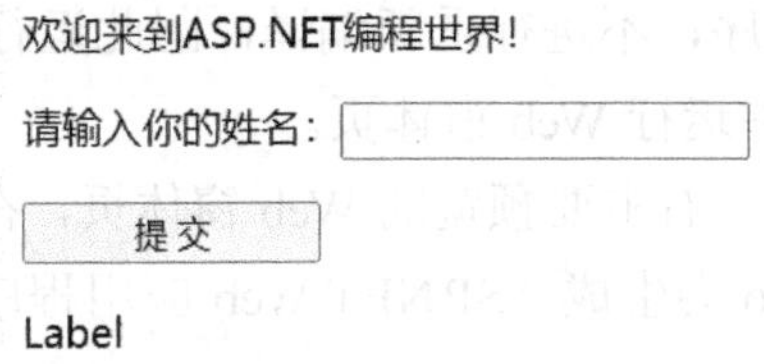

欢迎来到ASP.NET编程世界!

请输入你的姓名：

提交

Label

图 1.6　前台页面运行效果

(3) 后台功能逻辑代码设计。

将源代码页面切换到视图页面，双击“提交”按钮，Visual Studio 会在前台页面的 Button 控件中增加 OnClick="btnSumit_Click"属性，同时 Visual Studio 会在编辑器的单独窗口中打开WebMessage.aspx.cs文件，并在该文件中生成提交按钮的Click事件处理程序框架。后台功能逻辑代码设计如下。

```
using System;
using System.Collections.Generic;
using System.Linq;
using System.Web;
using System.Web.UI;
using System.Web.UI.WebControls;

namespace WebProject1
{
    public partial class WebMessage : System.Web.UI.Page
    {
        protected void Page_Load(object sender, EventArgs e)
        {

        }
        protected void btnSumit_Click(object sender, EventArgs e)
        {
            lblMessage.Text = txtName.Text + "，来到 Web 开发世界!";
        }
    }
}
```

(4) 编译运行程序。

编译ASP.NET Web应用程序后就可以运行其中包含的页面。生成应用程序并运行 Web 窗体页的方法有以下 3 种。

① 使用调试器生成并运行 Web 窗体页。

在解决方案资源管理器中，右击要运行的 Web 窗体页，在弹出的菜单中执行“设为起始页”命令。在菜单栏中单击“调试”|“启动调试”选项，或者直接按F5键。该方式为重新编译后再运行，这样可以在程序代码中通过设置断点跟踪来调试程序。

② 不使用调试器生成并运行 Web 窗体。

在解决方案资源方案管理器中，右击要运行的 Web 窗体页，在弹出的菜单中执行“设为起始页”命令。在菜单栏中单击“调试”|“开发执行(不调试)”选项，或者直接按Ctrl+F5

键。该方式直接运行生成的程序，不进行重新编译，因此运行速度较快。

③ 在浏览器中查看生成并运行 Web 窗体页。

在解决方案资源管理器中，右击要预览的 Web 窗体页，在弹出的菜单中执行“在浏览器中查看”命令，Visual Studio 会生成 ASP.NET Web 应用程序，并在默认浏览器中启动要预览的页面。

在前台页面运行的“请输入你的姓名”文本框中输入姓名，如李梦园，然后单击“提交”按钮，应用程序运行效果如图 1.7 所示。

欢迎来到ASP.NET编程世界!

请输入你的姓名：李梦园

提交

李梦园，来到Web开发世界!

图 1.7　应用程序运行效果

1.6.2　创建 ASP.NET Web 网站

【例题 1.2】创建一个 ASP.NET Web 网站 Capter1_2，要求在“用户名”“密码”文本框中输入相应信息，然后单击“登录”按钮，在指定标签处显示输入的信息。例题1.2 实现效果如图 1.8 所示。

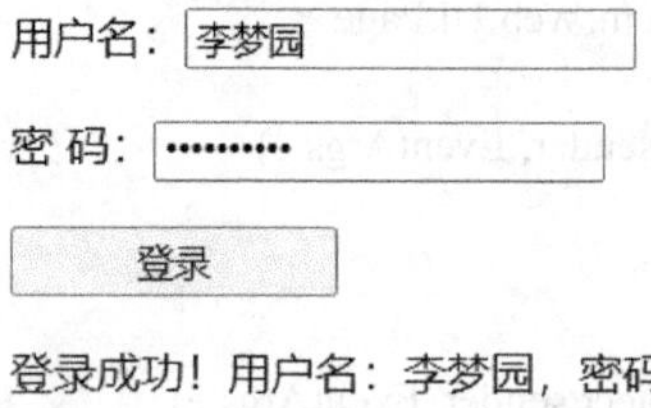

用户名：李梦园

密 码：••••••••••

登录

登录成功! 用户名：李梦园，密码是：2330210101

图 1.8　例题 1.2 实现效果

实现步骤：

1) 新建 Web 站点

在菜单栏中单击“文件”|“网站”选项，在打开的“新建网站”对话框中，单击左侧面板中的“模板”下的 Visual C#，然后单击中间面板中的“ASP.NET 空网站”，在“Web 位置”文本框中采用默认的“文件系统”，再单击“浏览”按钮，选择网站页面，保存设定网站的名称、位置，单击“新建网站”对话框中的“确定”按钮，完成新建 Web 站点的操作。

此时创建的 Web 站点只有一个解决方案、网站根目录和配置文件，没有 ASP.NET Web 动态页面，因此需要根据需求添加相应的 Web 窗体页面。

2) 在 Web 站点中添加 Web 窗体页面

在解决方案资源管理器中右击网站根目录，在弹出的快捷菜单中依次执行“添加”|“添加新项”命令，打开“添加新项”对话框，在中间模板中选择“Web 窗体”，在名称文本框中输入页面名称 UserLogin。单击“添加”按钮，Visual Studio 将创建一个新页并将其前台页

面打开。此时 Visual Studio 将创建两个文件，分别是 UserLogin.aspx 前台页面文件和 UserLogin.aspx.cs 后台代码文件。

UserLogin.aspx 前台页面文件用户可以添加文本、服务器控件，其代码设计如下。

```
<%@ Page Language="C#" AutoEventWireup="true" CodeFile="UserLoginaspx.aspx.cs"
Inherits="UserLoginaspx" %>

<!DOCTYPE html>

<html xmlns="http://www.w3.org/1999/xhtml">
<head runat="server">
<meta http-equiv="Content-Type" content="text/html; charset=utf-8"/>
    <title></title>
</head>
<body>
    <form id="form1" runat="server">
        <div>
            <p>用户名：<asp:TextBox ID="txtName" runat="server"></asp:TextBox></p>
            <p>密　码：<asp:TextBox ID="txtPwd" runat="server" TextMode="Password">
                            </asp:TextBox></p>
            <p><asp:Button ID="btnLogin" runat="server" Text="登录" Width="120px"
                            OnClick="btnLogin_Click" /></p>
            <p><asp:Label ID="lblShow" runat="server" Text="Label"></asp:Label></p>
        </div>
    </form>
</body>
</html>
```

UserLogin.aspx.cs 后台代码文件用户可以设计逻辑代码，其代码设计如下。

```
using System;
using System.Collections.Generic;
using System.Linq;
using System.Web;
using System.Web.UI;
using System.Web.UI.WebControls;

public partial class UserLoginaspx : System.Web.UI.Page
{
    protected void Page_Load(object sender, EventArgs e)
    {

    }
    protected void btnLogin_Click(object sender, EventArgs e)
    {
        //假设用户名是：李梦园，密码是 2330210101
        if(txtName .Text =="李梦园"&&txtPwd .Text =="2330210101")
        {
```

```
            lblShow.Text = "登录成功！用户名：" + txtName.Text + "，密码是：" +
                                                              txtPwd.Text;
        }
        else
        {
            lblShow.Text = "登录失败，用户名或密码错误！";
        }

    }
}
```

3) 运行 Web 窗体页程序

在解决方案资源管理器中，右击 UserLogin.aspx 页面，在弹出的快捷菜单中执行“在浏览器中查看”命令，Visual Studio 会生成 ASP.NET Web 应用程序，并在默认的浏览器中启动预览的效果，如图 1.8 所示。

1.6.3 创建 ASP.NET Web 空应用程序

【例题 1.3】创建一个 ASP.NET Web 空应用程序 Capter1_3，要求在“用户名”“密码”文本框中输入相应信息，在页面的标签处显示。例题 1.3 应用程序运行效果如图 1.9 所示。

图 1.9　例题 1.3 应用程序运行效果

实现步骤：

(1) 创建 ASP.NET 空 Web 应用程序。启动 Visual Studio 2013，单击“文件”|“新建”选项，打开“新建项目”对话框，如图 1.10 所示，在该对话框的“已安装”模板中选择 Visual C# | Web | Visual Studio 2012 选项，在中间模板中选择“ASP.NET 空 Web 应用程序”选项，在“名称”文本框中输入 Capter1_3，在位置中选择项目的保存路径，单击“确定”按钮，即创建一个解决方案为 Capter1_3 下的网站根目录也为 Capter1_3 且没有任何页面的项目。

(2) 右击网站根目录 Capter1_3，在弹出的菜单中执行“添加”|“新建项”命令，打开“添加新项”对话框，如图 1.11 所示，在该对话框的中间模板中选择“Web 窗体”，在名称文本框中输入页面的名称，如 UserLogin.aspx，单击“确定”按钮，则在 Capter1_3 网站根目录下添加一个页面。

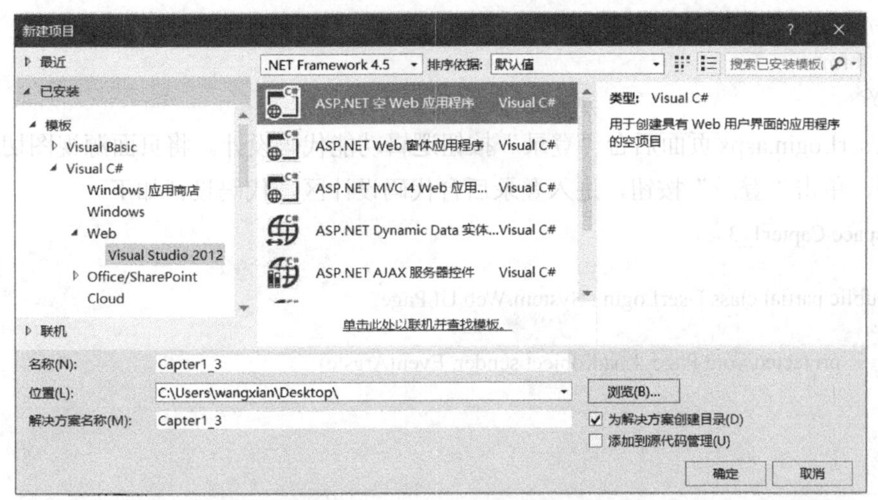

图 1.10　“新建项目”对话框

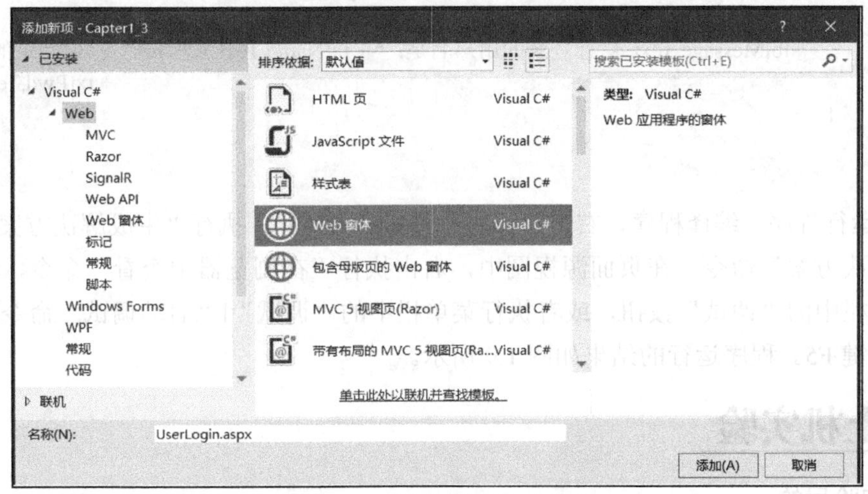

图 1.11　“添加新项”对话框

(3) UserLogin.aspx 前台页面代码设计。在页面的 DIV 层中设计一个 table 标记，在 table 标记中设计行列分别为“用户名”“密码”和“登录”按钮，同时设计 DIV 的样式，代码设计如下。

```
<body>
    <form id="form1" runat="server">
    <div style ="width :300px;margin :auto;font-family :隶书;font-size :18px">
    <table>
        <tr><td>用户名：</td><td>
            <asp:TextBox ID="txtName" runat="server"></asp:TextBox></td></tr>
        <tr><td>密码：</td><td>
            <asp:TextBox ID="txtPwd" runat="server" TextMode ="Password">
                            </asp:TextBox></td></tr>
        <tr><td colspan ="2">
            <asp:Button ID="btnLogin" runat="server" Text="登录"   Width="280px"
                            OnClick="btnLogin_Click"/></td></tr>
    </table>
        <asp:Label ID="lblMessage" runat="server" Text=""></asp:Label>
```

```
        </div>
        </form>
</body>
```

(4) UserLogin.aspx 页面后台“登录”按钮逻辑功能代码设计。将页面源视图切换到页面设计视图，单击“登录”按钮，进入登录后台代码设计区，代码设计如下。

```
namespace Capter1_3
{
    public partial class UserLogin : System.Web.UI.Page
    {
        protected void Page_Load(object sender, EventArgs e)
        {

        }

        protected void btnLogin_Click(object sender, EventArgs e)
        {
            lblMessage.Text = "你登录的用户名是：" + txtName.Text + "</br>" + "你登录的密码是："
                                                                    + txtPwd.Text;
        }
    }
}
```

(5) 运行程序。编译程序，右击“解决方案 Capter1_3”，执行“生成解决方案”或“重新生成解决方案”命令。在页面源视图中，右击执行“在浏览器中查看”命令，或者直接单击工具栏中的“调试”按钮，或者执行菜单栏中的“调试”|“启动调试”命令，或者直接按功能键 F5。程序运行的结果如图 1.9 所示。

1.7 上机实验

1. 实验目的

(1) 熟悉 ASP.NET Web 的开发环境 Visual Studio 2013。

(2) 掌握利用解决方案管理网站和创建网站的基本过程。

(3) 掌握运用静态页面设计与动态页面设计用户登录页面的基本方法。

(4) 掌握 IIS 中网站、Web 应用程序、虚拟目录创建和默认文档设置的过程。

(5) 掌握利用 Visual Studio 2013 发布 Web 应用的过程。

2. 实验内容

创建一个“Experiment1_学号姓名”解决方案，在该方案中分别添加 IndexUserLogin.html 静态页面和 IndexUserLogin.aspx 动态页面。在动态页面上实现用户名、密码的信息输入并在浏览器页面上显示出来。动态页面运行效果如图 1.12 所示。

3. 实验步骤

1) 实验内容分析

网站名称为“Experiment1_学号姓名”，在该网站下有两个页面且页面间互相独立。页面上需要设计用户名和密码输入框及两个按钮，静态页面和动态页面所用的控件有所区别。信息如何显示可借用 C#语言课程知识通过标签来实现。

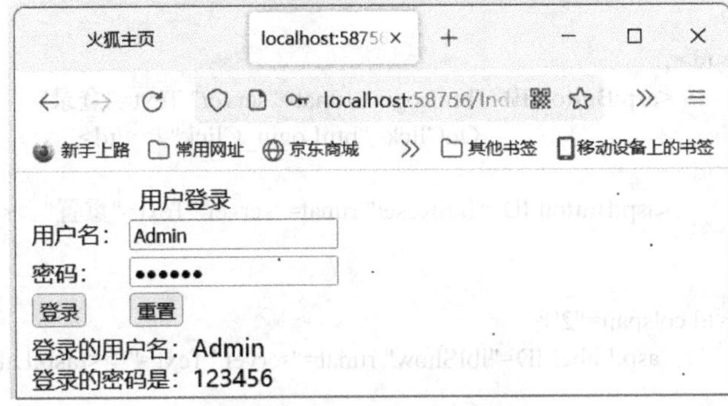

图 1.12　动态页面运行效果

2) 实验过程

启动 Visual Studio 2013，创建“Experiment1_学号姓名”解决方案，按实验内容添加页面。IndexUserLogin.html 静态页面代码设计如下。

```
<body>
    <table>
        <caption>用户登录</caption>
        <tr>
            <td>用户名：</td>
            <td><input id="txtName" type="text" /></td>
        </tr>
        <tr>
            <td>密码：</td>
            <td><input id="txtPwd" type="password" /></td>
        </tr>
        <tr>
            <td><input id="btnLogin" type="button" value="登录" /></td>
            <td><input id=" btnReset" type="reset" value="重置" /></td>
        </tr>
    </table>
</body>
```

IndexUserLogin.aspx 动态页面代码设计如下。

```
<body>
    <form id="form1" runat="server">
    <div>
     <table>
            <caption >用户登录</caption>
            <tr>
                <td>用户名：</td>
                <td> <asp:TextBox ID="txtName" runat="server"></asp:TextBox></td>
            </tr>
            <tr>
                <td>密码：</td>
                <td>
```

```
                <asp:TextBox ID="txtPwd" runat="server" TextMode
                                    ="Password"></asp:TextBox></td>
            </tr>
            <tr>
                <td>
                    <asp:Button ID="btnLogin" runat="server" Text="登录"
                                    OnClick="btnLogin_Click" /></td>
                <td>
                    <asp:Button ID="btnReset" runat="server" Text="重置" /></td>
            </tr>
            <tr>
                <td colspan="2">
                    <asp:Label ID="lblShow" runat="server" Text=""></asp:Label></td>
            </tr>
        </table>
    </div>
    </form>
</body>
```

IndexUserLogin.aspx 动态页面的“登录”按钮后台代码设计如下。

```
namespace Experiment1_学号姓名
{
    public partial class IndexUserLogin : System.Web.UI.Page
    {
        protected void Page_Load(object sender, EventArgs e)
        {

        }

        protected void btnLogin_Click(object sender, EventArgs e)
        {
            if (txtName.Text == "Admin" && txtPwd.Text == "123456")
            {
                lblShow.Text += "登录的用户名：" + txtName.Text + "<br/>";
                lblShow.Text += "登录的密码是：" + txtPwd.Text;
            }
            else
            {
                lblShow.Text = "登录的用户名或密码错误！";
            }
        }
    }
}
```

4. 实验分析

实验后，主要进行以下几方面的分析：比较静态页面和动态页面的页面结构的区别；静态页面和动态页面与用户交互功能的实现方法；Web的工作原理在静态页面和动态页面中的体现方法；ASP.NET 引擎的工作原理。

第 2 章 ASP.NET Web 标准服务器控件

控件是数据和方法的封装，是用户实现数据输入或操作的抽象对象。ASP.NET 控件能表示页面的所有内容和信息。

服务器控件是页面上能被服务器端代码访问和操作的任何控件，每个服务器控件都包含一组成员对象，如属性、方法、事件，以便开发人员调用。服务器控件位于 System.Web.UI.WebControls 命名空间，所有的服务器控件都从 WebControls 基类派生。服务器控件在服务器端解析，在 ASP.NET 中，服务器控件有 runat="server"属性，这些控件经过处理后会生成客户端代码发送到客户端。

2.1 ASP.NET Web 标准服务器控件概述

Visual Studio 2013 工具箱中的控件主要有标准控件、数据控件、验证控件、导航控件、登录控件、WebParts 控件、AJAX 控件、HTML 控件。ASP.NET Web 标准控件按照功能大致可分为 Web 表单控件、Web 列表控件和 Web 其他控件三大类。ASP.NET Web 标准控件分类如图 2.1 所示。

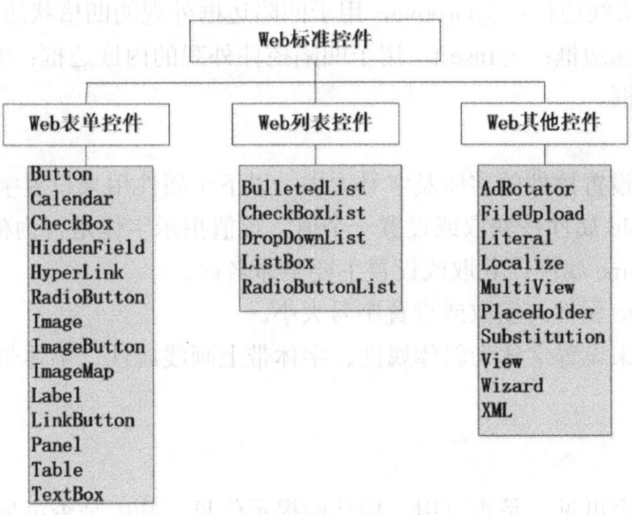

图 2.1 ASP.NET Web 标准控件分类

2.1.1 ASP.NET Web 标准服务器控件的公共属性

ASP.NET Web 标准服务器控件的公共属性可以通过窗口来设置，也可以通过 HTML 代码实现。例如，设置 Button 按钮属性的代码如下。

```
<asp:Button ID="btnSumit" runat="server" Text="提 交"Width="120px" />
```

Web 标准控件以 asp 为前缀，ID 属性指定其 ID 值并作为控件的唯一标识，在向客户端呈现时，会将 ID 属性转换为 id 属性。

在 ASP.NET 中设置服务器控件属性的方法有：在 Visual Studio 2013 的属性窗口中直接设置控件的属性；在控件的 HTML 代码中设置控件的属性；在页面的后台代码中以编程方式指定控件的属性。

ASP.NET Web 标准服务器控件的公共属性主要有外观属性、行为属性、布局属性和其他常用属性。

1. 外观属性

外观属性主要指前景色、背景色、边框和字体，这些属性在设计时设置，具体介绍如下。

1) BackColor 属性

BackColor 属性用于指定控件对象的背景色，其属性的设定值为颜色名称或#RRGGBB 的格式。

2) BorderWidth 属性

BorderWidth 属性用于设定边框宽度。

3) BorderColor 属性

BorderColor 属性用于设置边框的颜色。

4) BorderStyle 属性

BorderStyle 属性用于设置控件的边框样式，共有 10 种设置样式：①NotSet，未设置边框样式；②None，无边框；③Dotted，虚线边框；④Dashed，点线边框；⑤Solid，实线边框；⑥Double，双实线边框；⑦Groove，用于凹陷边框外观的凹槽状边框；⑧Ridge，用于凸起边框外观的突起边框；⑨Insert，用于凹陷控件外观的内嵌边框；⑩Outset，用于凸起控件外观的外嵌边框。

5) Font 属性

Font 属性用于设置控件的字体及字号大小。以下子属性用来设置字形的样式。

(1) FontInfo.Bold 属性：获取或设置一个值，该值指示字体是否为粗体。

(2) FontInfo.Name 属性：获取或设置主要字体名称。

(3) FontInfo.Size 属性：获取或设置字号大小。

另外，还有用来设置字体为斜体属性、字体带上画线属性、字体带下画线属性、字体带删除线属性等。

2. 行为属性

行为属性指是否可见、是否可用、控件的提示信息，其中是否可见和是否可用属性在运行时动态设置。行为属性介绍如下。

1) Enabled 属性

Enabled 属性用于设置控件是否正常工作，即是否有效，默认值是 true。

2) Visible 属性

Visible 属性用于设置控件是否显示，当设置为 false 时，在运行网页时看不到该控件。

3) ToolTip 属性

ToolTip 属性用于设置控件对象的提示文本。

3. 布局属性

布局属性介绍如下。

1) Height 属性、Width 属性

Height 属性、Width 属性用于设置控件的高和宽，常用单位是像素，用 px 表示。

2) Top 属性

Top 属性设置控件顶部到窗体顶部的距离。

3) Bottom 属性

Bottom 属性设置控件下边界到窗体下边界的距离。

4) Left 属性

Left 属性设置控件左边界到窗体左边界的距离。

5) Right 属性

Right 属性设置控件右边界到窗体右边界的距离。

4. 其他属性

其他属性介绍如下。

1) ID 属性

ID 属性继承自 System.Web.UI.Control 类，所有的服务器控件都可以通过该属性来唯一标识和引用。

2) Text 属性

Text 属性实现所有接收用户输入、显示数据和提示数据的 Web 服务器控件都可以通过 Text 属性来表示用于控件上显示的文本信息。

3) AutoPostBack 属性

在客户端发生的所有操作，如发送窗体、单击按钮等将其数据回传到服务器的 Web 控件都具有 AutoPostBack 属性。该属性值是布尔类型，表示当用户修改控件中的文本并使焦点离开该控件时是否向服务器自动回送，值为 true 时表示自动回送，值为 false 时表示不自动回送，默认为 false。

2.1.2 ASP.NET Web 标准服务器控件的事件

ASP.NET 采用事件驱动模型，某一对象的程序代码只在特定事件发生时执行，如单击事件、页面加载事件等。ASP.NET Web 标准服务器控件大多具有事件处理能力，其事件在客户端浏览器中产生。

在 Visual Studio 2013 的设计窗口中右击控件对象，在弹出的菜单中执行“属性”命令，打开控件对象的属性窗口，通过单击属性窗口中的“闪电”按钮可切换到事件选项，然后双击相应事件在后台代码中产生相应的事件代码。

在 Visual Studio 2013 的设计窗口中双击某个服务器控件对象，如“登录”按钮，则会在后台代码窗口中打开该控件的事件过程。例如，双击“登录”按钮，则前台页面代码设计如下。

```
<asp:Button ID="UserLogin" runat="server" Text="登录" OnClick="UserLogin_Click" />
```

同时在后台代码中定义了 UserLogin_Clic 事件过程的封装框架如下。

```
protected void UserLogin_Click(object sender, EventArgs e)
    {
    //此处需要用户编写单击事件处理代码
}
```

ASP.NET Web 标准服务器控件的公共事件有：①DataBinding 事件，即当服务器控件绑定到数据源时发生；②Load 事件，即当服务器控件加载网页时发生；③Disposed 事件，即当内存释放服务器时发生，这是请求 ASP.NET 网页时服务器控件生存期的最后阶段；④Init 事件，即当服务器控件初始化时发生，初始化是控件生存周期的第一步；⑤PreRender 事件，即加载控件对象之后、呈现之前发生；⑥Upload 事件，即服务器控件从内存中卸载时发生。

2.2 ASP.NET Web 标准服务器常用控件

在 Visual Studio 2013 工具箱的“标准”选项卡中包含一些设计 ASP.NET Web 应用程序常用的服务器控件，这些控件能够显示按钮、列表、图像、文本框、超链接、标签等，以及处理其他控件容器的更复杂的控件。

2.2.1 文本输入/输出控件

文本输入/输出控件分别是 TextBox 控件和 Label 控件。

1. TextBox 控件

TextBox 控件的作用是向 ASP.NET 网页中输入文本。在默认情况下，该控件将显示一个单行文本，可以设置为显示多文本框，也可以设置为密码显示，以屏蔽用户输入文本内容。TextBox 控件的基本语法格式如下。

```
<asp:TextBox ID="TextBox1" runat="server"></asp:TextBox>
```

1) TextBox 控件常用属性

TextBox 控件的常用属性有 Text、TextMode、ReadOnly、AutoPostBack、MaxLengh、Columns、Rows、Wrap 等。TextBox 控件常用属性的基本功能如表 2.1 所示。

表 2.1 TextBox 控件常用属性的基本功能

属性	基本功能
Text	设置或获取文本框中显示的文本

(续表)

属性	基本功能
TextMode	设置文本框显示的模式，选项有 SingleLine(单行显示)、MultiLine(多行显示)、Password(密码文本)
ReadOnly	设置是否可以更改文本框中的文本，即是否是只读，选项有 false(默认为可以更改)，true(只读)
AutoPostBack	设置在用户修改文本框的文本离开控件时，是否自动发回服务器，触发 TextChanged 事件，默认为 false
MaxLengh	设置文本框中允许输入的最大字符数
Columns	设置文本框的宽度(以字符为单位)
Rows	设置多行文本框时显示的行数
Wrap	设置文本是否换行，默认为 true(自动换行)，在 TextMode 属性为 MultiLine 时有效

2) TextBox 控件常用事件

TextBox 控件的常用事件有 TextChanged。TextBox 控件常用事件的基本功能如表 2.2 所示。

表 2.2　TextBox 控件常用事件的基本功能

事件	基本功能
TextChanged	当用户更改文本框中显示的文本后，焦点离开文本框控件时，触发此事件。在默认情况下，并不立即触发该事件，而是当提交页面时才在服务器中触发。当设置 TextBox 控件的 AutoPostBack 属性为 true 时，在用户更改文本框内容之后立即将页面提交给服务器，但是，如果用户更改文本框中的内容后按 Enter 键，即便 AutoPostBack 属性为 false，也将触发此事件

2．Label 控件

Label 标签中的 Web 服务器控件用于以编程方式设置 ASP.NET 网页中显示的文本。一般情况下，在运行页面时，更改页面中的文本可使用 Label 控件，通过程序运行时设置 Label 控件的文本，还可以将 Label 属性绑定到数据源，并在页面上显示数据库信息。Label 控件在运行页面时不能与用户交互。Label 控件基本语法的格式如下。

```
<asp:Label ID="Label1" runat="server" Text="在页面上显示的文本"></asp:Label>
```

更改 Label 标签中显示的文字，可修改 Text 属性值，有两种方法实现，具体如下。

(1) 页面设计 Label 控件时，通过“属性”窗口更改 Text 的属性值。在工具箱的“标准”选项卡中，双击 Label 控件或将其拖到页面上，在“属性”窗口的“外观”类别中，将 Label 控件的 Text 属性设置为要显示的文本，该文本为任意的字符串。

(2) 通过编程方法在运行时动态更改显示的文本。在某事件驱动下，将要显示的文本字符串赋给 Label 控件的 ID 属性值 Label1。例如，在用户登录页面中，将输入的用户名信息通过标签 Label 显示出来的代码如下。

```
protected void UserLogin_Click(object sender, EventArgs e)
{
    Label1.Text = txtName.Text;
}
```

注意：

如果显示静态文本，则应使用HTML标记，不要使用Label控件。

2.2.2　按钮控件

使用Web服务器按钮控件，用户能够将网页发送到服务器中并触发网页上的事件，常用按钮控件有Button控件、LinkButton控件和ImageButton控件3种，它们在网页中的显示方式不同。

1．Button控件

Button控件显示一个标准的命令按钮。该按钮呈现为一个HTML input元素，常用来提交表单。Button控件基本语法格式如下。

```
<asp:Button ID="UserLogin" runat="server" Text="登录" OnClick="UserLogin_Click" />
```

1) Button控件常用属性

Button控件的常用属性有Text、AccessKey。Button控件常用属性的基本功能如表2.3所示。

表2.3　Button控件常用属性的基本功能

属性	基本功能
Text	设置或获取按钮中显示的文本
AccessKey	设置Button控件使用的键盘快捷键，可以设置为单个字母或数字。例如，若要生成访问快捷键Alt+B，则将B指定为AccessKey属性的值。说明：在Windows应用程序中，访问快捷键通常在按钮上用一个带下画线的字符表示，但由于HTML中的限制，这种标记方法不适用于Web服务器按钮控件

2) Button控件常用事件

Button控件的常用事件有Click。Button控件常用事件的基本功能如表2.4所示。

表2.4　Button控件常用事件的基本功能

事件	基本功能
Click	单击按钮时会触发该事件，并且包含该按钮的网页会提交给服务器

【例题2.1】　设计一个如图2.2所示的用户登录网页，在“用户名”和“密码”文本框中输入2330200101，单击“登录”按钮，输入的用户名和密码在标签处显示出来。

例题2.1

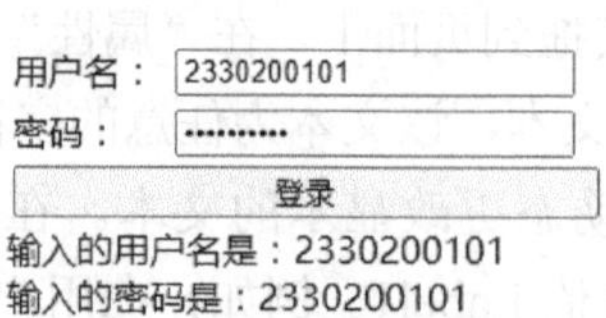

图2.2　用户登录网页

实现步骤：

1) 页面设计

创建一个空ASP.NET Web网站，网站根目录为Capter2_1，在网站根目录下添加用户登录页面名为 UserLogin，同时在该页面的 DIV 层中添加一个 table 表格，在表格的行、列中分别添加用户名、密码文本框 TextBox 控件、命令按钮 Button 控件，在表格 table 外添加一个 Label 标签控件，并对完成控件的相关属性进行设置。页面设计代码如下。

```
<body>
    <form id="form1" runat="server">
    <div class ="div0">
        <table >
            <tr><td>用户名：</td><td>
            <asp:TextBox ID="txtName" runat="server" Text ="输入用户名"></asp:TextBox></td></tr>
            <tr><td>密码：</td><td>
            <asp:TextBox ID="txtPwd" runat="server"   TextMode
                        ="Password" ></asp:TextBox></td></tr>
            <tr><td colspan ="2">
            <asp:Button ID="UserLogin" runat="server" Text="登录"
                        OnClick="UserLogin_Click" width="260px" /></td></tr>
        </table>
        <asp:Label ID="Label1" runat="server" Text=""></asp:Label>
    </div>
    </form>
</body>
```

2) 逻辑功能设计

将页面“源”窗口切换到页面“设计”窗口，双击“登录”按钮控件，则自动进入后台逻辑代码设计窗口。逻辑功能设计代码如下。

```
namespace Capter2
{
    public partial class UserLogin_用户登录页面 : System.Web.UI.Page
    {
        protected void Page_Load(object sender, EventArgs e)
        {

        }
        protected void UserLogin_Click(object sender, EventArgs e)
        {
            Label1.Text = "输入的用户名是："+txtName.Text+"<br>";
            Label1.Text += "输入的密码是：" + txtPwd.Text;
        }
    }
}
```

3) 运行网页

单击“启动调试”按钮，运行当前Web 窗体，在页面的文本框中输入指定的用户名、密码，单击“登录”按钮，页面运行效果如图 2.2 所示。另外，也可在要运行的页面代码上右击，在弹出的快捷菜单中执行“在浏览器中查看”命令，打开页面，运行网页。

2. LinkButton 控件

LinkButton 控件用于创建超链接外观控件，其功能与 Button 控件相同。LinkButton 控件的基本语法格式如下。

```
<asp:LinkButton ID="LinkButton1" runat="server" OnClick="LinkButton1_Click">链接按钮上显示文本
</asp:LinkButton>
```

1) LinkButton 控件常用属性

LinkButton 控件的常用属性有 Text，其功能是设置或获取 LinkButton 控件中显示的文本。

2) LinkButton 控件常用事件

LinkButton 控件的常用事件有 Click，其功能是单击 LinkButton 控件按钮时会触发该事件，并且将包含该控件按钮的页面提交给服务器。

创建 LinkButton 控件的单击事件，在页面设计视图(窗口)中双击 LinkButton 控件，后台逻辑功能代码框架如下。

```
protected void LinkButton1_Click(object sender, EventArgs e)
        {
          //编写相应逻辑功能代码
    }
```

3．ImageButton 控件

ImageButton 控件用于图像外观按钮，在网页中，该按钮显示为一幅图像，功能与 Button 控件相同。ImageButton 控件基本语法如下。

```
<asp:ImageButton ID="ImageButton1" runat="server" ImageUrl ="图像的 URL"
OnClick="ImageButton1_Click" />
```

1) ImageButton 控件常用属性

ImageButton 控件的常用属性有 ImageURL、AlternateText 等。ImageButton 控件常用属性的基本功能如表 2.5 所示。

表 2.5　ImageButton 控件常用属性的基本功能

属性	基本功能
ImageURL	设置或获取按钮上要显示的图像的 URL
AlternateText	在图像无法显示时显示的替换文字

2) ImageButton 控件常用事件

ImageButton 控件的常用事件有 Click，其基本功能是单击按钮时触发该事件，并且将包含该按钮的页面提交给服务器。

创建 ImageButton 控件的单击事件，可在页面设计视图(窗口)中双击 ImageButton 控件，后台的逻辑功能代码框架如下。

```
protected void ImageButton1_Click(object sender, ImageClickEventArgs e)
    {
      //实现按钮逻辑功能代码
    }
```

注意：

ImageButton 控件支持的图像文件格式有 GIF、JPG、JPEG、BMP、WMF、PNG。显示在控件中的图像可以是存放在本站点内的图像文件，也可以是其他网站中的图像链接。

【例题 2.2】网页第一次显示时显示一个初始图像按钮，同时显示一行提示信息，初始图像按钮如图 2.3 所示。单击该图像按钮后，该图像按钮上显示初始图像后的第一个图像按钮，同时显示一行提示，继续单击图像按钮显示第二个图像按钮，继续单击图像按钮，则实现图像交替显示。

例题 2.2

这是一款保时捷汽车

图 2.3　初始图像按钮

实现步骤：

1) 页面设计

创建一个空 ASP.NET Web 网站，网站根目录为 Capter2_2，在根目录下添加 ImageDisplay.aspx 页面，同时创建 Images 图像文件夹，将要显示的图像文件保存到 Images 图像文件夹中。在页面 DIV 层中设计 ImageButton 图像按钮，同时设置其属性；设计 Label 标签，同时设置其属性，设计 DIV 层在页面中显示的样式。页面设计代码如下。

```
<body>
    <form id="form1" runat="server">
    <div style ="width :500px; margin :auto ;margin-top :150px;text-align :center ">
        <asp:ImageButton ID="ImageButton1" runat="server" ImageUrl="~/Images/保时捷汽车.jpg"
                        OnClick="ImageButton1_Click" Width="500px" />
        <asp:Label ID="lblDisplay" runat="server" Text="这是一款保时捷汽车"></asp:Label>
    </div>
    </form>
</body>
```

2) 逻辑功能设计

在所有事件过程外声明窗体级静态变量保存单击的奇偶次数；创建图像按钮的单击事件，在页面设计视图中双击图像按钮 ImageButton1 控件，打开该图像按钮的单击事件过程 ImageButton1_Click 框架，在其中编辑要实现功能的代码，参考代码如下。

```
namespace Capter2_2
{
    public partial class ImageDisplay : System.Web.UI.Page
    {
```

```
        static bool flag = true;//定义一个 flag 的静态变量并赋初值为 true
        protected void Page_Load(object sender, EventArgs e)
        {

        }
        protected void ImageButton1_Click(object sender, ImageClickEventArgs e)
        {
            if (flag)
            {
                //奇数次数单击显示的图片
                lblDisplay.Text = "宝马汽车，单击图片切换到另一张";
                ImageButton1.ImageUrl = "~/Images/宝马汽车.jpg";
                flag = false;
            }
            else
            {
                //偶数次数单击显示的图片
                lblDisplay.Text = "奥迪汽车，单击图片切换到另一张";
                ImageButton1.ImageUrl = "~/Images/奥迪汽车.jpg";
                flag = true;
            }
        }
    }
}
```

3) 运行页面

运行 ImageDisplay.aspx 窗体，第一次显示的网页如图 2.3 所示。单击图像按钮显示如图 2.4 所示的宝马汽车图像；再单击图像按钮显示如图 2.5 所示的奥迪汽车图像。

宝马汽车，单击图片切换到另一张

图 2.4　宝马汽车图像

奥迪汽车，单击图片切换到另一张

图 2.5　奥迪汽车图像

2.2.3　超链接控件

HyperLink(超链接)Web 服务器控件可以在网页上创建链接，使用户可以在应用程序的网页间跳转，表现形式为图像或文本。HyperLink 控件的基本语法如下。

```
<asp:HyperLink ID="HyperLink1" runat="server">超链接显示文本</asp:HyperLink>
```

HyperLink 控件的常用属性有Text、ImageUrl、NavigateUrl、Targed。HyperLink 控件常用属性的基本功能如表 2.6 所示。

表 2.6　HyperLink 控件常用属性的基本功能

属性	基本功能
Text	设置或获取链接中显示的文本
ImageUrl	以图片方式显示超链接，链接中显示图片的 URL
NavigateUrl	用户单击链接时要链接到的页面的 URL
Targed	NavigateUrl 链接的目标窗口或框架的 ID。可以通过框架 ID 指定，也可以使用预定的目标值：_top、_self、_parent、_search、_blank

与大多数 Web 服务器控件不同，当用户单击 HyperLink 控件时并不会在服务器代码中触发事件(原因是此控件没有事件)。在 Hyper Link 控件中执行导航时，使用 HyperLink 控件的主要优点是可以在服务器代码中设置链接属性。例如，设置超链接控件属性 NavigateUrl 的值为"https://www.baidu.com"，则会打开百度的主页，代码如下。

```
<asp:HyperLink ID="HyperLink1" runat="server" NavigateUrl="https://www.baidu.com">百度
    </asp:HyperLink>
```

2.2.4　图像控件

Image 图像 Web 服务器控件可以在 ASP.NET 网页上显示图像，也可以在设计或运行时以编程方式为 Image 控件指定图像文件，还可以将控件的 ImageUrl 属性绑定到一个数据源，根据数据库存储的图片信息来显示图像。Image 控件的基本语法格式如下。

```
<asp:Image ID="Image1" runat="server"   ImageUrl ="图像文件的 URL"/>
```

Image 图像控件的常用属性有 ImageUrl、AlternateText、ToolTip、ImageAlign、Height、Width。Image 图像控件常用属性的基本功能如表 2.7 所示。

表 2.7　Image 图像控件常用属性的基本功能

属性	基本功能
ImageUrl	设置要显示的图像的 URL
AlternateText	设置在图像无法显示时显示的替代文本
ToolTip	设置将鼠标指针放到图像上时，作为工具提示显示的文本，如果未指定 ToolTip 属性，则某些浏览器将使用 AlternateText 作为工具提示
ImageAlign	设置图像相对于页面其他 Web 元素的相对对齐方式，选项有 NotSet(默认)、Left、Right、Middle 等
Height	设置图像控件的高度
Width	设置图像控件的宽度

Image 图像控件不支持任何事件，在页面中只显示图像。如果在网页运行时不需要更改图像的属性，则应采用静态图像。创建静态图像的方法是，直接把图像文件从网站拖动到页面窗体中，其实现的基本语法格式如下。

```
<img alt ="替换文本" src ="图像文件的 URL" style="height :auto ; width :auto " />
```

2.2.5 选择控件

选择控件的作用是让用户从可选项中选取一个或多个选项。选择控件主要有 RadioButton 和 RadioButtonList 控件、CheckBox 和 CheckBoxList 控件、ListBox 和 DropDownList 控件。

1. RadioButton 和 RadioButtonList 控件

单选按钮 Web 服务器控件分为两类：RadioButton 和 RadioButtonList 控件，可以使用这些控件定义任意数目的带标签的单选按钮，并将它们水平或垂直排列。

这两类按钮控件有各自的优点：如果页面中只有一组单选按钮，则 RadioButton 控件相对于 RadioButtonList 控件可以更好地控制单选按钮的布局；如果页面中存在多组单选按钮，由于 RadioButtonList 控件不允许用户在按钮之间插入文本，但提供了自动分组功能，则使用 RadioButtonList 控件更合适。另外，如果基于数据源中的数据创建一组单选按钮，那么 RadioButtonList 控件是更好的选择，检查所选定按钮的代码编写也稍微简单一些。

1) RadioButton 控件

单选按钮 RadioButton 控件很少单独使用，而是进行分组以提供一组互斥的选项，即在一组内，每次能选择一个单选按钮。创建单选按钮分组的方法：首先向页面中添加多个 RadioButton 控件，然后将这些控件手动分配到一个组中，组名可以是任意名称，具有相同组名的所有单选按钮被视为同一组的组成部分。如果需要在同一个页面中创建多个单选按钮组，则需要将其分配在不同的组中，每个组由各自相同之处组名。RadioButton 控件基本语法格式如下。

```
<asp:RadioButton ID="RadioButton1" runat="server"   GroupName ="组名" Text ="控件旁显示的文本"
        OnCheckedChanged="RadioButton1_CheckedChanged"/>
```

(1) RadioButton 控件常用属性。

RadioButton 控件的常用属性有 GroupName、Checked、Text、TextAlign、AutoPostBack。RadioButton 控件常用属性的基本功能如表 2.8 所示。

表 2.8 RadioButton 控件常用属性的基本功能

属性	基本功能
GroupName	设置 RadioButton 控件的组名，在同一组内只有一个控件处于选中状态
Checked	设置 RadioButton 控件是否处于选中状态，选项：true 选中；false 未选中
Text	设置显示在 RadioButton 控件旁边的说明文字
TextAlign	设置更改 RadioButton 控件旁边的文字方向
AutoPostBack	设置单击时 RadioButton 控件状态是否自动发回服务器

在程序中可以用“RadioButton 控件名.SelectedItem.Value”获取被选中按钮的选项值；用“RadioButton 控件名.SelectedItem.Text”获取被选中按钮旁边显示的文本。

(2) RadioButton 控件常用事件。

RadioButton控件的常用事件有CheckedChanged，其功能是当用户更改选项时触发此事件，在默认情况下，此事件不会导致向服务器发送页，但是可以通过 AutoPostBack 属性设置为 true，来强制该控件立即执行回发。

在一般情况下，不需要直接对 RadioButton 控件的选择事件进行响应，仅当需要知道用户何时更改了单选按钮组中的选择内容时，才响应这一事件。

由于每个 RadioButton 服务器控件都是单独的控件，而每个控件都可以单独触发事件，所以单选按钮组不能作为整体触发事件。

用户选择 RadioButton 控件时，事件框架结构如下。

```
protected void RadioButton1_CheckedChanged(object sender, EventArgs e)
{
        //编写逻辑功能代码
}
```

通常，可以将单个 RadioButton 控件绑定到数据源，也可以将 RadioButton 控件的任意属性绑定到数据源的任何字段。例如，可以基于数据库中的信息设置该控件的 Text 属性。

由于单选按钮是成组使用的，因此将单个单选按钮绑定到数据源的方案不常见。相反，常见的做法是将 RadioButtonList 控件绑定到数据源，在这种情况下，数据源会为每个记录动态生成单选按钮，即列表项。

2) RadioButtonList 控件

单选按钮组 RadioButtonList 控件是一个单一控件，可用作一组单选按钮列表项的父控件，该控件是从 ListControl 类中派生的，因此，其工件原理与 ListBox、CheckBoxList 控件和 DropDownList 的 Web 服务器控件相似。向页面中添加一个 RadioButtonList 控件，该控件中的列表项自动进行分组。RadioButtonList 控件的基本语法结构如下。

```
<asp:RadioButtonList ID="RadioButtonList1" runat="server">
        <asp:ListItem Value ="选项 1" >单选按钮旁显示的文字 1 </asp:ListItem>
        <asp:ListItem Value ="选项 2">单选按钮旁显示的文字 2 </asp:ListItem>
</asp:RadioButtonList>
```

(1) RadioButtonList 控件常用属性。

RadioButtonList 控件的常用属性有 CellPadding、CellSpacing、RepeatColumns、Repeat Direction、SelectedIndex、SelectedItem、SelectedValue、Text。RadioButtonList 控件常用属性的基本功能如表 2.9 所示。

表 2.9　RadioButtonList 控件常用属性的基本功能

属性	基本功能
CellPadding	设置或获取成员控件的边框和内容之间的距离(以像素为单位)
CellSpacing	设置或获取相邻表成员控件之间的距离(以像素为单位)
RepeatColumns	设置 RadioButtonList 控件中成员控件显示的列数
RepeatDirection	设置 RadioButtonList 控件中成员控件的显示方向
SelectedIndex	设置列表中被选定项的最小序号索引。如果没有成员被选中，则其值为-1

(续表)

属性	基本功能
SelectedItem	设置列表控件中索引最小的选定项
SelectedValue	设置列表控件中选定项的值或选择列表控件中包含指定值的项
Text	设置显示在控件旁边的说明文字

说明：

SelectedIndex、SelectedItem、SelectedValue 属性是只读属性，在设计时不可用，只能在程序代码中读取这些属性的值。若需要修改 RadioButtonList 控件中成员的属性，可在选定控件后单击控件右上角三角标记中的编辑项，或者在“属性”窗口中单击 Items 属性后的省略号按钮，再次打开“ListItem 集合编辑器”对话框进行编辑。

(2) RadioButtonList 控件常用事件。

RadioButtonList 控件的常用事件有 SelectedIndexChanged，其基本功能是在控件中更改选定项时触发该事件，需要配合 AutoPostBack 属性使用。

与 RadioButton 控件不同，当用户更改列表中选中的单选按钮时，RadioButtonList 控件会触发 SelectedIndexChanged 事件。在默认情况下，此事件并不导致向服务器发送页，但可以通过将 AutoPostBack 属性设置为 true，强制该控件立即执行回发。

【例题 2.3】设计在线考试系统单选题页面如图 2.6 所示。当用户单击备选答案后，单击“答题”按钮，则显示答题结果是“正确”还是“错误”的提示，当单击“下一题”按钮时，则显示下一题的提示信息。

例题 2.3

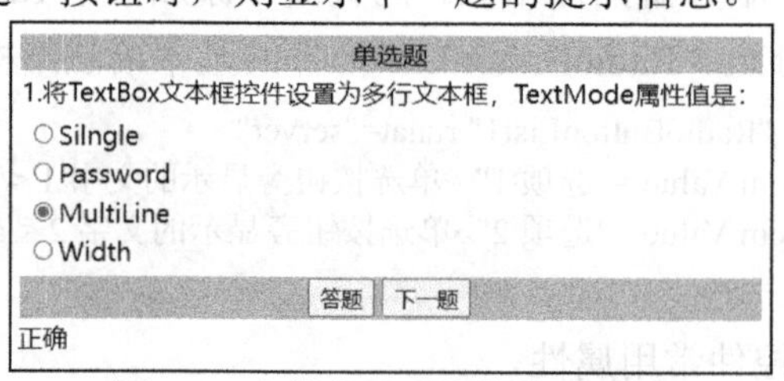

图 2.6　在线考试系统单选题页面

实现步骤：

1) 页面设计

在 Visual Studio 2013 及以上版本中创建 Capter2_3 的 ASP.NET 空 Web 应用程序，同时添加 SiInglechoice.aspx 页面。在该页面中设计一个 4 行 1 列的 table 表格。页面设计代码如下。

```
<body>
    <form id="form1" runat="server">
    <div>
    <table>
        <tr>
            <td style="text-align :center;background-color:#C0CC00">单选题</td>
        </tr>
        <tr><td>1.将 TextBox 文本框控件设置为多行文本框，TextMode 属性值是：</td></tr>
```

```
            <tr><td>
                <asp:RadioButtonList ID="rblSilngle" runat="server">
                    <asp:ListItem>Silngle</asp:ListItem>
                    <asp:ListItem>Password</asp:ListItem>
                    <asp:ListItem>MultiLine</asp:ListItem>
                    <asp:ListItem>Width</asp:ListItem>
                </asp:RadioButtonList>
                </td></tr>
            <tr><td style="text-align :center;background-color :#C0CC00">
                <asp:Button ID="btnAnswer" runat="server" Text="答题" OnClick="btnAnswer_Click" />
                <asp:Button ID="btnNext"   runat="server" Text="下一题" OnClick="btnNext_Click" />
                </td></tr>
        </table>
            <asp:Label ID="lblResult" runat="server" Text=""></asp:Label>
        </div>
        </form>
    </body>
```

2) 后台逻辑代码设计

将页面源视图转换为页面设计视图，在页面设计视图中分别双击“答题”按钮和“下一题”按钮(也可右击答题按钮，在弹出的菜单中执行属性命令，切换到事件窗口，双击 Click)进入后台代码设计区。后台逻辑代码设计如下。

```
namespace Capter2_3
{
    public partial class Silnglechoice : System.Web.UI.Page
    {
        protected void Page_Load(object sender, EventArgs e)
        {

        }

        protected void btnAnswer_Click(object sender, EventArgs e)//答题按钮单击事件
        {
            if (rblSilngle.SelectedIndex == 2) { lblResult.Text = "正确"; }
            else { lblResult.Text = "错误"; }
        }

        protected void btnNext_Click(object sender, EventArgs e)//下一题按钮单击事件
        {
            lblResult.Text = "显示下一题干";
        }
    }
}
```

3) 运行程序

在要运行的页面代码上右击，在弹出的快捷菜单中执行“在浏览器中查看”命令显示页面。在页面中单击 MultiLine 选项，单击“答题”按钮，显示效果如图 2.6 所示，单击“下一题”按钮，显示效果如图 2.7 所示。

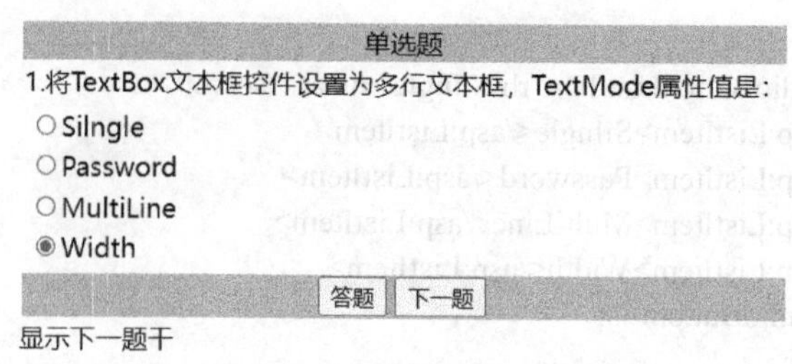

图 2.7　显示下一题

2. CheckBox 和 CheckBoxList

CheckBox 复选框控件和 CheckBoxList 复选框组控件的作用基本相似，均是用于向用户提供多选数据的控件，用户可以在控件提供的多个选项中选择一个或多个。

1) CheckBox 控件

CheckBox 控件是 Web 服务器的复选框控件，可以在页面中作为用于控制某种状态的开关控件使用，也可以将若干个 CheckBox 控件组合在一起向用户提供一组多选项。CheckBox 控件的基本语法结构如下。

```
    <asp:CheckBox ID="CheckBox1" runat="server"    Text ="控件旁显示的文本
"OnCheckedChanged="CheckBox1_CheckedChanged"/>
```

2) CheckBoxList 控件

CheckBoxList 控件是 Web 服务器的复选框组控件，可作为复选框列表集合的父控件，向用户提供一组多选项。CheckBoxList 控件的基本语法结构如下。

```
<asp:CheckBoxList ID="CheckBoxList1" runat="server"    RepeatDirection ="Horizontal"
OnSelectedIndexChanged="CheckBoxList1_SelectedIndexChanged">
            <asp:ListItem Value="选值 1">控件旁显示的文本</asp:ListItem>
            <asp:ListItem Value ="选值 2">控件旁显示的文本</asp:ListItem>
 </asp:CheckBoxList>
```

3) CheckBox 控件和 CheckBoxList 控件的常用属性与事件

CheckBox 控件和 CheckBoxList 控件的常用属性与事件与 RadioButton 控件和 RadioButtonList 控件基本相同，唯一不同的是没有 GroupName 属性，这里不再讲述。

【例题 2.4】设计在线考试系统多选题页面如图 2.8 所示。当用户单击备选答案后，单击“答题”按钮，会显示答题结果信息或错误提示信息，单击“下一题”按钮，则会显示下一题的提示信息。

例题 2.4

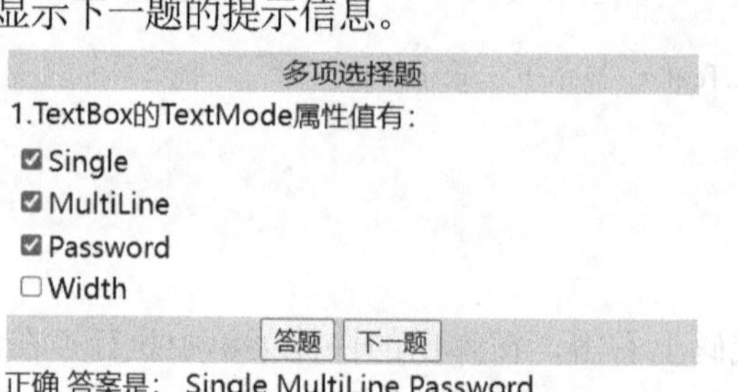

图 2.8　在线考试系统多选题页面

实现步骤：

1) 页面设计

在 Visual Studio 2013 及以上版本中创建 Capter2_4 的 ASP.NET 空 Web 应用程序，同时添加 MultiSelect.aspx 页面。在该页面中设计一个 4 行 1 列的 table 表格，并设置表格及列的样式。页面设计代码如下。

```
<body>
    <form id="form1" runat="server">
    <div>
        <table   style ="width:400px">
            <tr><td style="text-align :center;background-color :#ffd800">多项选择题</td></tr>
            <tr><td >1.TextBox 的 TextMode 属性值有：</td></tr>
            <tr><td>
                <asp:CheckBoxList ID="cblMultiSelect" runat="server">
                    <asp:ListItem>Single</asp:ListItem>
                    <asp:ListItem>MultiLine</asp:ListItem>
                    <asp:ListItem>Password</asp:ListItem>
                    <asp:ListItem>Width</asp:ListItem>
                </asp:CheckBoxList>
                </td> </tr>
            <tr><td style="text-align :center ;background-color :#ffd800">
                <asp:Button ID="btnAnswer" runat="server" Text="答题" OnClick="btnAnswer_Click" />
                <asp:Button ID="btnNext" runat="server" Text="下一题" OnClick="btnNext_Click"
                                                                    /></td></tr>
        </table>
        <asp:Label ID="lblResult" runat="server" Text=""></asp:Label>
    </div>
    </form>
</body>
```

2) 后台逻辑代码设计

将页面源视图转换为页面设计视图，在页面设计视图中分别双击“答题”按钮和“下一题”按钮(也可右击答题按钮，在弹出的菜单中执行属性命令，切换到事件窗口，双击Click)进入后台代码设计区。

后台逻辑设计思路：对 4 个备选项通过循环进行遍历，判断选定项是否被选定，若选定则将该项加到一个字符串上；判断选中项的答案是否正确，若正确，则显示正确答案信息，否则显示错误信息。设计代码如下。

```
namespace Capter2_4
{
    public partial class MultiSelect : System.Web.UI.Page
    {
        protected void Page_Load(object sender, EventArgs e)
        {

        }

        protected void btnAnswer_Click(object sender, EventArgs e)//答题按钮单击事件
```

```
        {
            string str = "";
            for (int i = 0; i < cblMultiSelect.Items.Count; i++)
            {
                if (cblMultiSelect.Items[i].Selected == true)
                {
                    str +=" "+ cblMultiSelect.Items[i].Value;
                }
            }
            if (cblMultiSelect.Items[0].Selected && cblMultiSelect.Items[1].Selected &&
                                                    cblMultiSelect.Items[2].Selected)
            {
                lblResult.Text += "正确 " + " 答案是: " + str;
            }
            else
            {
                lblResult.Text = "错误";
            }
        }

        protected void btnNext_Click(object sender, EventArgs e)//下一题单击事件
        {
            lblResult.Text = "下一题干";
        }
    }
}
```

3) 运行程序

在要运行的页面代码上右击，在弹出的快捷菜单中执行“在浏览器中查看”命令显示页面。在页面中单击 Single、MultiLine、Password 选项，单击“答题”按钮，显示效果如图 2.8 所示，单击“下一题”按钮，显示效果如图 2.9 所示。。

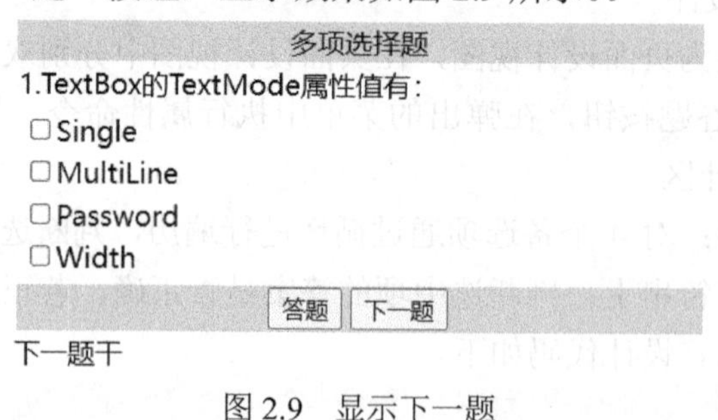

图 2.9　显示下一题

3．ListBox 和 DropDownList 控件

ListBox 列表框控件和 DropDownList 下拉列表控件是用于向用户提供输入数据选项的控件。DropDownList 下拉列表控件可以将选项折叠起来，只有当用户单击右侧的下拉按钮时才能显示选项列表，从而节省显示空间。

1) ListBox 列表框控件

ListBox 列表框控件的基本语法结构如下。

```
<asp:ListBox ID="ListBox1" runat="server"   OnSelectedIndexChanged
="ListBox1_SelectedIndexChanged" >
        <asp:ListItem Value ="选值 1">列表框中显示的文字 1</asp:ListItem>
        <asp:ListItem Selected="True">列表框中显示的文字 2</asp:ListItem>
</asp:ListBox>
```

(1) ListBox 列表框控件的常用属性。

ListBox 列表框控件的常用属性有 Width、Height、Rows、SelectedIndex、SelectedItem、SelectedValue、SelectedMode、Text、AutoPostBack 等。ListBox 列表框控件常用属性的基本功能如表 2.10 所示。

表 2.10　ListBox 列表框控件常用属性的基本功能

属性	基本功能
Width	设置列表控件的宽度
Height	设置列表控件的高度
Rows	设置列表控件中显示的行数
SelectedIndex	设置列表控件中选定项的最小索引，如果没有成员被选中，则基值是-1
SelectedItem	设置列表控件中索引最小的选定项，该属性是只读属性
SelectedValue	设置列表控件中选定项的值，或者选择列表项控件中包含指定值的项
SelectedMode	设置列表控件的选择模式，包括 Single(默认，只能选中一个)、Multiple(可以选择多个)
Text	设置列表控件的 SelectedValue 属性
AutoPostBack	设置列表控件中更改选定项时，是否自动发回服务器

向 ListBox 控件中添加选项的方法与 RadioButtonList 控件、CheckBoxList 控件添加选项的方法相同，可以通过 ListItem 集合编辑器添加选项，也可以在源视图中通过 HTML 代码添加选项，还可以在程序运行中通过代码动态向控件添加选项。

在程序中可用“ListBox 名.SelectedItem”或“ListBox 名.SelectedItem.Text”获取被选项的文本。用“ListBox 名.SelectedValue”或“ListBox 名.SelectedItem.Value”获取被选项的值。

当 ListBox 控件允许多选时，可通过循环来依次判断被选中项，事件过程参考代码如下。

```
protected void Button1_Click(object sender, EventArgs e)
    {
        lblDisplay.Text = "你选中的选项是：";
        for (int i = 1; i < ListBox1.Items.Count; i++)
        {
            if (ListBox1.Items[i].Selected)
            {
                lblDisplay.Text += ListBox1.Items[i].Value + " ";
            }
        }
    }
```

通过程序可发现，Items 集合的 Count 属性可以获取列表框控件中选项的总数；Items 集合的 Selected 属性可以判断该选项是否被选中；Items 集合的 Text 属性或 Value 属性可以获取被选定项的文本或值。

若要向 ListBox 控件或所有列表服务器控件中添加 ListItem 选项，可通过下列代码来实现。

```
ListBox1.Items.Add(new ListItem("Text 文本 1", "Value 值 1"));
```

(2) ListBox 列表框控件的常用事件。

ListBox 列表框控件的常用事件有 SelectedIndexChanged，其基本功能是当从列表控件中更改选定项时触发 SelectedIndexChanged 事件，需要配合 AutoPostBack 属性。

2) DropDownList 下拉列表框控件

DropDownList 下拉列表控件可以创建只允许用户从中选择一项的下拉列表控件，该控件将所有的选项折叠起来，需要单击控件右边向下的黑色三角形箭头，才显示所有列表项。DropDownList 下拉列表框控件的基本语法结构如下。

```
<asp:DropDownList ID="DropDownList1" runat="server"
OnSelectedIndexChanged="DropDownList1_SelectedIndexChanged">
        <asp:ListItem    Value ="选项值">下拉列表框中显示的文字</asp:ListItem>
</asp:DropDownList>
```

(1) DropDownList 下拉列表框控件常用属性。

DropDownList 下拉列表框控件的常用属性有 AutoPostBack、DataMember、DataSource、DataTextField、DataValueField、Items、SelectedItem、SelectedIndex 等。DropDownList 下拉列表框控件常用属性的基本功能如表 2.11 所示。

表 2.11　DropDownList 下拉列表框控件常用属性的基本功能

属性	基本功能
AutoPostBack	设置从当前列表控件中更改选定项时，是否自动产生向服务器的回发
DataMember	设置要绑定到控件的 DataSource 中的特定表
DataSource	设置填充列表控件项的数据源
DataTextField	设置列表项提供文本内容的数据源字段
DataValueField	设置列表项提供值的数据源字段
Items	设置列表控件项的集合，其中每个元素是一个 ListItem 对象
SelectedItem	设置列表控件中索引最小的选定项
SelectedIndex	以编程方式指定或确定 DropDownList 控件中选定项的索引，该控件中项的索引从 0 开始

(2) DropDownList 下拉列表控件常用事件。

DropDownList 下拉列表控件的常用事件有 SelectedIndexChanged，其从列表控件中更改选定项时触发，需要配合 AutoPostBack 属性。执行 SelectedIndexChanged 事件时，需要将 AutoPostBack 属性设置为 true(默认 false)。也就是说，只要用户从列表控件中进行选择，就会立即触发 SelectedIndexChanged 事件，如果 AutoPostBack 属性为 true，则每次选择时都将表单发送到服务器，但在每个往返过程中选定的项保持不变。

(3) ListItemCollection 对象常用属性和方法。

DropDownList 下拉列表控件的 Items 是一个集合属性，其中每个元素(项)是一个 ListItem 对象，Items 是 ListItemCollection 类的对象，ListItemCollection 类的常用属性和方法及基本功能如表 2.12 所示。

表 2.12　ListItemCollection 类的常用属性和方法及基本功能

类型	名称	基本功能
属性	Count	集合中的 ListItem 对象数
	Item	集合中指定索引处的 ListItem
方法	Add	将 ListItem 追加到集合的结尾
	AddRange	将 ListItem 对象数组中的项添加到集合
	Clear	从集合中清除所有 ListItem 对象
	Insert	将 ListItem 插入集合中的指定索引位置
	Remove	从集合中移除 ListItem
	RemoveAt	从集合中移除指定索引位置的 ListItem

【例题 2.5】设计学生选课页面如图 2.10 所示。当学生选课后，显示选课的课程名称和学分信息。

例题 2.5

课程：ASP.NET Web开发技术　学分：6

你选择的课程是：ASP.NET Web开发技术学分是：6

图 2.10　学生选课页面

实现步骤：

1) 页面设计

在 Visual Studio 2013 及更高版本上创建 Capter2_5 网站，在该网站下添加 Selecttion Course.aspx 页面。页面设计代码如下。

```
<body>
    <form id="form1" runat="server">
    <div style="width :450px;font-size :20px;font-family:隶书;background:#ffd800" >
        课程：<asp:DropDownList ID="ddlCourse" runat="server" Width="200px" AutoPostBack ="true"
              OnSelectedIndexChanged="ddlCourse_SelectedIndexChanged" Font-Names ="隶书"
              Font-Size ="20px">
                <asp:ListItem Value="0">C#语言程序设计</asp:ListItem>
                <asp:ListItem Value ="1">JAVA 语言程序设计</asp:ListItem>
                <asp:ListItem Value ="2">JAVA Web 开发技术</asp:ListItem>
                <asp:ListItem Value ="3">ASP.NET Web 开发技术</asp:ListItem>
          </asp:DropDownList>
        学分：<asp:Label ID="lblGrade" runat="server" Text=" "></asp:Label><br /><br />
        <asp:Label ID="lblMessage" runat="server" Text=""></asp:Label>
    </div>
    </form>
</body>
```

上述代码中，设置了 DIV 的宽度、字号大小、背景及 DropDownList 控件的 AutoPostBack

属性、Width 属性；设定了 ListItem Value 4 个值，分别是 0、1、2、3，目的是在后台代码中通过 SelectedValue 获取所选项。

2) 后台逻辑功能设计

在页面设计视图中，双击 DropDownList 控件，进入后台代码设计区，在 ddlCourse_SelectedIndexChanged 事件中设计要实现的逻辑功能，设计代码如下。

```
namespace Capter2_5
{
    public partial class SelecttionCourse : System.Web.UI.Page
    {
        protected void Page_Load(object sender, EventArgs e)
        {

        }

        protected void ddlCourse_SelectedIndexChanged(object sender, EventArgs e)
                        //选定索引改变项事件
        {
            int[] grade = { 4, 5, 6, 6 }; //定义存放对应课的学分数组
            int i = Convert.ToInt32(ddlCourse.SelectedValue);
            lblGrade.Text = grade[i].ToString ();
            lblMessage.Text = "你选择的课程是：" + ddlCourse.SelectedItem.Text + "学分是：" +
                                lblGrade.Text;
        }
    }
}
```

3) 运行程序

在要运行的页面代码上右击，在弹出的快捷菜单中执行“在浏览器中查看”命令显示页面，在页面中单击 DropDownList 控件右边的向下箭头，单击选定项如图 2.10 所示。

2.2.6 容器控件

容器控件是指可以安放其他控件的控件，有 Panel 控件和 PlaceHolder 控件两种。若需要通过编程向页面中添加控件，则必须有放置新控件的容器，如果没有明显的控件用作容器，可以使用 Panel 或 PlaceHolder 控件。

1. Panel 控件

Panel 面板 Web 服务器控件是一个容器控件，可以作为其他控件的容器，用于对控件进行分组，以帮助用户组织网页内容。Panel 控件的基本语法结构如下。

```
<asp:Panel ID="Panel1" runat="server" Height ="高度"   Width ="宽度">
        //其他控件
</asp:Panel>
```

Panel 控件的常用属性有 HorizontalAlign、Wrap、Direction、ScrollBars、GroupingText、BorderStyle、BorderColor、BorderWidth、BackImageUrl、Visible、Enabled。Panel 控件常用属性的基本功能如表 2.13 所示。

表 2.13　Panel 控件常用属性的基本功能

属性	基本功能
HorizontalAlign	设置控件在面板内的水平对齐方式(左对齐、右对齐、居中或两端对齐)
Wrap	设置面板内过宽的内容是换到下行显示，还是在面板边缘处截断显示
Direction	指定控件的内容是从左至右呈现还是从右至左呈现。当在页面上创建与整个页面方向不同的区域时，该属性非常有用
ScrollBars	设置控件滚动条，如果设置控件的 Height 和 Width 属性，将 Panel 控件限制为选定大小，则可以通过设置 ScrollBars 属性来添加滚动条
GroupingText	设置一个带标题的分组框，Panel 控件的周围将显示一个包含标题的框，若其标题是指定的文本，则能在 Panel 控件中同时指定滚动条和分组文本，如果设置了分组文本，则其优先级高于滚动条
BorderStyle	设置控件边框的样式
BorderColor	设置控件背景色
BorderWidth	设置控件边框的宽度
BackImageUrl	设置控件的背景图片
Visible	设置控件是否可见，值为 true 时可见，值为 false 时不可见
Enabled	设置控件是否可见，值为 true 时不可见，值为 false 时可见

【例题 2.6】设计会员登录和新用户注册页面如图 2.11 所示。页面功能：用户单击“会员登录”按钮，页面隐藏新用户注册信息，显示登录功能；用户单击“新用户注册”按钮，页面隐藏登录信息，显示新用户注册功能。

例题 2.6

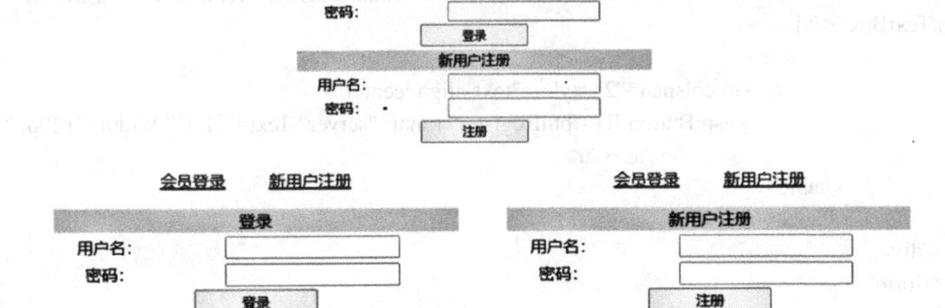

图 2.11　会员登录和新用户注册页面

实现步骤：

1) 页面设计

在 Visual Studio 2013 中创建 Capter2_6 网站，在网站中添加 UserLoginRegister.aspx 页面。在页面中设计两个 LinkButton 控件、两个 Panel 控件分别作为 table 控件、TextBox 文本框控件、Button 按钮控件的容器，设置相关控件的属性或样式，页面设计代码如下。

```
<body>
    <form id="form1" runat="server">
    <div style="width :400px;text-align :center;margin :auto">
```

```
            <asp:LinkButton ID="lbtnLogin" runat="server" OnClick="lbtnLogin_Click">会员登录
                </asp:LinkButton>        
            <asp:LinkButton ID="lbtnRegister" runat="server" OnClick="lbtnRegister_Click">新用户注册
                </asp:LinkButton><p/>
            <asp:Panel ID="pnlLogin" runat="server" Width ="400px">
                <table style ="width:100%">
                    <tr><td colspan="2" style ="background-color:#ffd800; text-align :center">登录
                        </td></tr>
                    <tr><td >用户名：</td>
                        <td> <asp:TextBox ID="txtName"runat="server"></asp:TextBox></td></tr>
                    <tr><td>密码：</td>
                        <td><asp:TextBox ID="txtPwd" runat="server" TextMode="Password" >
                          </asp:TextBox></td>
                    </tr>
                    <tr><td colspan="2" style ="text-align :center">
                        <asp:Button ID="btnLogin" runat="server" Text="登录" Width="120px"
                            /></td></tr>
                </table>
            </asp:Panel>
            <asp:Panel ID="PnlRegister" runat="server" Width="400px">
                <table style ="width:100%">
                    <tr><td colspan="2" style ="background-color:#ffd800; text-align :center">新用户注册
                        </td></tr>
                    <tr><td>用户名：</td>
                        <td> <asp:TextBox ID="txtRegisterName" runat="server">
</asp:TextBox></td>
                    </tr>
                    <tr><td>密码：</td>
                   <td><asp:TextBox ID="txtRegisterPwd" runat="server" TextMode ="Password" >
</asp:TextBox></td>
                    </tr>
                    <tr><td colspan="2" style ="text-align :center">
                        <asp:Button ID="btnRegister" runat="server" Text="注册" Width="120px"
                            /></td></tr>
                </table>
            </asp:Panel>
        </div>
        </form>
</body>
```

2) 后台逻辑功能设计

在设计页面视图中分别双击“会员登录”“新用户注册”超级链接按钮，进入后台代码设计区，分别在 lbtnLogin_Click、lbtnRegister_Click 事件中设计要实现的逻辑功能，设计代码如下。

```
namespace Capter2_6
{
    public partial class UserLoginRegister : System.Web.UI.Page
    {
        protected void Page_Load(object sender, EventArgs e)
        {
```

```
        }

        protected void lbtnLogin_Click(object sender, EventArgs e)//会员登录按钮单击事件
        {
            pnlLogin.Visible = true;
            PnlRegister.Visible = false;
        }

        protected void lbtnRegister_Click(object sender, EventArgs e)
                            //新用户注册按钮单击事件
        {
            pnlLogin.Visible = false;
            PnlRegister.Visible = true;
        }
    }
}
```

3) 运行程序

按 Ctrl+F5 键运行页面，在页面中分别单击“会员登录”“新用户注册”按钮，如图 2.11 所示。

注意：

若在 UserLoginRegister.aspx 的 Page_Load 事件中将 pnlLogin.Visible 和 PnlRegister.Visible 的属性设置为 false，则程序运行时页面只有“会员登录”和“新用户注册”的信息。

2. PlaceHolder 控件

在页面上设计一个 PlaceHolder 容器控件，相当于在页面上留下一个占位符，在程序运行时动态将子元素添加到该容器中，该控件只呈现子元素，自身没有可见输出。该控件对动态网页布局设计十分有利，特别是在母版页的应用中更为突出。PlaceHolder 容器控件的基本语法结构如下。

```
<asp:PlaceHolder ID="PlaceHolder1" runat="server"></asp:PlaceHolder>
```

在 PlaceHolder 容器控件中，通过 Controls 集合的 Add、Remove 等方法添加或移除 PlaceHolder 容器控件内的其他控件，PlaceHolder 容器控件通常不处理事件。

向 PlaceHolder 容器控件添加其他控件的方法：先向 Web 窗体页中添加一个空 PlaceHolder 容器控件，再调用 PlaceHolder 容器控件的 Controls 属性的 Add 方法。在 Web 页面的 Page_Load 事件过程代码如下。

```
protected void Page_Load(object sender, EventArgs e)
    {
        TextBox myTextBox = new TextBox();
        myTextBox.Text = "动态生成文本框";
        PlaceHolder1.Controls.Add(myTextBox);
    }
```

另外，也可在页面中直接向 PlaceHolder 容器控件添加 TextBox 控件，页面设计代码如下。

```
<body>
    <form id="form1" runat="server">
    <div>
        <asp:PlaceHolder ID="PlaceHolder1" runat="server" >
            <asp:TextBox ID="TextBox1" runat="server"></asp:TextBox>
        </asp:PlaceHolder>
    </div>
    </form>
</body>
```

2.2.7 常用的其他标准控件

常用的其他标准控件主要有 FileUpload 文件上传控件和 Calendar 日历控件。

1. FileUpload 文件上传控件

FileUpload文件上传控件的作用：通过上传文件加强用户与应用程序间的交互，简化文件上传操作。FileUpload文件上传控件显示为一个文本框和一个“浏览”按钮，用户可以在文本框中输入或通过“浏览”按钮浏览和选择希望上传的文件。FileUpload文件上传控件的语法格式如下。

```
<asp:FileUpload ID="FileUpload1" runat="server" />
```

使用 FileUpload 文件上传控件，可将用户的文件从其计算机上传到服务器中，要上传的文件将在回发期间作为浏览器请求的一部分提交给服务器，在文件上传完成后，可以用代码管理该文件。通常，可上传文件的大小取决于 MaxRequestLength 的属性值。

使用 FileUpload Web 服务器控件上传文件的基本步骤如下。

(1) 向页面添加 FileUpload 控件。

(2) 在事件的处理程序中，执行以下操作。

① 测试 FileUpload 控件的 HasFile 属性，检查该控件中是否包含有上传的文件。

② 检查该文件的扩展名，以确保上传允许的文件类型。

③ 将该文件保存到服务器端指定的位置，可以调用 HttpPostedFile 对象的 SaveAs 方法：FileUpload1.PostedFile .SaveAs (Path+ FileUpload1 .FileName)。其中，FileUpload1.FileName 获取客户端文件的名称，Path 为服务器端的路径。如果要上传到默认网站的某个文件夹中，可使用以下代码。

```
Path=Server.MapPath("~/文件夹名/")
```

【例题 2.7】设计用户注册页面效果如图 2.12 所示。基本功能：通过“选择文件”控件选择客户端需上传的图片文件，单击“上传”按钮，显示上传文件的基本信息。

例题 2.7

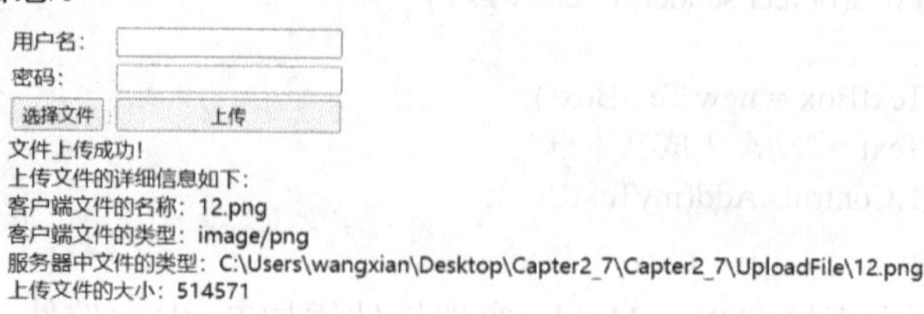

图 2.12 用户注册页面

实现步骤：

1) 页面设计

在 Visual Studio 2013 中创建 Capter2_7 网站并添加 UserRegist.aspx 页面，在页面中设计一个 table 表格，在行、列中设计 TextBox 控件、FileUpload 控件、Button 控件并设置相关属性。前台页面代码如下。

```
<body>
    <form id="form1" runat="server">
    <div>
    <table>
        <tr><td>用户名：</td><td>
                <asp:TextBox ID="txtName" runat="server"></asp:TextBox></td></tr>
        <tr><td>密码：</td><td>
              <asp:TextBox ID="txtPwd" runat="server" TextMode="Password"></asp:TextBox></td></tr>
        <tr><td>
            <asp:FileUpload ID="fulFile" runat="server"    Width ="75px"/></td>
            <td>
                <asp:Button ID="btnLoad" runat="server" Text="上传" Width="170px"
                        OnClick="btnLoad_Click" /></td>
        </tr>
    </table>
        <asp:Label ID="lblMessage" runat="server" Text=""></asp:Label>
    </div>
    </form>
</body>
```

2) 后台逻辑功能设计

在页面设计视图中双击“上传”按钮，进入上传按钮后台代码编辑区。设置一个文件类型标志，其初值为 false；判断 FileUpload1 控件是否包含上传文件，若包含文件，则进一步对文件类型进行遍历，符合指定的文件类型时，将文件类型标志设置为 true；当文件类型标志为 true 时，上传文件同时显示上传文件的文件名、文件路径、文件大小、文件类型信息。后台代码设计如下。

```
namespace Capter2_7
{
    public partial class UserRegist : System.Web.UI.Page
    {
        protected void Page_Load(object sender, EventArgs e)
        {

        }
        protected void btnLoad_Click(object sender, EventArgs e)
        {
            Boolean fileType = false; //文件类型符合标志，初始值为不符合
            string path = Server.MapPath("~/UploadFile/");//服务器中保存文件位置
            if (fulFile.HasFile) //检查 FileUpload1 控件中是否包含文件
            {
```

```
                //获取客户端使用 FileUpload 控件上传文件的扩展名，并改为小写
                string fileExtension = System.IO.Path.GetExtension(fulFile.FileName).ToLower();
                string[] allowedExtensions = { ".gif", ".png", ".jpg", ".jpeg" };
                //运用循环检查根据文件扩展名检查文件类型
                for (int i = 0; i < allowedExtensions.Length; i++)
                {
                    //判断要上传的文件是否是允许的文件类型
                    if (fileExtension == allowedExtensions[i])
                    {
                        fileType = true;
                        break;
                    }
                }
            }
            if (fileType) //检查文件是否是允许上传的文件类型
            {
                fulFile.PostedFile.SaveAs(path + fulFile.FileName);//上传文件
                //显示上传文件的信息
                lblMessage .Text +="文件上传成功！"+"<br/>";
                lblMessage.Text += "上传文件的详细信息如下：" + "<br/>";
                lblMessage.Text += "客户端文件的名称：" + fulFile.FileName + "<br/>";
                lblMessage.Text += "客户端文件的类型：" + fulFile.PostedFile.ContentType + "<br/>";
                lblMessage.Text += "服务器中文件的类型：" + path + fulFile.FileName + "<br/>";
                lblMessage.Text += "上传文件的大小：" + fulFile.PostedFile.ContentLength + "<br/>";
            }
            else
            {
                lblMessage.Text += "文件上传类型是.jpg|.gif|.png|.jpeg 文件"+"<br/>，请重新上传";
            }
        }
    }
}
```

3) 运行程序

按 Ctrl+F5 键运行程序，在客户端选择上传文件，单击“上传”按钮，显示信息如图 2.12 所示。

2. Calendar 日历控件

Calendar 日历控件对应命名空间 System.Web.UI.WebControls 中的 Calendar 类。Calendar 日历控件的作用：用于显示单月日历，该日历使用户可以选择日期并移动到下个月或上个月。

1) Calendar 日历控件常用属性

Calendar 日历控件的常用属性有 Caption、CaptionAlign、CellPadding、DayStyle、CellSpacing、DayHeaderStyle、DayNameFormat、FirstDayOfWeek、NextMonthText、PrevMonthText、SelectedDate、SelectedDates、SelectedDayStyle、SelectionMode、SelectedMonthText、

SelectedWeekText、ShowDayHeader、TitleStyle、TodaysDate、TodayDayStyle、WeekendDayStyle。Calendar日历控件常用属性的基本功能如表 2.14 所示。

表 2.14　Calendar 日历控件常用属性的基本功能

属性	基本功能
Caption	设置呈现为日历标题的文本值
CaptionAlign	设置呈现为日历标题的文本的对齐方式
CellPadding	设置单元格内容与单元格边框之间的距离
DayStyle	设置显示的月份中日期的样式属性
CellSpacing	设置单元格间的距离
DayHeaderStyle	设置显示一周中某天的部分样式属性
DayNameFormat	设置一周中各天的名称格式
FirstDayOfWeek	设置要在 Calendar 控件的第一天列中显示的一周中的某天
NextMonthText	设置下一个月导航控件显示的文本
PrevMonthText	设置前一个月导航控件显示的文本
SelectedDate	设置选定的日期
SelectedDates	设置 System.DateTime 对象的集合，这些对象表示 Calendar 控件上选择日期
SelectedDayStyle	设置选定日期样式属性
SelectionMode	设置 Calendar 控件上的日期选择模式，该模式指定用户可以选择单日、一周或一个月
SelectedMonthText	设置为选择器列中月份选择元素显示的文本
SelectedWeekText	设置为选择器列中周选择元素显示的文本
ShowDayHeader	设置指示是否显示一周中各天的标题
TitleStyle	设置 Calendar 控件的标题标头的样式属性
TodaysDate	设置今天日期的值
TodayDayStyle	设置 Calendar 控件上今天日期的样式属性
WeekendDayStyle	设置 Calendar 控件上周末日期的样式属性

2) Calendar 日历控件常用事件

Calendar 日历控件的常用事件有 SelectionChanged，其在用户单击日历选择器控件选择一天、一周或整月时发生。

【例题 2.8】设计一个用户注册页面，要求：出生日期中的年、月由下拉列表框完成，单击 “显示日历” 按钮，下拉列表框中的年、月加载到 Calendar 日历控件上，在 Calendar 日历控件中选择日，隐藏 Calendar 日历控件，显示出生日期信息。注册页面出生日期效果如图 2.13 所示。

图 2.8

图 2.13　注册页面出生日期效果

实现步骤：

1) 前台页面设计

在 Visual Studio 2013 开发环境中创建项目 Capter2_8 网站，在网站根目录下添加 UserRegiste.aspx 页面。在页面中设计两个 Label 标签控件、三个 DropDownList 下拉列表框控件、一个 LinkButton 超链接按钮、一个 Calendar 日历控件并将这些控件封装在 Panel 容器控件中。页面设计参考代码如下。

```
<body>
    <form id="form1" runat="server">
        <div>
            <asp:Panel ID="panelCalendar" runat="server">
                <asp:Label ID="Label1" runat="server" Text="出生日期：    "></asp:Label>
                <asp:DropDownList ID="ddlSeleYear" runat="server" Width="100px"
                    OnSelectedIndexChanged="ddlSeleYear_SelectedIndexChanged">
                    <asp:ListItem ></asp:ListItem>
                </asp:DropDownList>年
                <asp:DropDownList ID="ddlSeleMonth" runat="server" Width="100px"
                    OnSelectedIndexChanged="ddlSeleMonth_SelectedIndexChanged">
                    <asp:ListItem ></asp:ListItem>
                </asp:DropDownList>月
                <asp:DropDownList ID="ddlSeleDay" runat="server" Width="100px">
                    <asp:ListItem ></asp:ListItem>
                </asp:DropDownList>日  
                <asp:LinkButton ID="dispCalendar" runat="server" Text="显示日历"
                    OnClick="dispCalendar_Click"></asp:LinkButton>
                <asp:Calendar ID="Calendar1" runat="server"
                    OnSelectionChanged="Calendar1_SelectionChanged"></asp:Calendar>
            </asp:Panel>
        </div>
        <div>
            <asp:Label ID="lblMessage" runat="server" Text=""></asp:Label>
        </div>
    </form>
</body>
```

2) 后台逻辑功能设计

在页面的 Page_Load 加载事件中采用循环对年、月集合元素进行初始化值；将年、月下拉列表控件的改变事件合并为一，编写月下拉列表框的改变事件，在该事件中将年、月下拉列表框中选中的值加载到 Calendar 日历控件上；设计超链接按钮的单击事件，实现日历的显示；在 Calendar 日历控件中设计选择日期事件。后台代码设计如下。

```
namespace Capter2_8
{
    public partial class UserRegist : System.Web.UI.Page
    {
        protected void Page_Load(object sender, EventArgs e)
        {
            ddlSeleYear.AutoPostBack = true;
            ddlSeleMonth.AutoPostBack = true;
            ddlSeleDay.AutoPostBack = true;
            Calendar1.Visible = false;
            if (!IsPostBack)
            {
                for (int year = 1990; year < 2070; year++) //填充年下拉列表框
                {
                    ddlSeleYear.Items.Add(year.ToString());
                }
                for (int month = 1; month <= 12; month++)
                {
                    ddlSeleMonth.Items.Add(month.ToString());
                }
            }

        }
        protected void dispCalendar_Click(object sender, EventArgs e)
        {
            Calendar1.Visible = true;
        }
       protected void ddlSeleMonth_SelectedIndexChanged(object sender, EventArgs e)
                            //月下拉列表框的改变事件
        {
            string year = ddlSeleYear.SelectedValue.ToString();
            string month = ddlSeleMonth.SelectedValue.ToString();
            string day = 20.ToString();
            if (ddlSeleYear.Text != "选择年份" && ddlSeleMonth.Text != "选择月份")
            {
                panelCalendar.Visible = true;
                Calendar1.VisibleDate = Convert.ToDateTime(year + "-" + month + "-" + day);
            }
        }
        protected void Calendar1_SelectionChanged(object sender, EventArgs e)
        {
            lblMessage.Text = "出生日期：" + Calendar1.SelectedDate.ToShortDateString();
            panelCalendar.Visible=false;
        }
    }
}
```

3) 运行程序

按 Ctrl+F5 键运行程序，分别单击年、月下拉列表框的向下箭头，选择年为 2023、月为 5，单击“显示日历”按钮，在弹出的日期上单击 8，页面效果如图 2.13 所示。

2.3 ASP.NET 验证控件

验证控件，是指在检查用户在 TextBox、ListBox、DropDownList 和 RadioButtonList 控件的输入或选择时，在窗体发送到服务器时会产生验证。验证控件可测试用户输入或选择的内容，如果输入没有通过任何一项验证测试，则 ASP.NET 会将该页发回客户端浏览器。发生这种情况时，检测到错误的验证控件会显示错误信息。

验证控件直接在客户端执行，用户提交页面后，执行相应的验证，无须通过服务器进行验证操作，从而减少服务器与客户端的往返过程。

ASP.NET 服务器控件主要有 RequiredFieldValidtor、CompareValidator、RangeValidator、RegularExpressionValidator、CustomValidator、ValidationSummary。

2.3.1 验证控件的属性和方法

所有验证控件都继承自 BaseValidator 类，该类为所有验证控件提供了公用的属性和方法，验证控件公用属性和方法及基本功能如表 2.15 所示。

表 2.15 验证控件公用属性和方法及基本功能

属性和方法	基本功能
Display	设置验证控件中错误信息的显示
ErrorMessage	设置验证失败时 ValidationSummary 控件中显示的错误信息的文本
Text	设置验证失败时控件中显示的文本
ControlToValidate	设置要验证的输入控件
EnableClientScript	设置一个值，该值指示是否启用客户端验证
SetFocusOnError	设置一个值，该值指示在验证失败时是否将焦点设置到 ControlToValidate 属性指定的控件上
ValidationGroup	设置验证控件所属组的名称
IsValid	设置一个值，该值指示关联的输入控件是否通过验证
ForeVolor	设置指定当验证失败时用于显示错误消息的文本颜色

为了保证响应速度，一般设置验证控件的 EnableClientScript 属性值为 true，这样当在页面上改变 ControlToValidate 属性指定控件的值并将焦点移出时，就会产生客户端验证。此时验证用的是 JavaScript 代码而不是开发人员开发的代码，由系统产生。若将 EnableClientScript 属性值设置为 false，则只有当页面返回时，才会实现验证，且此时完全由服务器验证。

一个控件设置多个规则，通过多个控件共同作用，各验证控件的ControlToValidate 属性应为相同的值。例如，对密码文本框要求必填且与确认密码文本框的值相同，此时将 RequiredFieldValidator 和 CompareValidator 控件共同作用于密码文本框。

若要对同一页面上不同的控件提供分组验证功能，可以通过将同一组控件的 ValidationGroup 属性设置为相同的组名来实现。

2.3.2　RequiredFieldValidator 控件

RequiredFieldValidator 控件也称为必须验证控件，其作用是对输入控件的有效性进行验证，确保输入控件时必须有数据输入，若为空，则在页面中显示提示信息。在页面布局中，一般将必须验证控件放在被验证控件的旁边。RequiredFieldValidator 控件的语法格式如下。

```
<asp:RequiredFieldValidator ID="验证控件的 ID" runat="server"
ControlToValidate="被验证控件的 ID" Text ="验证控件本身显示的提示"
ErrorMessage="在 ValidationSummary 控件中显示的提示"
InitialValue ="指定验证控件提供的初始值">
</asp:RequiredFieldValidator>
```

RequiredFieldValidator 控件的常用属性及基本功能如表 2.16 所示。

表 2.16　RequiredFieldValidator 控件的常用属性及基本功能

属性	基本功能
ControlToValidate	指定要对哪些控件进行验证，其属性值是被验证的 ID 值
Text	指定被验证控件没有通过验证时，验证控件本身所显示的错误提示信息
ErrorMessage	指定被验证的控件没有通过验证，并在 Web 窗体中添加了 ValidationSummary 控件时，在 ValidationSummary 控件中显示的错误提示信息
InitialValue	指定验证控件提供的初始值，初始值并不显示在被验证的字段中。如果设置 InitialValue 属性为非空值，在被验证的字段为空的情况下提交表单，将通过验证；只有 InitialValue 属性值为空值时，才进行验证

2.3.3　CompareValidator 控件

CompareValidator 控件又称为比较验证控件，其作用是将输入的值与常数或其他输入控件中的值进行比较，以确定这两个值是否与比较运算符(==、!=、>、<等)指定的关系相匹配。CompareValidator 控件的基本语法如下。

```
<asp:CompareValidator ID="CompareValidator1" runat="server"
      ControlToValidate="被验证控件 ID"
ControlToCompare="与被验证控件比较的控件的 ID"
Operator="比较操作符"   Type ="用于比较值的类型"
Text ="验证控件本身显示的信息"
ErrorMessage="在 ValidationSummary 控件中显示的信息提示" >
</asp:CompareValidator>
```

CompareValidator 控件的常用属性及基本功能如表 2.17 所示。

表 2.17　CompareValidator 控件的常用属性及基本功能

属性	基本功能
ControlToCompare 或 ValueToCompare	若要与另一个控件的值进行比较，则将 ControlToCompare 属性设置为另一个控件的 ID；若要与常数值进行比较，可设置 ValueToCompare 属性；对于以字符串形式输入的表达式，该值要与用户输入被验证控件中的值进行比较；在应用时只能选择其中之一

(续表)

属性	基本功能
Type	要比较的两个值的数据类型。类型使用 ValidationDataType 枚举指定，该枚举允许使用 String(默认)、Integer、Double、Date、Currency 等类型，在执行比较之前，值将转换为此类型
Operator	验证中使用的比较操作符，该运算符使用 ValidationCompareOperator 枚举中定义的下列值之一：Equal(等于，默认)、NotEqual(不等于)、GreaterThan(大于)、GreaterThanEqual(大于等于)、LessThan(小于)、LessThanEqual(小于等于)或DataTypeCheck(检查两个控件数据类型是否匹配)

在使用 CompareValidator 控件时需注意以下几点。

(1) 使用该控件可以将用户输入某控件(如文本框)中的数据与用户输入另一控件中的数据进行比较，或者将用户输入的数据与某个常数进行比较，还可以用来检查用户输入的数据是否可以转换为 Type 属性所指定的数据类型。

(2) 将控件的 Operator 属性设置为 DataTypeCheck 运算符，将指定用户输入数据与 Type 属性指定的数据类型进行比较，若无法将该值转换为 Type 指定的类型，则验证失败。使用 DataTypeCheck 运算符时，将忽略 ControlToCompare 和 ValueToCompare 属性的设置。

(3) 使用该控件，既可以对用户在两个输入控件中输入的数据进行比较，也可以对用户输入的数据与某个常数进行比较。但注意，不要同时设置 ControlToCompare 属性和 ValueToCompare 属性，若同时设置了这两个属性，则 ControlToCompare 属性优先。

(4) 如果用户将控件保留为空白，则此控件将通过比较验证，要强制用户输入值，还要添加 RequiredfieldValidator 控件。

2.3.4 RangeValidator 控件

RangeValidator 控件又称为范围验证控件，其作用是验证输入的值是否在指定的范围内。RangeValidator 控件的语法格式如下。

```
<asp:RangeValidator ID="RangeValidator1" runat="server" ErrorMessage="RangeValidator">
</asp:RangeValidator>
```

RangeValidator 控件的常用属性及基本功能如表 2.18 所示。

表 2.18　RangeValidator 控件的常用属性及基本功能

属性	基本功能
MaximumValue	设置验证范围的最大值(上限)
MinimumValue	设置验证范围的最小值(下限)
Type	设置用于指定范围值的数据类型，数据类型可以是String、Integer、Double、Date、Currency

说明：

如果用户将控件保留空白，则此控件将通过范围验证。若要强制用户输入值，还要添加 RequiredFieldValidator 控件。

2.3.5　RegularExpressionValidator 控件

RegularExpressionValidator 控件又称为正则表达式验证控件，其作用是验证输入值是否和定义的正则表达式相匹配，常用来验证电话号码、身份证号、邮政编码、电子邮箱等。RegularExpressionValidator 控件的语法格式如下。

```
<asp:RegularExpressionValidator ID="RegularExpressionValidator1" runat="server"
ErrorMessage="未通过提示错误信息"
ControlToValidate="要验证控件的名称"
        ValidationExpression="正则表达式">
  </asp:RegularExpressionValidator>
```

RegularExpressionValidator 控件的常用属性及基本功能如表 2.19 所示。

表 2.19　RegularExpressionValidator 控件的常用属性及基本功能

属性	基本功能
ControlToValidate	设置需要验证控件的 ID
ValidationExpression	设置验证输入控件的正则表达式

【例题 2.9】用 ASP.NET 验证控件对用户注册页面进行验证，效果如图 2.14 所示，验证要求如下。

例题 2.9

(1) 所有输入文本框均要有非空验证，如果为空则有“请输入***”的提示信息。

(2)“密码”和“确认密码”框，要求输入一致，若不一致，则有“两次输入的密码不一致”的提示信息。

(3)“联系电话”的格式要求输入正确，其中“联系电话”统一采用手机号 11 位进行验证，且格式为：XXX-XXXXXXX。

(4) 电子邮箱的验证格式为：XX@XX.XX。

(5) 所有信息在相应控件的后面进行提示。

图 2.14　用户注册页面效果

实现步骤：

1) 前台页面设计

启动 Visual Studio 2013，创建 Capter2_9 空解决方案，并在该解决方案下添加“WebUser RegistInfo_用户注册信息验证.aspx”页面。页面布局采用 table 表格进行，分别用表单验证控件对用户名不为空进行验证、比较验证控件对确认密码进行两次不一致验证、正则表达式验证控件对联系电话和电子邮箱进行格式验证。前台页面设计代码如下。

```
<html xmlns="http://www.w3.org/1999/xhtml">
<head runat="server">
<meta http-equiv="Content-Type" content="text/html; charset=utf-8"/>
    <title></title>
    <style>
        fieldset{
            width:430px;
            margin :auto;
            margin-top :100px;
        }
        legend{
            font-size:33px;
            font-family:隶书;
            color :red;
            text-align:center;
        }
        table{
            width:420px;
            margin :auto;
            line-height :10px;
        }
       td{
           width:100px;
       }
       hr{
           border :solid 1px;
           color :red;
       }
       p{
            font-size:23px;
            font-family:隶书;
            color :blue;
            text-align :center;
       }
    </style>
</head>
    <!--设计思路：在 fieldset 标记中设置标题为“用户注册”，在标记的方框内设计一个多行 4 列的
table 表格，设置表格为居中、宽度为 420px，表格的列宽为 100px，其中 DropDownList 的列宽为 80px。
```

```
同时对用户名、密码、确认密码、联系电话、电子邮箱进行页面验证。在对控件进行验证时若出现需添加jquery 的信息时，则需要在页面的加载事件后台代码中设置 UnobtrusiveValidationMode(隐藏验证模型)的值为 UnobtrusiveValidationMode.None()。--->
        <!--正则表达式可通过 RegularExpressionValidator 验证控件的 ValidationExpression 属性右侧的“...”按钮，打开“正则表达式编辑器”，从中选择需要的数据格式，然后单击“确定”按钮即可--->

    <body style ="font-family :隶书; font-size :18px">
        <form id="form1" runat="server">
        <div>
        <fieldset>
            <legend align="center">用户注册</legend>
            <table>
                <tr>
                    <td>用户名：</td>
                    <td>
                        <asp:TextBox ID="txtName" runat="server" Width="100px"></asp:TextBox></td>
                    <td colspan="2">
                        <asp:RequiredFieldValidator ID="frdttName" runat="server" ErrorMessage="请输
                            入用户名！" ControlToValidate ="txtName"   ForeColor
                            ="red"></asp:RequiredFieldValidator></td>
                </tr>
                <tr>
                    <td>密码：</td>
                    <td>
                        <asp:TextBox ID="txtPwd" runat="server" TextMode ="Password"
                            Width="100px"></asp:TextBox></td>
                </tr>
                <tr>
                    <td >确认密码：</td>
                    <td>
                        <asp:TextBox ID="txtRepPwd" runat="server" TextMode ="Password"
                            Width="100px"></asp:TextBox></td>
                    <td colspan="2">
                        <asp:CompareValidator ID="CompareValidator1" runat="server"
                            ControlToCompare="txtPwd" ControlToValidate ="txtRepPwd"
                                        Display="Dynamic"
                            ErrorMessage="两次输入的密码不一致！"
                                        ForeColor ="Red" ></asp:CompareValidator></td>
                </tr>
                <tr>
                    <td>性别：</td>
                    <td>
                        <asp:RadioButtonList ID="rblSex" runat="server"
                                    RepeatDirection ="Horizontal" Width="100px">
                            <asp:ListItem >男</asp:ListItem>
                            <asp:ListItem >女</asp:ListItem>
```

```
                </asp:RadioButtonList></td>
        </tr>
        <tr>
            <td>联系电话：</td>
            <td>
                <asp:TextBox ID="txtPhone" runat="server" Width="100px"></asp:TextBox ></td>
            <td colspan="2">
                <asp:RegularExpressionValidator ID="redtxtPhone" runat="server" ErrorMessage=
                    "格式错误！为 XXX-XXXXXX" ControlToValidate ="txtPhone"
                    ValidationExpression ="(\(\d{3}\)|\d{3}-)?\d{8}" ForeColor ="red">
                    </asp:RegularExpressionValidator></td>
        </tr>
        <tr>
            <td>电子邮箱：</td>
            <td >
                <asp:TextBox ID="txtEmail" runat="server" Width="100px"></asp:TextBox></td>
            <td colspan="2">
                <asp:RegularExpressionValidator ID="redtxtEmail" runat="server" ErrorMessage=
                    "格式错误！为 XX@XX.XX" ControlToValidate ="txtEmail" ForeColor=
                    "Red" ValidationExpression ="\w+([-+.']\w+)*@\w+([-.]\w+)*\.\w+([-.]\w+)*">
                    </asp:RegularExpressionValidator></td>
        </tr>
        <tr>
            <td>出生年月：</td>
            <td>
                <asp:DropDownList ID="ddlYear" runat="server"   Width="80px" OnSelected
                    IndexChanged="ddlYear_SelectedIndexChanged">
                    <asp:ListItem ></asp:ListItem>
                </asp:DropDownList>年</td>
             <td>
                <asp:DropDownList ID="ddlMonth" runat="server"   Width="80px"
                    OnSelectedIndexChanged="ddlMonth_SelectedIndexChanged">
                    <asp:ListItem ></asp:ListItem>
                </asp:DropDownList>月</td>
            <td>
                <asp:DropDownList ID="ddlDays" runat="server"   Width="80px">
                    <asp:ListItem ></asp:ListItem>
                </asp:DropDownList>日</td>
        </tr>
        <tr>
            <td>家庭地址：</td>
            <td>
                <asp:DropDownList ID="ddlprovinec" runat="server"   Width="80px"
                    AutoPostBack ="true" OnSelectedIndexChanged="ddlprovinec_
                    SelectedIndexChanged">
                </asp:DropDownList>省</td>
             <td>
```

```
                    <asp:DropDownList ID="ddlcity" runat="server"   Width="80px" AutoPostBack
                        ="true" OnSelectedIndexChanged="ddlcity_SelectedIndexChanged">
                    </asp:DropDownList>市</td>
                <td>
                    <asp:DropDownList ID="ddlArea" runat="server"   Width="80px" AutoPostBack
                                            ="true">
                    </asp:DropDownList>区</td>
            </tr>
            <tr>
                <td>职业：</td>
                <td colspan="3" >
                    <asp:DropDownList ID="ddlJober" runat="server" Width="300px" >
                        <asp:ListItem >-------请选择-------</asp:ListItem>
                        <asp:ListItem>学生</asp:ListItem>
                        <asp:ListItem>教师</asp:ListItem>
                        <asp:ListItem>医生</asp:ListItem>
                        <asp:ListItem>公务员</asp:ListItem>
                    </asp:DropDownList></td>
            </tr>
            <tr>
                <td>兴趣爱好：</td>
                <td colspan="3">
                    <asp:CheckBoxList ID="cblhody" runat="server" RepeatDirection="Horizontal"
                                        Width="320px">
                        <asp:ListItem>上网</asp:ListItem>
                        <asp:ListItem>学习</asp:ListItem>
                        <asp:ListItem>运动</asp:ListItem>
                        <asp:ListItem >看电影</asp:ListItem>
                    </asp:CheckBoxList></td>
            </tr>
            <tr><td colspan="4" ><hr /></td></tr>
            <tr>
                <td colspan="2" style ="text-align :center ">
                    <asp:Button ID="btnSubmit" runat="server" Text="提交"   Width="160px"
                                OnClick="btnSubmit_Click" /></td>
                <td colspan="2" style ="text-align:left ">
                  <asp:Button ID="btnReset" runat="server" Text="重置" Width="160px" /></td>
            </tr>
        </table>
        <p>请核对你注册的信息</p>
        <hr />
        <asp:Label ID="lblshow" runat="server" Text=""></asp:Label>
    </fieldset>
    </div>
    </form>
</body>
</html>
```

2) 后台逻辑代码设计

将页面源视图切换到设计视图，并双击“提交”按钮，进入后台代码设计界面。分别定义加载年月日、省市区的方法，在页面加载事件中调用定义的方法实现对相关控件的数据绑定。后台逻辑功能代码设计如下。

```
namespace Capter2_9
{
    public partial class WebUserRegistInfo_用户注册信息验证 : System.Web.UI.Page
    {
        protected void Page_Load(object sender, EventArgs e)
        {
            // 禁用隐藏的验证模型
             UnobtrusiveValidationMode = UnobtrusiveValidationMode.None;
            //页面加载时调用年月日加载数据的方法
            if(!IsPostBack)
            {
                BindYear();
                BindMonth();
                BindDays();
                //页面加载时调用省市区加载数据的方法
                BindProvice();
                BindCity();
                BindArea();
            }

        }
        #region //1.定义加载年月日的方法分别是 BindYear()、BindMonth()、BindDays()。分别实现
                对前台的下拉列表框控件完成数据的绑定
        protected void BindYear() //定义加载年的方法
        {
            int stratYear = DateTime.Now.Year - 50;
            int nowYear = DateTime.Now.Year;
            ddlYear.Items.Clear();
            for (int i = stratYear; i <= nowYear; i++)
            {
                ddlYear.Items.Add(new ListItem(i.ToString())); //将实例化 ListItem 对象 i 的字符串添
                                                                加到控件上
            }
            ddlYear.SelectedValue = nowYear.ToString ();       //绑定数据
        }
        protected void BindMonth() //定义加载月的方法
        {
            ddlMonth.Items.Clear();
            for (int i = 1; i <= 12; i++)
            {
                ddlMonth.Items.Add( new ListItem ( i.ToString ()));
```

```
        }
        ddlMonth.SelectedValue = ddlMonth.ToString();
    }
    //年月的改变事件触发相应的月份对应的天数即调用天的加载方法 BindDays()
    protected void ddlYear_SelectedIndexChanged(object sender, EventArgs e)
    {
        BindDays();
    }
    protected void ddlMonth_SelectedIndexChanged(object sender, EventArgs e)
    {
        BindDays();
    }
    protected void BindDays() //定义加载天的方法
    {
        string year = ddlYear.SelectedValue;
        string month = ddlMonth.SelectedValue;
        //调用返回指定年和月的天数的方法 DaysInMonth()
        int days = DateTime.DaysInMonth(Convert.ToInt32(year), Convert.ToInt32(month));
        ddlDays.Items.Clear();
        for (int i = 1; i <= days; i++)
        {
            ddlDays.Items.Add(new ListItem(i.ToString()));
        }
    }
    #endregion

#region //2.定义加载省市区的方法分别是 BindProvice()、BindCity()、BindArea()。分别实现对
        前台的下拉列表控件完成数据的绑定
    protected void BindProvice()    //定义加载省的方法
    {
      /* //定义存放省的字符串数组，通过循环遍历该数将数据中的元素加载到下拉列表框控件上
        string[] provice = new string []{"湖北省","湖南省","江西省" ,"河南省"};
        ddlprovinec.Items.Clear();
        foreach (var pro in provice)
        {
            ddlprovinec.Items.Add(pro);
        }*/
        ddlprovinec.Items.Clear();
        ddlprovinec.Items.Add("湖北省");
        ddlprovinec.Items.Add("湖南省");
        ddlprovinec.Items.Add("江西省");
        ddlprovinec.Items.Add("河南省");
    }
    protected void ddlprovinec_SelectedIndexChanged(object sender, EventArgs e)
    {
        //省的改变事件调用市加载方法、区加载方法
```

```
        BindCity();
        BindArea();
    }
    protected void BindCity()  //定义加载市的方法，省市要关联时需要设置对应控件的属性
        AutoPostBack ="true"
    {
        ddlcity.Items.Clear();
        switch (ddlprovinec.SelectedValue )
        {
            case "湖北省":
                ddlcity.Items.Add(new ListItem("武汉市"));
                ddlcity.Items.Add(new ListItem("宜昌市"));
                ddlcity.Items.Add(new ListItem("黄石市"));
                break;
            case "湖南省":
                ddlcity.Items.Add(new ListItem("长沙市"));
                ddlcity.Items.Add(new ListItem("岳阳市"));
                break;
            case "江西省":
                ddlcity.Items.Add(new ListItem("南昌市"));
                break;
            case "河南省":
                ddlcity.Items.Add(new ListItem("郑州市"));
                break;
        }
    }
    //市的改变关联区的改变，事件调用区的加载方法
    protected void ddlcity_SelectedIndexChanged(object sender, EventArgs e)
    {
        BindArea();
    }
    protected void BindArea() //定义绑定区数据方法
    {
        ddlArea.Items.Clear();
        switch (ddlcity.SelectedValue)
        {
            case "武汉市":
                ddlArea.Items.Add(new ListItem("江夏区"));
                ddlArea.Items.Add(new ListItem("洪山区"));
                break;
            case "宜昌市":
                ddlArea.Items.Add(new ListItem("宜昌区"));
                ddlArea.Items.Add(new ListItem("宜城区"));
                break;
            case "黄石市":
                ddlArea.Items.Add(new ListItem("铁山区"));
```

```
                    ddlArea.Items.Add(new ListItem("下陆区"));
                    break;
                case "长沙市":
                    ddlArea.Items.Add(new ListItem("长沙区"));
                    ddlArea.Items.Add(new ListItem("武林区"));
                    break;
            }
        }
    #endregion
    protected void btnSubmit_Click(object sender, EventArgs e)
    {
        //提交按钮单击事件。定义若干个字符串变量用于存放前台各控件输入或选择的数据
        string name = txtName.Text;          //用户名
        string pwd = txtPwd.Text;             //密码
        string sex = null;                    //性别，通过判断后才能确定
        string phone = txtPhone.Text;         //电话
        string email = txtEmail.Text;         //邮箱
        string birthday = ddlYear.SelectedValue + ddlMonth.SelectedValue + ddlDays.SelectedValue;
                                              //出生年月
        string address = ddlprovinec.SelectedValue + ddlcity.SelectedValue +
                                              ddlArea.SelectedValue;//家庭地址
        string jober = ddlJober.SelectedValue;   //职业
        string hobby = null;     //兴趣爱好，通过判断才能确定
        //1.性别的判断
        if (rblSex.SelectedIndex == 0)
        {
            sex = "男";
        }
        else
        {
            sex = "女";
        }
        //2.兴趣爱好的选择
        for (int i = 0; i < cblhobby.Items.Count; i++)
        {
            if (cblhobby.Items[i].Selected)
            {
                hobby = hobby + cblhobby.Items[i].Text + " ";
            }
        }
        //3.所有注册信息在指定的标签处显示出来
        lblshow.Text = string.Format("姓名：{0}<br/>密码：{1}<br/>性别：{2}<br/>联系电话：
                       {3}<br/>电子邮箱：{4}<br/>出生年月：{5}<br/>家庭地址：
                       {6}<br/>职业：{7}<br/>兴趣爱好：{8}<br/>",name,pwd,sex,
                       phone,email,birthday,address,jober,hobby);

    }
  }
}
```

2.4 上机实验

1. 实验目的

通过上机实验理解常用 Web 服务器控件的属性、事件和方法，掌握控件 Web 程序开发中的作用和特点。通过本上机实验掌握在程序运行时动态地向页面添加控件的程序设计方法及页面设计方法。

2. 实验要求

本实验为了避免将程序设计得过于复杂，直接将相关数据信息绑定到控件上。使用选择控件(下拉列表框和复选框)设计一个能根据用户选择学年、学期、学院查询教师的信息。

说明：

本上机实验涉及的技术都是在实际 ASP.NET 开发中常用到的，根据目前掌握的知识，是将原始数据直接与控件绑定，而在实际项目开发中是将原始数据存放在数据库中。

3. 实验内容

设计一个查询教师课表的联动下拉列表框页面，如图 2.15 所示。要求实现功能：学年下拉列表框显示格式为 2021-2022；学期下拉列表框显示为 1 或 2；学院下拉列表框显示信息有“信息工程学院”“经济管理学院”“人文学院”“艺术与传媒学院”；教师下拉列表框的列表项要根据不同学院而产生。

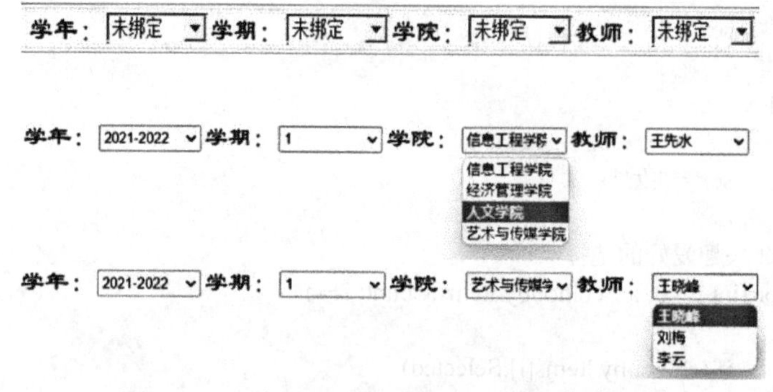

图 2.15　查询教师课表的联动下拉列表框页面

4. 实验提示

(1) 分别自定义学年、学期、学院、教师控件绑定数据的方法，在页面加载事件中调用这些方法，代码如下。

```
protected void Page_Load(object sender, EventArgs e)
        {
            if (!IsPostBack)
            {
                BindYear();
                BindTerm();
```

```
                BindCollage();
                BindTeacher();
            }
    }
```

(2) 学年绑定数据的方法代码如下。

```
protected void BindYear()
        {
            ddlYear.Items.Clear();
            int stratYear = DateTime.Now.Year - 20;
            int endYear = DateTime.Now.Year;
            for (int i = stratYear; i <= endYear; i++)
            {
                ddlYear.Items.Add(new ListItem((i - 1).ToString() + "-" + i.ToString()));
            }
            //设置学年的默认值
            ddlYear.SelectedValue = (endYear - 1).ToString() + "-" + endYear.ToString();
}
```

(3) 学院下拉列表框中当前选项改变时，触发事件代码联动教师下拉列表框改变，代码如下。

```
    protected void ddlCollage_SelectedIndexChanged(object sender, EventArgs e)
  {
      //调用相应学院教师下拉列表框填充列表值
      BindTeacher();
}
```

5. 拓展练习

(1) 如果将学院、教师的数据存放在结构体数组中，则如何将数据绑定到学院、教师下拉列表框中。

提示：

定义一个存放员工信息的结构体 Employ 及按学院设置的结构体数组，分别为：信息工程学院结构体数组 Information；经济管理学院结构体数组 Economics；人文学院结构体数组 Humanity；艺术与传媒学院结构体数组 Media。在页面加载事件中分别初始化结构体数组成员。教师控件绑定数据核心代码如下。

```
    protected void BindTeacher()
  {
      ddlTeacher.Items.Clear();
      switch (ddlCollage.SelectedValue)
      {
          case "信息工程学院":
              for (int i = 0; i < Information.Length; i++)
              {
                  ddlTeacher.Items.Add(Information [i].Name.ToString ());
              }
```

```
                break;
            case "经济管理学院":
                for (int i = 0; i < Economics.Length; i++)
                {
                    ddlTeacher.Items.Add(Economics[i].Name.ToString());
                }
                break;
            case "人文学院":
                for (int i = 0; i < Humanity.Length; i++)
                {
                    ddlTeacher.Items.Add(Humanity[i].Name.ToString());
                }
                break;
            case "艺术与传媒学院":
                for (int i = 0; i < Media.Length; i++)
                {
                    ddlTeacher.Items.Add(Media[i].Name.ToString());
                }
                break;
        }
    }
```

(2) 若要将查询结果在页面上显示出来(查询结果如图 2.16 所示)，则如何实现。

学年：2021-2022 学期：2 学院：信息工程学院 教师：王先水 查询
你查询的信息如下：
学年是：2021-2022
学期是：2
学院是：信息工程学院
教师是：王先水

图 2.16　查询结果

提示：

在页面上添加显示信息的“标签 Label”和“查询”按钮，同时设计“查询”按钮的单击事件，其核心代码如下。

```
protected void btnSelect_Click(object sender, EventArgs e)
    {
        message.Text = "你查询的信息如下：" + "<br/>" + "学年是：" + ddlYear.SelectedValue +
                    "<br/>" + "学期是：" + ddlTerm.SelectedValue + "<br/>" + "学院是：" +
                    ddlCollage.SelectedValue + "<br/>" + "教师是：" + ddlTeacher.SelectedValue;
    }
```

第3章 用户控件和母版页技术

ASP.NET 提供用户控件设计功能，用户控件的基本应用就是把网页中经常用到的程序封闭为一个单元，在其他网页中使用，从而提高应用程序的开发效率。网站是由若干个网页组成，开发网站的过程实质是设计一个个的页面，而 ASP.NET 母版页功能可实现网站中所有的页面保持统一的风格。

3.1 用户控件

用户控件是一种自定义的，可复用的组合控件，通常由系统提供的可视化控件组合而成。程序员可以将一些反复使用的部分用户界面(既含页面代码，也含事件处理程序)封闭成一个控件，然后像使用标准服务器控件一样使用用户控件。

3.1.1 用户控件概述

1. 用户控件的基本特点

用户控件是实现代码与内容的分离，体现了代码重用技术；创建用户控件可以像设计 Web 窗体页面一样，并定义其属性和方法；用户控件可以单独编译，但不能单独运行，必须嵌入 Web 窗体页面中才能运行，因此在设计时是无法浏览其效果的。

2. 用户控件与 Web 窗体页面

用户控件与 Web 窗体页面一样，都具有自己的用户界面和程序代码。创建用户控件的方法与创建 Web 页面的方法基本相同。

用户控件与 Web 页面之间也存在不同，主要表现在以下几方面。

(1) 扩展名不同。用户控件的扩展名是.ascx 和.ascx.cs，ASP.NET Web 页面的扩展名是.aspx 和.aspx.cs。

(2) 用户控件中不包含<html>、<body>和<form>标记。

(3) 用户控件中不包含@Page 指令，但有@Control 指令。

(4) 用户控件不能单独使用，必须嵌入 Web 窗体页面中才能使用。

3.1.2 用户控件创建

用户控件是封装成可复用控件的Web窗体，可以使用标准Web窗体页面上相同的HTML元素和Web控件来设计。用户控件创建方法有两种：一种是直接创建用户控件；另一种是将已有的Web窗体页面改为用户控件。

1. 直接创建用户控件

直接创建用户控件的基本过程如下。

(1) 创建一个Web的ASP.NET空Web应用程序的解决方案，右击网站的根目录，选择“添加新项”命令，打开如图3.1所示的“添加新项”对话框，选择“Web窗体用户控件”，默认的用户控件名称是WebUserControl.ascx，此时用户根据需要修改默认的用户控件名称，单击“添加”按钮，将用户控件添加到解决方案资源管理器项目的列表中。

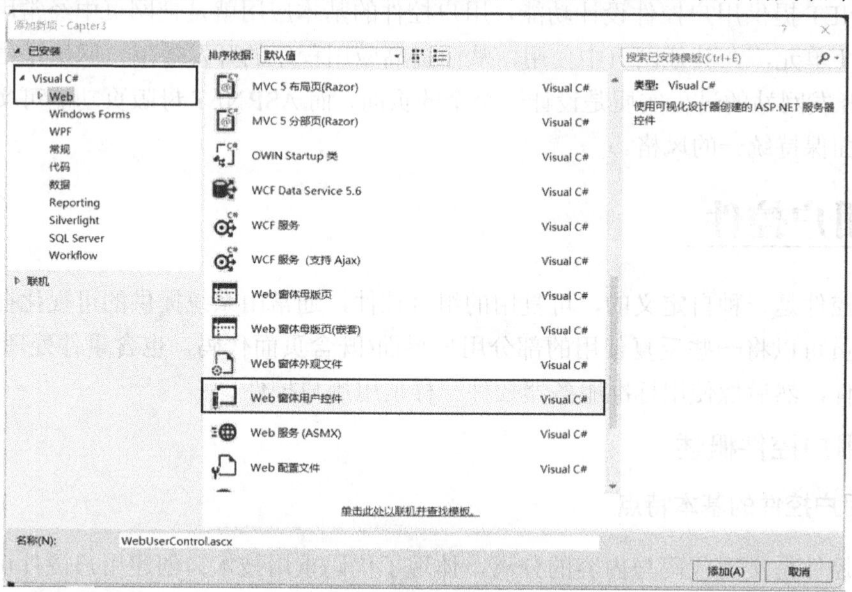

图3.1 “添加新项”对话框

创建用户控件页面的首行代码如下。

```
<%@ Control Language="C#" AutoEventWireup="true" CodeBehind="UserLoginControl.ascx.cs"
        Inherits="Capter3.UserLoginControl" %>
```

其中：@Control指令用于标识用户控件，正如@Page指令标识Web窗体一样。Language="C#"用于指定用户控件的编程语言是C#语言。AutoEventWireup="true"用于指示控件的事件与处理程序自动匹配。CodeBehind="UserLoginControl.ascx.cs"用于指定所引用的控件代码文件路径。Inherits="Capter3.UserLoginControl"指定用户控件是从Capter3.UserLoginControl中派生的。

(2) 在用户控件UserLoginControl中添加各种Web控件并修改其属性。例如，将用户登录页面中的用户名、密码、用户类型封装为一个用户控件，登录用户控件的页面代码设计如下。

```
<%@ Control Language="C#" AutoEventWireup="true" CodeBehind="UserLoginControl.ascx.cs"
            Inherits="Capter3.UserLoginControl" %>
<style type="text/css" >
    .tableStyle{
        width:280px;
        margin :auto;
        font-size :20px;
        font-family :隶书;
    }
</style>
    <table   class ="tableStyle">
        <tr><td>用户名：</td>
            <td>
                <asp:TextBox ID="txtName" runat="server" Width ="120px" Font-Size ="18px"
                        Font-Names ="隶书"></asp:TextBox></td>
        </tr>
        <tr><td>密码：</td>
            <td>
                <asp:TextBox ID="txtPwd" runat="server" TextMode ="Password" Width ="120px"
Font-Size ="18px" Font-Names ="隶书"></asp:TextBox></td>
        </tr>
        <tr>
            <td>用户类型：</td>
            <td>
                <asp:DropDownList ID="ddlType" runat="server" widht="120px" Font-Size ="20px"
Font-Names ="隶书" >
                    <asp:ListItem>--请选择--</asp:ListItem>
                    <asp:ListItem>管理员</asp:ListItem>
                    <asp:ListItem>教师</asp:ListItem>
                    <asp:ListItem>学生</asp:ListItem>
                </asp:DropDownList></td>
        </tr>
    </table>
```

(3) 用户控件实际上是一个类，其中包含的其他控件等都是私有的，外部无法访问这些私有控件，为了通过该类的对象访问这些私有成员，可以设置用户控件属性的方式来实现。例如，上述设计用户控件 UserLoginControl 中的用户名、密码文本框外界是无法访问的，但可通过设置用户名框 txtName.Text、密码框 txtPwd.Text 的属性来实现对其进行读写操作。

设置用户控件属性的方法：进入用户控件页面的后台代码编辑区，在 UserLoginControl 类中设置公共属性，代码如下。

```
namespace Capter3
{
    public partial class UserLoginControl : System.Web.UI.UserControl
    {
```

```
        //设置用户名框、密码框、下拉表表框的公共属性
        public string Name
        {
            get { return txtName.Text; }
            set { txtName.Text = value; }
        }
        public string Pwd
        {
            get { return txtPwd.Text; }
            set { txtPwd.Text = value; }
        }
        public string Type
        {
            get { return ddlType.Text; }
            set { ddlType.Text = value; }
        }
        protected void Page_Load(object sender, EventArgs e)
        {

        }
    }
}
```

2. 将已有的Web窗体页面改为用户控件

将已有的 Web 窗体页面改为用户控件的基本步骤如下。

(1) 将 Web 页面首行中的@Page 指令修改为@Control 指令。

(2) 将 ASP.NET Web 页面中的<html>、<body>、<form>、<head>标记删除。

(3) 在代码文件中定义的类，由基类 Page 类改为 UserControl 类。

(4) 将文件的扩展名改为.ascx。

由于用户控件不能作为独立的网页在浏览器中浏览，必须将其嵌入其他的 Web 窗体页面中才能浏览，因此，用户控件不能设置为“初始页面”。

3.1.3 用户控件的使用

将 ASP.NET 用户控件添加到网页类的方法与其他服务器控件添加到网页的方法类似，但添加时需遵循下列过程，以保证所有必需的元素添加到网页中。

(1) 打开要添加 ASP.NET 用户控件的网页。

(2) 切换到设计视图。

(3) 在“解决方案资源管理器”中选择自定义用户控件文件，并将其拖到网页的指定位置中。

当 ASP.NET 用户控件被添加到该网页时，在网页顶部自动创建@Register 指令，网页需要它来识别用户控件。@Register 指令如下。

```
<%@ Register Src="~/UserLoginControl.ascx" TagPrefix="uc1" TagName="UserLoginControl" %>
```

其中：Src属性指定用户控件文件存储路径；TagPrefix 属性指定用户控件的前缀，类似于 Web 服务器控件的 asp 前缀；TagName 属性指定用户控件的名称。

【例题 3.1】设计课程选课页面如图 3.2 所示。页面功能：当单击>>按钮时，左边课程列表中的全部课程移动到右边课程列表中，且左边课程列表被清空；当单击>按钮时，左边列表中被选定的课程移动到右边课程列表中，且左边被选定的课程被清除；反之。

例题 3.1

设计要求：将“课程列表”、列表框设计为用户控件，同时设计用户控件的基本方法，如统计列表框元素的方法、删除列表框所有元素的方法、添加一个元素的方法、删除指定索引的方法、返回指定索引的选项方法等。

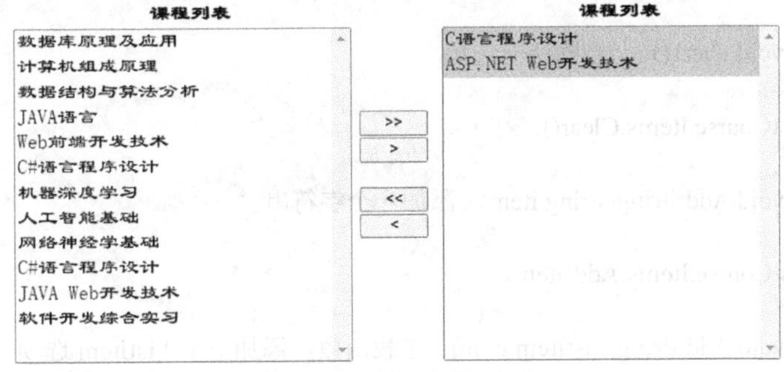

图 3.2　课程选课页面

实现步骤：

(1) 用户控件页面设计。启动 Visual Studio 2013，创建 Capter3_1 项目解决方案，添加课程列表用户控件 CourseListControl.ascx，在用户控件页面上设计一个表格 table，同时设计表格标题为“课程列表”，在行列单元格中设计一个列表框 ListBox 控件并设置 SelectionMode 的属性值为 Multiple。用户控件 CourseListControl.ascx 的页面设计代码如下。

```
<%@ Control Language="C#" AutoEventWireup="true" CodeBehind="CourseListControl.ascx.cs"
    Inherits="Capter3_1.CourseListControl" %>
<style type="text/css">
    .tableStyle{
        width:320px;
        font-size :18px;
        font-family:隶书;
        margin :auto ;
    }
</style>
<table class ="tableStyle">
    <tr><th>课程列表</th></tr>
    <tr><td>
        <asp:ListBox ID="listCourse" runat="server" Width="300px" Height ="300px" Font-Names="
            隶书" Font-Size ="18px" SelectionMode="Multiple">
</asp:ListBox></td></tr>
</table>
```

(2) 用户控件方法设计。在项目资源管理器中单击 CourseListControl.ascx.cs 文件，进入用户控件的后台代码设计区，在 CourseListControl 类中的所有方法外设计用户控件的功能方法，代码如下。

```
namespace Capter3_1
{
    public partial class CourseListControl : System.Web.UI.UserControl
    {
        //设计用户控件的公共方法对列表框进行操作
        public int Count() //返回列表框中选项的个数
        {
            return listCourse.Items.Count;
        }
        public void Clear()   //删除所有选项
        {
            listCourse.Items.Clear();
        }
        public void AddString(string item) //添加一个字符串
        {
            listCourse.Items.Add(item);
        }
        public void AddString(ListItem item) //重载函数，添加一个 ListItem 选项
        {
            listCourse.Items.Add(item);
        }
        public void Remove(int i) //删除指定索引的选项
        {
            listCourse.Items.RemoveAt(i);
        }
        public int Selectedindex() //返回当前选项的索引
        {
            return listCourse.SelectedIndex;
        }
        public ListItem indexitem(int i) //返回指定索引的选项
        {
            return listCourse.Items[i];
        }
        protected void Page_Load(object sender, EventArgs e)
        {

        }
    }
}
```

一个用户控件 CourseListControl 定义好了，就可以像 ASP.NET Web 标准服务器控件那样能被用户设计(拖放)在网页的任何位置中，并且还具有上述定义的功能方法，该用户控件的基本语法格式如下。

```
<uc1:CourseListControl runat="server" ID="CourseListControlLeft" />
```

其中，ID 是后台程序访问该用户控件的唯一识别号，可以修改其值。

(3) 在解决资源管理器项目中，添加 CourseAddDelete.aspx 的 Web 页面。页面采用 CSS+DIV 布局，在 DIV 中分别添加左用户控件和右用户控件以显示课程列表信息。页面设计代码如下。

```
<%@ Page Language="C#" AutoEventWireup="true" CodeBehind="CourseAddDelete.aspx.cs"
    Inherits="Capter3_1.CourseAddDelete" %>
<%@ Register Src="~/CourseListControl.ascx" TagPrefix="uc1" TagName="CourseListControl" %>
<!DOCTYPE html>
<html xmlns="http://www.w3.org/1999/xhtml">
<head runat="server">
<meta http-equiv="Content-Type" content="text/html; charset=utf-8"/>
    <title></title>
    <style type="text/css">
        .div0{
            width :300px;
            height :400px;
            float :left;
        }
        .div1{
            width :80px;
            height :400px;
            margin-top :100px;
            text-align :center ;
            float :left;
        }
        .div2{
            width :300px;
            height :400px;
            float :left;
        }
        .divBody{
            width :700px;
            margin :auto;
        }
    </style>
</head>
<body>
    <form id="form1" runat="server">
    <div class ="divBody">
        <div class ="div0">
            <uc1:CourseListControl runat="server" ID="CourseListControlLeft" />
        </div>
        <div class ="div1">
            <asp:Button ID="btnLeftAll" runat="server" Text=">>" Width ="60px"
                OnClick="btnLeftAll_Click"/><br />
```

```
                <asp:Button ID="btnLeftOne" runat="server" Text=">"   Width ="60px"
                    OnClick="btnLeftOne_Click"/><br /><br />
                <asp:Button ID="btnRightAll" runat="server" Text="<<"   Width ="60px"
                    OnClick="btnRightAll_Click"/><br />
                <asp:Button ID="btnRightOne" runat="server" Text="<"   Width ="60px"
                    OnClick="btnRightOne_Click"/>
            </div>
            <div class ="div2">
                <uc1:CourseListControl runat="server" ID="CourseListControlRight" />
            </div>
        </div>
        </form>
</body>
</html>
```

(4) 在 CourseAddDelete.aspx 的设计页面视图中，分别单击“>>”“>”“<<”“<”4 个按钮，打开 CourseAddDelete.aspx.cs 4 个按钮的后台逻辑代码设计页面。其中，“>>”按钮的功能是左边课程列表框的所有课程全部移到右边课程列表框中，遍历 CourseListControlLeft 用户控件中的元素，调用“返回指定索引的选项”方法得到元素值，调用 AddString(item)方法将值添加到 CourseListControlRight 用户控件中，后台功能逻辑代码设计如下。

```
namespace Capter3_1
{
    public partial class CourseAddDelete : System.Web.UI.Page
    {
        protected void Page_Load(object sender, EventArgs e)
        {
            //在页面加载过程中，向用户控件 CourseListControlLeft 添加课程信息
            if (!IsPostBack)
            {
                CourseListControlLeft.AddString("C 语言程序设计");
                CourseListControlLeft.AddString("数据库原理及应用");
                CourseListControlLeft.AddString("计算机组成原理");
                CourseListControlLeft.AddString("数据结构与算法分析");
                CourseListControlLeft.AddString("JAVA 语言");
                CourseListControlLeft.AddString("Web 前端开发技术");
                CourseListControlLeft.AddString("C#语言程序设计");
                CourseListControlLeft.AddString("机器深度学习");
                CourseListControlLeft.AddString("人工智能基础");
                CourseListControlLeft.AddString("网络神经学基础");
                CourseListControlLeft.AddString("C#语言程序设计");
                CourseListControlLeft.AddString("JAVA Web 开发技术");
                CourseListControlLeft.AddString("ASP.NET Web 开发技术");
                CourseListControlLeft.AddString("软件开发综合实习");
            }
        }
```

```
protected void btnLeftAll_Click(object sender, EventArgs e)
{
    //课程列表左边所有课程移到右边课程列表框中
    ListItem item;
    for (int i=0; i<CourseListControlLeft.Count(); i++)
    {
        item = CourseListControlLeft.indexitem(i);
        CourseListControlRight.AddString(item);
    }
    CourseListControlLeft.Clear();
}

protected void btnLeftOne_Click(object sender, EventArgs e)
{
    ListItem item;
    int i = CourseListControlLeft.Selectedindex();
    if (i >= 0 && i < CourseListControlLeft.Count())
    {
        item = CourseListControlLeft.indexitem(i);
        CourseListControlRight.AddString(item);
        CourseListControlLeft.Remove(i);
    }
}

protected void btnRightAll_Click(object sender, EventArgs e)
{
    ListItem item;
    for (int i = 0; i < CourseListControlRight.Count(); i++)
    {
        item = CourseListControlRight.indexitem(i);
        CourseListControlLeft.AddString(item);
    }
    CourseListControlRight.Clear();
}

protected void btnRightOne_Click(object sender, EventArgs e)
{
    ListItem item;
    int i = CourseListControlRight.Selectedindex();
    if (i >= 0 && i < CourseListControlRight.Count())
    {
        item = CourseListControlRight.indexitem(i);
        CourseListControlLeft.AddString(item);
        CourseListControlRight.Clear();
    }
```

```
            }
        }
    }
```

(5) 运行程序。在 CourseAddDelete.aspx 源代码页面视图中右击，执行“在浏览器中查看”命令或直接按 F5 功能键，课程选课页面如图 3.3 所示。

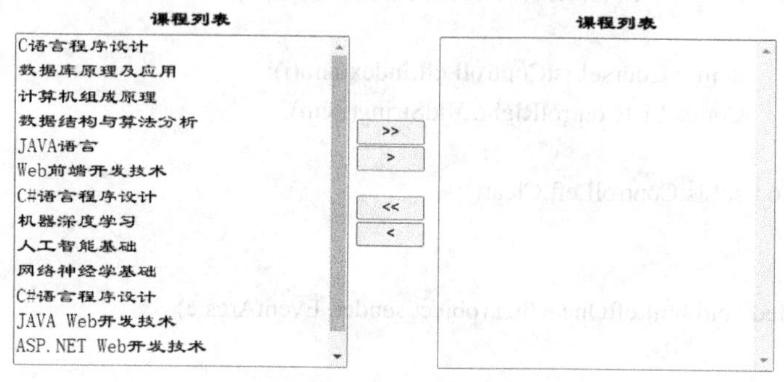

图 3.3　课程选课页面

在图 3.3 中，单击“>>”按钮，将左边课程列表框中的所有课程移动到右边课程列表框中，并将左边列表框清空，如图 3.4 所示，其余功能用户自己调试。

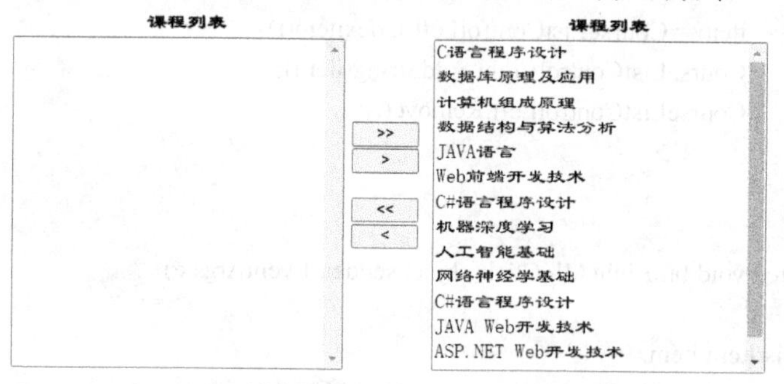

图 3.4　将左边课程移动到右边且左边列表框被清空

3.2　母版页

用户在设计网页时经常会遇到多个页面部分内容相同的情况，如果每个页面都设计一次，显然是重复劳动且非常烦琐，为此 ASP.NET 提供母版页来解决这个问题。母版页提供了统一管理和定义网页的功能，使多个页面具有相同的布局风格，给网页设计和修改带来很大的方便，从而提高网站开发效率。

3.2.1　母版页概述

1. 母版页的基本特点

母版页是扩展名为.master 的 ASP.NET 文件。母版页由静态文本、标准服务器控件、占位符控件(ContentPlaceHolder 控件)组成，其中占位符控件定义了可替换内容出现的区域。可替换内容是在内容页面中定义的，内容页面是绑定在母版页的.aspx 文件，通过创建各个内容页面来定义母版页的占位控件内容，从而实现页面的内容设计。

在内容页面的@Page 命令中，通过使用 MasterPageFile 属性来指向要使用的母版页，从而建立内容页与母版页的连接。例如，一个内容页面@Page 命令将该页面连接到 Master.master 页面，在页面中通过添加 Content 控件并将这些控件映射到母版页 ContentPlaceHolder 控件上来创建内容。

2. 母版页的运行机制

母版页面仅是一个页面模板，单独的母版页面是不能被用户访问的，而是由母版页面创建内容页面后，两者建立严格的对应关系。母版页面中有多少个 ContentPlaceHolder 控件，那么内容页面中也必须设置与其相对应的Content 控件。当客户端浏览器向服务器发出请求，要求浏览某个内容页面时，ASP.NET 引擎同时执行内容页面和母版页面的代码，并将最终结果发送给客户端浏览器。

母版页面和内容页面的运行机制遵循以下几个步骤。

(1) 用户通过输入内容页面的 URL 向服务器请求访问某页面。

(2) 服务器获取内容页面后读取@Page 命令。如果该命令引用一个母版页，则也读取该母版页。如果是第一次请求这两个页面，则这两个页面都要进行编译。

(3) 母版页面合并到内容页面的控件树中。

(4) 内容页面中的各 Content 控件内容合并到母版页面相应的 ContentPlaceHolder 控件中。

(5) 在用户客户端中显现内容页面的数据信息。

3.2.2　创建母版页

打开解决方案资源管理器，右击项目名称，选择“添加新项”命令，打开如图 3.5 所示的“添加新项”对话框，选择“Web 窗体母版页”，默认的母版页名称为 Site1.Master，单击“添加”按钮，将创建的母版页添加到解决方案资源管理器的项目列表中。

创建 Site1.Master 默认母版页文件代码如下。

```
<%@ Master Language="C#" AutoEventWireup="true" CodeBehind="Site1.master.cs" Inherits=
        "Capter3_1.Site1" %>

<!DOCTYPE html>

<html xmlns="http://www.w3.org/1999/xhtml">
<head runat="server">
<meta http-equiv="Content-Type" content="text/html; charset=utf-8"/>
    <title></title>
    <asp:ContentPlaceHolder ID="head" runat="server">
    </asp:ContentPlaceHolder>
</head>
<body>
    <form id="form1" runat="server">
    <div>
        <asp:ContentPlaceHolder ID="ContentPlaceHolder1" runat="server">
```

```
            </asp:ContentPlaceHolder>
        </div>
        </form>
    </body>
    </html>
```

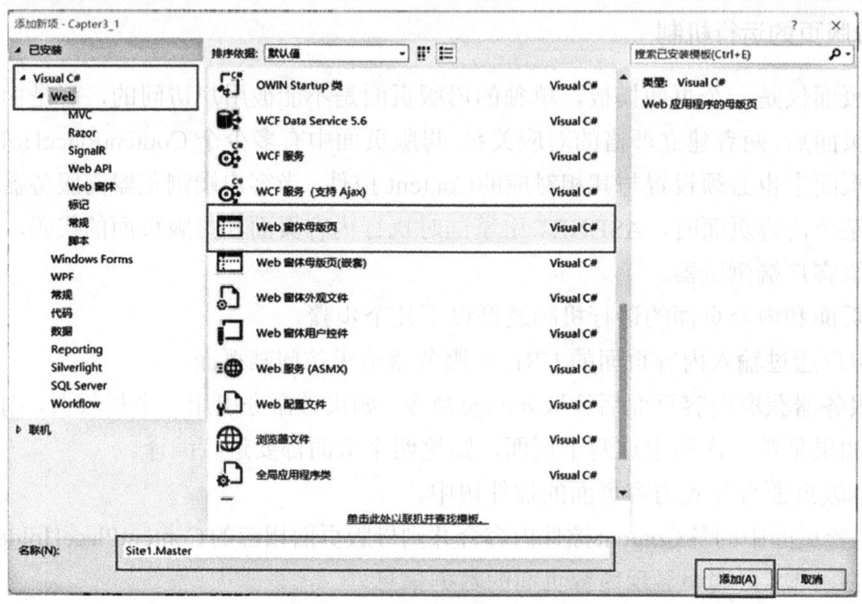

图 3.5 “添加新项”对话框

说明：

- @ Master 指令用来标识母版页，与@Page 指令用来标识 Web 窗体一样。
- Language="C#"用于指定用户控件的编程语言是 C#语言。
- AutoEventWireup="true"指定指示的控件的事件与处理程序可以自动匹配。
- CodeBehind="Site1.master.cs"指定所引用的控件代码文件的路径。
- Inherits="Capter3_1.Site1"指定母版页是从 Capter3_1.Site1 类派生的。

新建母版页中自动生成了两个 ContentPlaceHolder 控件，它是预留给内容页面显示的控件，其中一个在 head 区，默认 ID 是 head；另一个在 body 区，默认 ID 是 ContentPlaceHolder1。

3.2.3 创建内容页

在创建完一个完整的母版页面后，就可以利用该母版页面生成相应功能的内容页面，主要方法如下：在解决方案的网站根目录下，执行“添加”菜单中的“新建项”命令，打开“添加新项”对话框，在对话框中间模板中选择“包含母版页的Web窗体”，单击“添加”按钮，打开“选择母版页”对话框，在文件夹内容中选择“母版页文件”，单击“确定”按钮，即创建好内容页面。

例如，根据 ASPNETWebStudy.Master 母版页面创建的 StudayMain.aspx 内容页面的代码如下。

```
<%@ Page Title="" Language="C#" MasterPageFile="~/ASPNETWebStudy.Master" AutoEventWireup
        ="true" CodeBehind="StudayMain.aspx.cs" Inherits="Capter3_2.StudayMain" %>
<%@ MasterType VirtualPath ="~/ASPNETWebStudy.Master" %>
<asp:Content ID="Content1" ContentPlaceHolderID="cphEditLeft" runat="server">
</asp:Content>
<asp:Content ID="Content2" ContentPlaceHolderID="cphEditRight" runat="server">
</asp:Content>
```

内容页面的所有内容都包含在Content控件中，母版页中的ContentPlaceHolder 控件在内容页面中显示为 Content 控件。内容页面必须绑定到母版页面，其方式是在内容页面的@Page 指令中设置 MasterPageFile 的属性值为指定的母版页文件。

例题 3.2

【例题 3.2】设计.NET 开发学习平台的母版页面，根据母版页面创建的内容页面效果如图 3.6 所示。

图 3.6　根据母版页面创建的内容页面效果

实现步骤：

(1) 母版页面设计。启动 Visual Studio 2013，创建项目解决方案为 Capter3_2，在根目录下添加母版页面文件为 ASPNETWebStudy.Master。因母版页面的布局与普通页面布局相似，所以采用经典布局，在第一层 DIV 中设计三个同层的 DIV，分别是网站标题行、网站主体部分、网站底部，其中网站主体部分又设计为两个 DIV，分别是左边的菜单导航区和右边的数据信息显示区，同时设计各层的样式。设计的母版页面代码如下。

```
<%@ Master Language="C#" AutoEventWireup="true" CodeBehind="ASPNETWebStudy.master.cs"
        Inherits="Capter3_2.ASPNETWebStudy1" %>
<!DOCTYPE html>
<html xmlns="http://www.w3.org/1999/xhtml">
<head runat="server">
<meta http-equiv="Content-Type" content="text/html; charset=utf-8"/>
    <title></title>
    <style type="text/css">
        *{
```

```
        margin :0 ;
    }
    .div0{
        width:100%;
        background-color:#BED5C9;

    }
    .td0{
        text-align :left ;
    }
    .td1{
        width :70%;
        text-align :right ;
    }
    .div1{
        width :15%;
        height :600px;
        background-color:#1F2D3D;
        margin-top:3px;
        margin-right :5px;
        float :left;
        font-size :23px;
        font-family :仿宋;
        color :white ;
        line-height :33px;
    }
    ul{
        list-style :none;
    }
    li a{
        color :white ;
        font-size :20px;
        font-family :仿宋;
    }
    .div2{
        width :84%;
        height :600px;

        margin :0;
        margin-top:3px;
        float :left;
    }
    .div3{
        width :100%;
        height :50px;
        text-align :center ;
```

```
                background-color:#12653B;
                margin-top:3px;
                float :left;
                font-size:18px;
                color :white;
                font-family:仿宋;
                line-height:50px;
            }
        </style>
    </head>
    <body>
        <form id="form1" runat="server">
        <div>
                <div class="div0">
                    <table>
                        <tr>
                            <td class="td0 ">
                                <img src="Image/23.jpg" width="230px" height="50px" /></td>
                            <td style="font-size: 20px; font-family: 仿宋; font-weight:400;
                                    color:blue">.NET 开发学习平台</td>
                            <td class="td1">
                                <asp:Button ID="btnLogin" runat="server" Text="登 录"
                                    BackColor="#BED5C9" Width ="60px" BorderStyle="None"
                                    font-size="18px" Font-Names ="仿宋"      />
                                <asp:Button ID="btnRegist" runat="server" Text="注 册"
                                    BackColor="#BED5C9"   Width="60px" BorderStyle="None"
                                    font-size="18px" Font-Names ="仿宋"      />
                                <asp:Label ID="lblMessage" runat="server" Text="Label"
                                    font-size="18px" Font-Names ="仿宋" ></asp:Label>
                            </td>
                        </tr>
                    </table>
                </div>
                <div>
                    <div class="div1">
                        <ul>
                            <li><a>课程浏览</a>
                                <ul >
                                    <li ><a href="CourseExplan.aspx" >课程说明</a></li>
                                    <li ><a href="#" >课程特色</a></li>
                                    <li ><a href="#">教材建设</a></li>
                                    <li ><a href="#">老师团队</a></li>
                                </ul>
                            </li>
                            <li><a>课程文件</a>
                                <ul>
                                    <li><a href="#">教学大纲</a></li>
```

```
                    <li><a href="#">实验大纲</a></li>
                    <li><a href="#">考试大纲</a></li>
                    <li><a href="#">教学日历</a></li>
                </ul>
            </li>
            <li><a>课程教学</a>
                <ul>
                    <li><a href="#">课程教案</a></li>
                    <li><a href="#">课程课件</a></li>
                    <li><a href="#">课程视频</a></li>
                    <li><a href="#">案例训练</a></li>
                    <li><a href="#">课后答疑</a></li>
                </ul>
            </li>
        </ul>
    </div>
    <div class ="div2">
        <asp:ContentPlaceHolder ID="cphEditRight" runat="server">
        </asp:ContentPlaceHolder>
    </div>
  </div>
  <div class="div3">武汉工程科学院信息工程学院计算机系</div>
 </div>
 </form>
</body>
</html>
```

在上述代码中，除了将 Page 页面指令改为 Master 指令及 ContentPlaceHolder 控件外，其余代码与 Web 网页十分相似。但母版页不在浏览器中查看结果，只有根据母版页面创建内容页面后才能浏览页面效果。

(2) 内容页面设计。根据设计的母版页文件 ASPNETWebStudy.Master 创建内容页面文件 StudayMain.aspx，页面代码如下。

```
<%@ Page Title="" Language="C#" MasterPageFile="~/ASPNETWebStudy.Master"
    AutoEventWireup="true" CodeBehind="StudayMain.aspx.cs" Inherits="Capter3_2.StudayMain" %>
<%@ MasterType VirtualPath ="~/ASPNETWebStudy.Master" %>
<asp:Content ID="Content2" ContentPlaceHolderID="cphEditRight" runat="server">
</asp:Content>
```

(3) 运行内容页面。在内容页面中右击，执行“在浏览器中查看”命令，结果如图 3.6 所示。

3.2.4 母版页面与内容页面

在客户端浏览器请求母版页的网页时，服务器会读取内容页对应的母版页，将两者合并后，母版页中的占位符 ContentPlaceHolder 控件会包含内容页中的内容，然后将最终结果发送给浏览器。

在某些情况下，内容页面和母版页面会引发相同的事件，即 Init 事件和 Load 事件。例如，StudayMain.aspx 内容页面中的“登录、注册、Lable”事件都会引发对应母版页面的“登录、注册、Lable”事件。

引发事件的一般规则是，初始化事件从最里面的控件向最外面的控件引发，而其他事件则是从最外面的控件向最里面的控件引发。因此，母版页面合并到内容页面中并被视为内容页面中的一个控件是十分有用的。

3.2.5 内容页中访问母版页的属性和方法

母版页面和内容页面都可以包含控件的事件处理过程。对于事件而言，事件是在本页面处理的，即内容页面的控件在内容页面中引发事件，母版页面的控件在母版页面中引发事件。控件的事件不能从内容页面发送到母版页面，也不能在内容页面中处理来自母版页面控件的事件。

1. 使用 FindControl 方法获取母版页控件的引用

无论是母版页面还是内容页面均可看成是一个 Page 类对象。Page 类有一个 Master 属性用于获取确定页面的整体外观的母版页，还有一个 FindControl 方法用于在页命名容器中搜索指定的服务器控件，其使用语法如下。

```
public override Control FindControl(string id)
```

其中，参数 id 指明要查找的控件的标识符，该方法的返回值是指定的控件，或者为空引用(如果指定的控件不存在)。

因此，可以在内容页面中通过 Master.FindControl(id)来获取母版页面中 ID 属性为 id 的控件的引用，因为@Master 页面指令指出当前内容页面的母版页面，再调用 FindControl 方法在母版页中找指定的控件。

例如，.NET 开发学习平台的母版页面文件 ASPNETWebStudy.Master 中有一个 ID 属性为 btnLogin 的 Button 按钮控件，可在内容页面的 Page_Load 加载事件中设置母版页面中 Button 控件的单击事件，设计代码如下。

```
protected void Page_Load(object sender, EventArgs e)
 {
      Button UserLogin = (Button)Page.Master.FindControl("btnLogin");
      UserLogin.Click += new EventHandler(UserLogin_Click); //委托注册事件
 }
public void UserLogin_Click(object sender, EventArgs e)   //定义单击事件
 {
     Response.Redirect("UserLogin.aspx");   //跳转到登录页面
 }
```

2. 引用@MasterType 指令访问母版页中控件的属性

访问母版页中的属性和方法成员，需要在当前内容页中添加@MasterType 指令，将内容页的 Master 属性强类型化，引用指令的基本语法如下。

```
<%@ MasterType >
```

【例题 3.3】设计学生信息管理系统主页面如图 3.7 所示。设计要求：创建学生信息管理系统主页面母版页，由母版页生成内容页；定义横向功能菜单用户控件，并将其嵌入母版页指定的位置。

例题 3.3

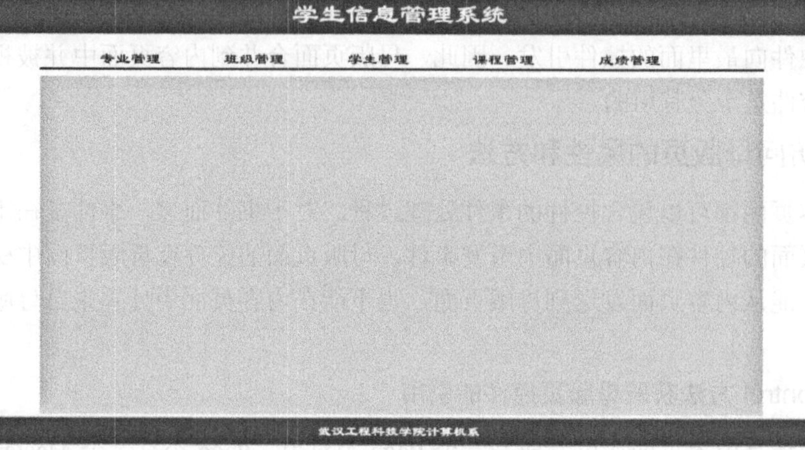

图 3.7　学生信息管理系统主页面

实现步骤：

(1) 前台页面设计。首先，创建页面中的横向导航菜单的 FunMenuControl1.ascx 用户控件，采用 ul 中的 li 嵌入 ul 方式实现，同时运用类选择器、menu 菜单列表进行 ul、li 的样式控制。FunMenuControl1.ascx 用户控件代码设计如下。

```
<%@ Control Language="C#" AutoEventWireup="true" CodeBehind="FunMenuControl1.ascx.cs"
      Inherits="Capter3_3.FunMenuControl1" %>
<style type="text/css">
         body{ font-family:"隶书";font-size :30px;margin :160px,auto;padding :0px;}
         #menu ul{list-style :none;}
         #menu ul li{float :left ;margin-left :5px;}
         a{color:#808080;text-decoration:none ;}
         a:hover{color:#0026ff;}
         #menu ul li a{display :block;width:160px; height :28px;line-height :28px;
             text-align :center ;font-size :23px;}
         #menu ul li ul{ border :1px solid #ff0000;display:none ; position:absolute;}
         #menu{width :60%;height:28px;margin : 0 auto; border-bottom :3px solid #E10001; }
         #menu ul li:hover ul{display :block;}
         #menu ul li ul li{float :none ;width :160px;background :#eeeeee;margin :0;}
         #menu ul li ul li a{background:none;}
         #menu ul li ul li a:hover{background:#333;color:#FFF;}
         #menu ul li.sfhover ul{display :block;}
     </style>
<div id="menu">
         <ul>
              <li><a>专业管理</a>
                   <ul>
```

```
                <li><a href="SpecAdd.aspx">专业添加</a></li>
                <li><a href ="SpecBrows.aspx">专业浏览</a></li>
                <li><a href="#">专业修改</a></li>
                <li><a href="#">专业删除</a></li>
            </ul>
        </li>
        <li><a>班级管理</a>
            <ul>
                <li><a>班级添加</a></li>
                <li><a>班级浏览</a></li>
                <li><a>班级修改</a></li>
                <li><a>班级删除</a></li>
            </ul>
        </li>
         <li><a>学生管理</a>
            <ul>
                <li><a>学生添加</a></li>
                <li><a>学生浏览</a></li>
                <li><a>学生修改</a></li>
                <li><a>学生删除</a></li>
            </ul>
        </li>
        <li><a>课程管理</a>
            <ul>
                <li><a>课程添加</a></li>
                <li><a>课程浏览</a></li>
                <li><a>课程修改</a></li>
                <li><a>课程删除</a></li>
            </ul>
        </li>
        <li><a>成绩管理</a>
            <ul>
                <li><a>成绩添加</a></li>
                <li><a>成绩浏览</a></li>
                <li><a>成绩修改</a></li>
                <li><a>成绩删除</a></li>
            </ul>
        </li>
    </ul>
</div>
```

其次，创建学生信息管理系统主页面 SIMSMain.Master 母版页，在母版页的导航 DIV 位置嵌入横向导航 FunMenuControl1.ascx 用户控件，设置母版页的标题、导航、编辑区、版权说明的样式。SIMSMain.Master 母版页代码设计如下。

```
<%@ Master Language="C#" AutoEventWireup="true" CodeBehind="SIMSMain.master.cs"
    Inherits="Capter3_3.SIMSMain" %>
```

```
<%@ Register Src="~/FunMenuControl1.ascx" TagPrefix="uc1" TagName="FunMenuControl1" %>
<!DOCTYPE html>

<html xmlns="http://www.w3.org/1999/xhtml">
<head runat="server">
<meta http-equiv="Content-Type" content="text/html; charset=utf-8"/>
    <title></title>
    <style type="text/css">
        body{
            padding:0px;
            margin :0px;
        }
        .div0{
            width:100%;
            height :60px;
            line-height:60px;
            font-family:隶书;
            font-size :40px;
            color :white ;
            background-color:#0094ff;
            text-align :center;
        }
        .div1{

            height :40px;
            font-family:隶书;
            font-size :23px;
            margin-top:5px;
            text-align:center;
        }
        .div2{
            width:70%;
            height :500px;
            text-align :center ;
            margin :auto;
            font-size:18px;
            font-family: 仿宋;
        }
        .div3{
            width:100%;
            height :40px;
            line-height:40px;
            background-color:#0094ff;
            text-align :center ;
            font-family :隶书;
            font-size:20px;
```

```
                color :white;
                margin-top:5px;
            }
        </style>

    </head>
    <body>
        <form id="form1" runat="server">
            <div>
                <div class="div0">学生信息管理系统</div>
                <div class="div1">
                    <uc1:FunMenuControl1 runat="server" ID="FunMenuControl1" />
                </div>
                <div class="div2">
                    <asp:ContentPlaceHolder ID="EditPage" runat="server">
                    </asp:ContentPlaceHolder>
                </div>
                <div class="div3">武汉工程科技学院计算机系</div>
            </div>
        </form>
    </body>
    </html>
```

最后，根据创建的母版页生成学生信息管理系统内容页。内容页代码设计如下。

```
<%@ Page Title="" Language="C#" MasterPageFile="~/SIMSMain.Master" AutoEventWireup="true"
    CodeBehind="SIMSMainIndex.aspx.cs" Inherits="Capter3_3.SIMSMainIndex" %>
<asp:Content ID="Content1" ContentPlaceHolderID="EditPage" runat="server">

</asp:Content>
```

完成学生信息管理系统框架的搭建，可按导航功能菜单添加相应的页面文件，实现相应功能。

(2) 运行程序。在学生信息管理系统内容页面中右击，执行“在浏览器中查看”命令，程序运行效果如图 3.7 所示。

3.3 上机实验

1. 实验目的

通过上机实验进一步理解母版页、用户控件的创建方法，掌握由母版页创建内容页的方法和将用户控件视为一个独立的控件嵌入内容页的方法。掌握 ASP.NET 页面设计采用母版页是保持网站所有页面风格一致的基本方法，掌握将具有独立功能且反复调用的功能页面设计为用户控件的意义。

2. 实验要求

实验环境：操作系统要求 Windows 7 以上，软件需要安装 Visual Studio 2013 以上版本开发工具。

实验项目要求：按提供的素材和效果页面进行设计，必须有学生信息管理系统登录页面、学生信息管理系统主页面。其中，将学生信息管理系统登录页面设计成用户控件嵌入登录页面中，学生信息管理系统主页面由设计的母版页面创建成的内容主页面、功能页面不得少于 4 个页面。

3. 实验内容

设计学生信息管理系统登录页面用户控件，并将其嵌入用户登录页面中；设计用户信息管理系统主页面母版页，并由母版页分别创建学生信息管理系统主页面、专业添加页面、专业浏览页面、专业修改页面、专业删除页面，效果如图3.8 所示；单击专业管理中的专业添加菜单显示该页面信息(以提示信息加以区分)，单击专业管理中的专业浏览菜单显示专业浏览的页面信息。

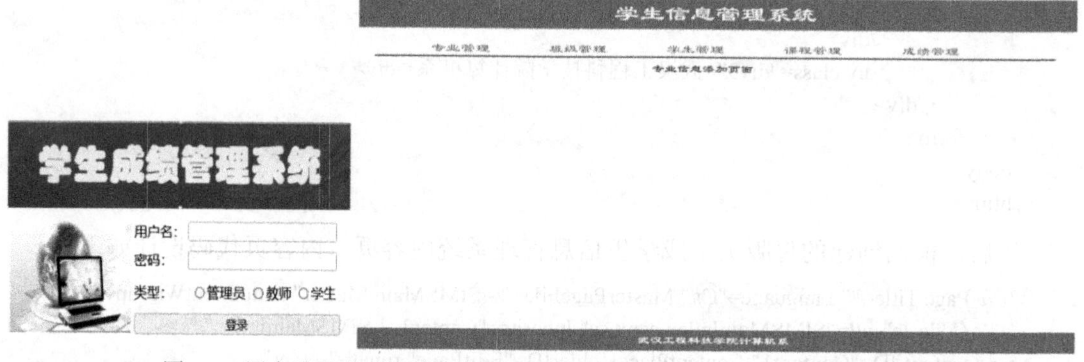

图 3.8　用户登录成功跳转到主页面，单击功能菜单专业添加的页面效果

4. 实验提示

(1) 设计学生信息管理系统登录页面 UserLoginUserControl1.ascx 的用户控件，然后将用户控件嵌入 UserLogin.aspx 登录页面中。UserLoginUserControl1.ascx 用户控件代码设计如下。

```
<%@ Control Language="C#" AutoEventWireup="true" CodeBehind="UserLoginUserControl1.ascx.cs"
        Inherits="Experimint3.UserLoginUserControl1" %>
<style type="text/css">
    .div0 {
        margin: auto;
        width: 430px;
        margin-top: 150px;
    }
    .div1 {
        margin: auto;
        width: 430px;
    }
</style>
<div>
```

```
    <div class="div0 ">
        <image src="../Image/2.png" alt="主题" width="430px" height="100px"></image>
    </div>
    <div class="div1 ">
        <table>
            <tr>
                <td rowspan="5">
                    <img src="../Image/1.png" alt="电脑" width="150px" height="130px" /></td>
            </tr>
            <tr>
                <td>用户名：</td>
                <td colspan="2">
                    <asp:TextBox ID="txtName" runat="server" type="Text"
                        Width="180px"></asp:TextBox></td>
            </tr>
            <tr>
                <td>密码：</td>
                <td colspan="2">
                    <asp:TextBox ID="txtPwd" runat="server" TextMode="Password"
                        Width="180px"></asp:TextBox></td>
            </tr>
            <tr>
                <td>类型：</td>
                <td colspan="2">
                    <asp:RadioButtonList ID="rblType" runat="server" RepeatDirection="Horizontal">
                        <asp:ListItem>管理员</asp:ListItem>
                        <asp:ListItem>教师</asp:ListItem>
                        <asp:ListItem>学生</asp:ListItem>
                    </asp:RadioButtonList></td>
            </tr>
            <tr>
                <td colspan="3">
                    <asp:Button ID="btnLogin" runat="server" Text="登录" Width="260px"
                        OnClick="btnLogin_Click" /></td>
            </tr>
        </table>
    </div>
</div>
```

注意：

在用户控件的后台页面中需要设计“登录”按钮的单击事件，此处可假设“用户名”是 Admin，“密码”是 123456。

将 UserLoginUserControl1.ascx 用户登录用户控件嵌入 UserLogin.aspx 用户登录页面中，设计代码如下。

```
<body>
    <form id="form1" runat="server">
    <div>
        <uc1:UserLoginUserControl1 runat="server" id="UserLoginUserControl1" />
    </div>
    </form>
</body>
```

(2) 设计学生信息管理系统主页面母版页，其设计代码可参考【例题3.3】。根据学生信息管理系统主页面母版页，分别创建专业信息添加、专业信息浏览、专业信息修改、专业信息删除内容页。

第4章

站点导航控件

对于较大型网站，可以利用ASP.NET站点导航控件实现网页导航。站点导航作用类似城市道路的路标，使用户在操作时清楚地了解自己所处的位置。ASP.NET站点导航使用户能够将指向所有网页的链接存储在一个中央位置，并在列表中呈现这些链接，或者用一个特定Web服务器控件在每个网页上呈现导航菜单。

ASP.NET站点导航控件主要有SiteMapPath、TreeView、Menu。

4.1 站点地图

站点地图是一种以.sitemap为扩展名的标准XML文件，作用是为SiteMapPath站点导航控件提供站点层次结构信息。默认站点地图文件名称为Web.sitemap，它是一个XML文件。ASP.NET的默认站点地图提供程序自动选取此站点地图，该文件必须位于应用程序的根目录中。如果是其他名称和类型的站点地图，在使用时必须为其指定其相适应的提供程序，可以通过SiteMapPath控件的SiteMapProvider属性来设置。

创建站点地图的步骤：在网站根目录下执行“添加”|“添加新建项”命令，打开“添加新项”对话框，如图4.1所示，选择“站点地图”模板，默认的文件名为web.sitemap(只有名称为web.sitemap的站点地图才会自动加载，并且必须出现在网站的根目录中)，单击“添加”按钮。

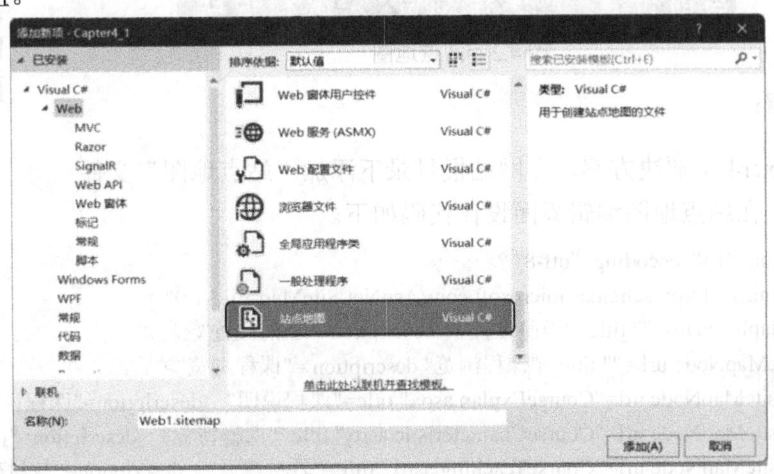

图4.1 “添加新项”对话框

出现站点地图编辑界面设计代码如下。

```
<?xml version="1.0" encoding="utf-8" ?>
<siteMap xmlns="http://schemas.microsoft.com/AspNet/SiteMap-File-1.0" >
    <siteMapNode url="" title=""   description="">
        <siteMapNode url="" title=""   description="" />
        <siteMapNode url="" title=""   description="" />
    </siteMapNode>
</siteMap>
```

站点地图是一个标准的 XML 文件，<?xml version="1.0" encoding="utf-8" ?>指明 XML 的版本号及编码方式；siteMap 是站点地图的根节点标记，包含若干个 siteMapNode 子节点，一个 siteMapNode 子节点又可以包含若干个 siteMapNode 子节点，形成一种层次结构。

SiteMapNode 节点的常用属性及基本功能如表 4.1 所示。

表 4.1　SiteMapNode 节点的常用属性及基本功能

属性	基本功能
url	设置用于节点导航的 URL，在整个站点地图文件中该属性必须唯一
title	设置节点名称
description	设置节点说明文字
key	定义当前节点的关键字
roles	定义允许查找该地图文件的角色集合，多个角色可用分号(；)或逗号(，)分隔
provider	定义处理其他站点地图文件的站点导航提供程序名称，默认为 XmlSiteMap Provider
siteMapFile	设置包含其他相关 SiteMapNode 元素的站点地图文件

【例题 4.1】在 ASP.NET 学习平台网站中设计站点地图如图 4.2 所示。

当前位置 > 课程浏览 > 课程说明

图 4.2　站点地图

例题 4.1

实现步骤：

创建 Capter4_1 解决方案，在网站根目录下添加“站点地图”文件 Web.sitemap，在站点地图编辑界面设计代码如下。

```
<?xml version="1.0" encoding="utf-8" ?>
<siteMap xmlns="http://schemas.microsoft.com/AspNet/SiteMap-File-1.0" >
    <siteMapNode url="" title="当前位置"   description="当前位置">
      <siteMapNode url ="" title ="课程浏览" description ="课程浏览">
        <siteMapNode url="CourseExplan.aspx" title="课程说明"   description="课程说明" />
        <siteMapNode url="CourseCharacteristic.aspx" title="课程特色"   description="课程特色" />
        <siteMapNode url="CourseTeaching.aspx" title="教材建设"   description="教材建设" />
      </siteMapNode>
```

```
        <siteMapNode url="" title ="课程文件" description ="课程文件">
            <siteMapNode url="CourseProgram.aspx" title="课程大纲"   description="课程大纲" />
            <siteMapNode url="CourseExperiment.aspx" title="实验大纲" description ="实验大纲"/>
        </siteMapNode>
        <siteMapNode url="" title ="课程教学" description ="课程教学">
            <siteMapNode url="CoursePlan.aspx" title="课程教案"   description="课程教案" />
            <siteMapNode url="Courseware.aspx" title="课程课件" description ="课程课件"/>
        </siteMapNode>
    </siteMapNode>
</siteMap>
```

创建的站点地图是 XML 文件，在站点地图的代码设计界面中根据需要可以添加节点，设计每个节点链接的网页文件，该站点地图只有配合SiteMapPath 导航控件才能在网页中显示出来。

4.2 SiteMapPath 导航控件

在实际应用中，经常在每个页面上添加当前页面位于当前网站层次结构中哪个位置的导航，这种功能称为面包屑功能。ASP.NET 提供了可自动实现面包屑功能的 SiteMapPath 控件。SiteMapPath 控件不需要数据源，可以自动绑定网站地图文件Web.sitemap，使用时只需要将该控件添加到页面中即可。在实际项目中，将SiteMapPath控件添加到母版页中，以实现统一的网站导航界面。SiteMap Path 导航控件的基本语法格式如下。

```
<asp:SiteMapPath ID="SiteMapPath1" runat="server"></asp:SiteMapPath>
```

SiteMapPath 导航控件的常用属性及基本功能如表 4.2 所示。

表 4.2　SiteMapPath 导航控件的常用属性及基本功能

属性	基本功能
CurrentNodeStyle	定义当前节点的样式，包括字体、颜色等
NodeStyle	定义导航路径上所有节点的样式
ParentLevelsDisplaye	设置或获取相对于当前显示节点的父节点级别数
PathDirection	设置或获取导航路径的呈现顺序
PathSeparator	设置或获取一个符号，用于分隔网站导航路径
SiteMapProvider	设置或获取用于呈现站点导航控件的站点提供程序的名称

SiteMapPath 显示的每个节点都是 HyperLink 或 Literal 控件，开发人员可以将模板或样式用到这两种控件中。

【例题 4.2】在.NET 开发学习平台中，根据创建的母版页，分别创建课程说明、课程特色、教学大纲、实验大纲等内容页面，在左边的功能菜单中分别单击相应的菜单，在右边编辑区的上方显示菜单的站点导航。页面运行效果如图 4.3 所示。

例题 4.2

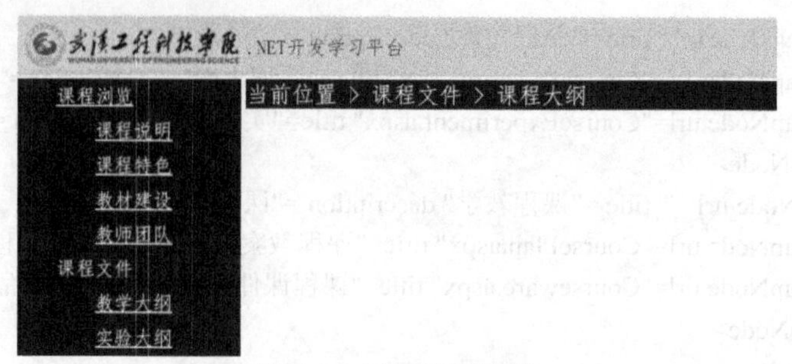

图 4.3　页面运行效果

实现步骤：

(1) 前台页面设计。启动 Visual Studio 2013，创建 Capter4_2 解决方案，在网站的根目录下创建 ASPNETWebStudy.Master 母版页(母版页代码参考【例题 3.2】)，创建站点地图 web.sitemap(如【例题 4.1】所示)，在母版页的 DIV 编辑层中设计 SiteMapPath 导航控件的代码如下。

```
<div class ="div2">
        <div class ="div21">
            <asp:SiteMapPath ID="SiteMapPath1" runat="server"></asp:SiteMapPath>
        </div>
        <asp:ContentPlaceHolder ID="cphEditRight" runat="server">
        </asp:ContentPlaceHolder>
</div>
```

根据母版页生成的内容页面分别是：学习平台主页面 StudyMain.aspx；课程说明页面 CourseExplan.aspx；课程特色页面 CourseCharacteristic.aspx；教材建设页面 CourseTeaching.aspx；教师团队页面 TeachingTeam.aspx；教学大纲页面 CourseProgram.aspx；实验大纲页面 CourseExperiment.aspx 等。

(2) 运行程序。将学习平台主页面 StudyMain.aspx 设为起始页面，按 F5 功能键，即可运行程序进入浏览器页面，在页面中单击“教学大纲”，显示效果如图 4.3 所示，单击“教学团队”，显示效果如图 4.4 所示。

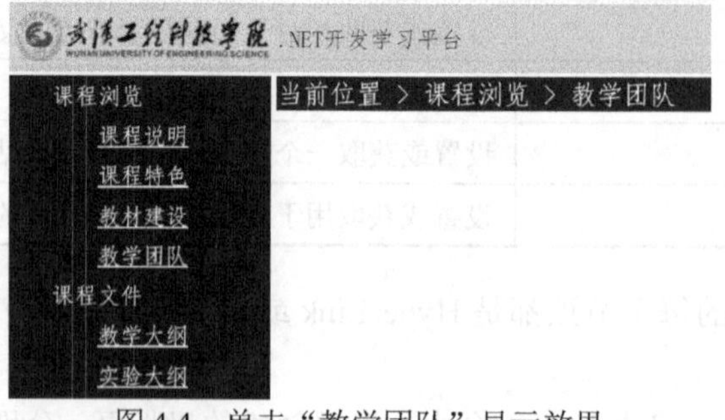

图 4.4　单击“教学团队”显示效果

4.3　TreeView 导航控件

TreeView 导航控件常用于以树形结构显示分层数据的情况，利用 TreeView 控件可以实现网站导航，也可以用来显示 XML、表格或关系数据。因此，只要是树形层次关系的数据显示都可以用 TreeView 导航控件。

4.3.1　TreeView 导航控件的属性

TreeView 导航控件中的每个项都称为一个节点，每个节点都是一个 TreeNode 对象。节点分为根节点、父节点、子节点；最上层的节点是根节点，可以有多个根节点；没有子节点的节点是叶节点。TreeView 导航控件语法的基本格式如下。

```
<asp:TreeView ID="TreeView1" runat="server"></asp:TreeView>
```

TreeView 导航控件的常用属性及基本功能如表 4.3 所示。

表 4.3　TreeView 导航控件的常用属性及基本功能

属性	基本功能
CollapseimageUrl	节点折叠后用于显示图片的 URL
EnableClientScript	是否允许在客户端处理展开和折叠事件
ExpandDepth	数据绑定，默认情况下展开树的多少级别
ExpandImageUrl	节点展开后用于显示图片的 URL
Nodes	获取所有的根节点集合
NoExpandImageUrl	设置用于显示不可折叠(无子节点)节点对应图片的 URL
Pathseparator	节点之间的路径分隔符
SelectedNode	当前选中的节点
SelectedValue	当前选中节点的值
ShowCheckBoxes	是否在节点前显示复选框
ShowLines	节点间是否显示连接线

TreeView 导航控件中的每个节点实际上都是 TreeNode 类对象，在构建 TreeView 时经常要对 TreeNode 对象进行编程操作。TreeNode 类的常用属性及基本功能如表 4.4 所示。

表 4.4　TreeNode 类的常用属性及基本功能

属性	基本功能
ChildNodes	获取当前节点的下一级子节点集合
ImageUrl	设置节点旁用于显示图片的 URL
NavigateUrl	设置单击节点时导航到的 URL
Parent	设置当前节点的父节点

TreeView 控件中的节点数据可以在设计时添加，也可以通过编程控件TreeNode 对象动态添加或修改，还可以使用数据源控件进行绑定。例如，使用 SiteMapDataSource 控件将地图站点数据填充到 TreeView 控件中，利用 XmlDataSource 控件从 XML 文件中获取填充数据。

一般，可以应用 TreeView 控件的 CollapseAll 方法和 ExpandAll 方法折叠和展开节点；应用 TreeView 控件的 Nodes.Add 方法添加节点到控件中；应用 TreeView 控件的 Nodes.Remove 方法删除指定的节点。

4.3.2 向 TreeView 导航控件添加节点

向 TreeView 导航控件添加节点的常用方法有：通过手工在页面代码设计中添加节点；通过编程方式动态添加节点；通过 DataSourceID 属性设置数据源控件添加节点。

1. 手工在页面设计中添加节点

在网页中拖放一个 TreeView 控件，在页面设计视图中，单击右上角的向右箭头，TreeView 任务列表如图 4.5 所示。

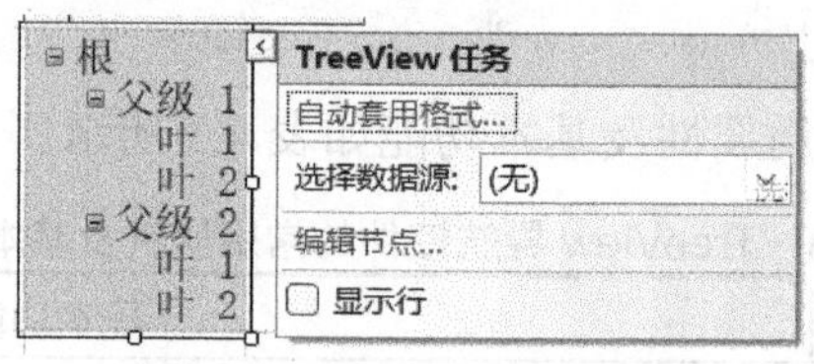

图 4.5　TreeView 任务列表

在图 4.5 中选择“编辑节点”命令，打开“TreeView 节点编辑器”对话框，如图 4.6 所示。每个节点至少要设置 Text 和 Value 属性，用户根据需要设置 NavigateUrl 和 Target 属性。

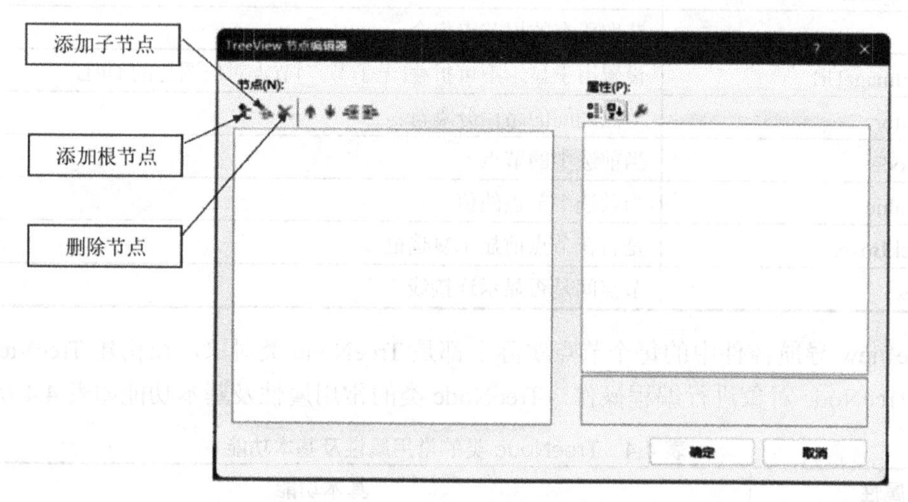

图 4.6　“TreeView 节点编辑器”对话框

在网页中拖放一个 TreeView 控件，在页面设计源视图中，在 TreeView 导航控件标记中添加 Nodes 属性，然后再在 Nodes 属性中添加<asp:TreeNode></asp:TreeNode>，设置 TreeNode 的 Text 和 Value 属性值。设计代码如下。

```
<asp:TreeView ID="TreeView1" runat="server"    >
    <Nodes>
        <asp:TreeNode Text ="课程浏览" Value ="CourseBrows">
                <asp:TreeNode Text ="课程说明" Value="CourseRemark"></asp:TreeNode>
                <asp:TreeNode Text ="课程教材" Value ="CourseTeaching"></asp:TreeNode>
        </asp:TreeNode>
    </Nodes>
</asp:TreeView>
```

2. 编程方式动态添加节点

由于 TreeView 控件的 Nodes 属性是一个 TreeNodeCollection 类对象，因此可以用 Add 方法向其中添加 TreeNode 对象。这种方式可以在程序运行时动态地增删 TreeView 控件的节点。

【例题 4.3】创建一个软件学院 SoftwareCollege 页面，用编程方式通过 TreeView 导航控件显示软件学院网站层次结构。软件学院网站结构效果如图 4.7 所示。

例题 4.3

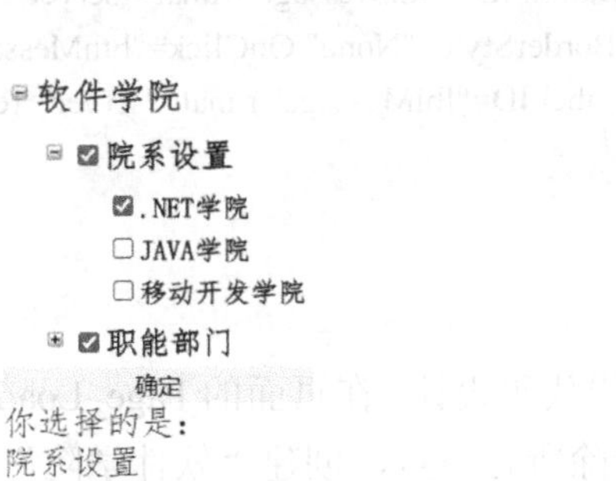

图 4.7　软件学院网站结构效果

实现步骤：

(1) 前台页面设计。启动 Visual Studio 2013，创建解决方案 Capter4_3，添加 SoftwareCollege 页面，在页面的 DIV 层中添加 TreeView 导航控件、一个命令按钮 Button 控件和一个标签 Label 控件。添加 TreeView 导航控件的 LevelStyles 属性，页面设计代码如下。

```
<html xmlns="http://www.w3.org/1999/xhtml">
<head runat="server">
<meta http-equiv="Content-Type" content="text/html; charset=utf-8"/>
    <title></title>
    <style   type="text/css">
        .div0{
            width :400pt;
            margin :auto;
            font-family :仿宋;
            font-size :20px;
        }
    </style>
</head>
<body>
    <form id="form1" runat="server">
    <div class ="div0 ">
        <asp:TreeView ID="TreeView1" runat="server" >
            <LevelStyles>
                <asp:TreeNodeStyle   ChildNodesPadding ="10" Font-Names="仿宋"
                     Font-Bold="true" Font-Size ="16pt" ForeColor ="Red" />
                 <asp:TreeNodeStyle   ChildNodesPadding ="5" Font-Names="仿宋"
                     Font-Bold="true" Font-Size ="14pt" ForeColor ="Blue" />
```

```
                <asp:TreeNodeStyle   ChildNodesPadding ="5" Font-Names="仿宋" Font-Bold="true"
                    Font-Size ="12pt" ForeColor ="#660066" />
            </LevelStyles>
        </asp:TreeView>
    </div>
        <div class ="div0 ">
            <asp:Button ID="btnMessage" runat="server" Text="确定" Width ="180px"
                BorderStyle="None" OnClick="btnMessage_Click" /><br />
            <asp:Label ID="lblMessage" runat="server" Text=""></asp:Label>
        </div>
    </form>
</body>
</html>
```

(2) 后台功能逻辑代码设计。在页面的 Page_Load 事件中，设计显示根节点的复选框，显示展开的级数，清除所有节点，创建“软件学院”根节点、院系设置、职能部门一级子节点，以及.NET 学院等二级节点，同时在“确定”按钮的单击事件中设计选定节点并显示信息。后台功能逻辑代码设计如下。

```
namespace Capter4_3
{
    public partial class SoftwareCollege : System.Web.UI.Page
    {
        protected void Page_Load(object sender, EventArgs e)
        {
            if (!IsPostBack)
            {
                TreeView1.ShowCheckBoxes = TreeNodeTypes.Leaf | TreeNodeTypes.Parent;
                TreeView1.ExpandDepth = 2;
                TreeView1.Nodes.Clear();
                TreeNode nodes = new TreeNode("软件学院");
                TreeView1.Nodes.Add(nodes);
                nodes = new TreeNode("院系设置");
                TreeView1.Nodes[0].ChildNodes.Add(nodes);
                nodes = new TreeNode(".NET 学院");
                TreeView1.Nodes[0].ChildNodes[0].ChildNodes.Add(nodes);
                nodes = new TreeNode("JAVA 学院");
                TreeView1.Nodes[0].ChildNodes[0].ChildNodes.Add(nodes);
                nodes = new TreeNode("移动开发学院");
                TreeView1.Nodes[0].ChildNodes[0].ChildNodes.Add(nodes);
                nodes = new TreeNode("职能部门");
                TreeView1.Nodes[0].ChildNodes.Add(nodes);
                nodes = new TreeNode("教务处");
                TreeView1.Nodes[0].ChildNodes[1].ChildNodes.Add(nodes);
                nodes = new TreeNode("财务科");
                TreeView1.Nodes[0].ChildNodes[1].ChildNodes.Add(nodes);
                nodes = new TreeNode("院办公室");
```

```
                TreeView1.Nodes[0].ChildNodes[1].ChildNodes.Add(nodes);
            }
        }

        protected void btnMessage_Click(object sender, EventArgs e)
        {
          //判断选择的节点数是否大于 0，若大于 0，则遍历选中的节点；否则，没有选择任何节点
            if (TreeView1.CheckedNodes.Count > 0)
            {
                lblMessage.Text = "你选择的是："+"<br/>";
                foreach (TreeNode nds in TreeView1.CheckedNodes)
                {
                    lblMessage.Text += nds.Text + "<br/>";
                }
            }
            else
            {
                lblMessage.Text = "没有选择任何节点！";
            }
        }
    }
}
```

(3) 运行程序。按 F5 功能键，进入浏览器页面，运行效果如图 4.7 所示。

3．DataSourceID 属性设置数据源控件添加节点

ASP.NET 提供了 SiteMapDataSource 和 XmlDatasource 两个服务器控件，用于 ASP.NET 站点导航。SiteMapDataSource 为检索站点地图提供程序的导航数据，XmlDatasource 检索指定的XML文件的导航数据，并将导航数据传递到可显示该数据的控件中(如 TreeView 和 Menu 控件)。

实现方法：首先在页面中设计一个 TreeView 控件，其次创建一个站点地图实现要绑定的数据，最后在页面中设计一个 SiteMapDataSource 服务器控件，只需将 TreeView 控件的 DataSourceID 设置为 SiteMapDataSource 控件的 ID 即可，SiteMapDataSource 控件会自动读取站点地图的数据并在 TreeView 控件中显示。

【例题 4.4】应用站点地图服务器控件实现TreeView导航控件的数据绑定。站点地图实现 TreeView 导航控件数据绑定如图 4.8 所示。

例题 4.4

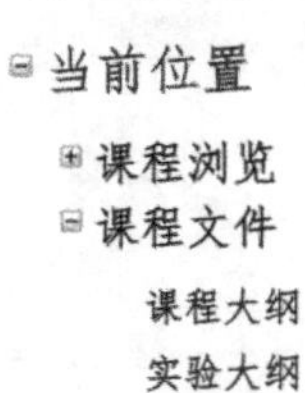

图 4.8　站点地图实现 TreeView 导航控件数据绑定

实现步骤：

(1) 前台页面设计。启动 Visual Studio 2013，创建 Capter4_4 解决方案，在网站根目录下添加一个站点地图文件实现要绑定的数据(站点地图文件名是默认的 Web.sitemap)，站点地图代码如下。

```
<?xml version="1.0" encoding="utf-8" ?>
<siteMap xmlns="http://schemas.microsoft.com/AspNet/SiteMap-File-1.0" >
    <siteMapNode url="" title="当前位置"  description="当前位置">
      <siteMapNode url ="" title ="课程浏览" description ="课程浏览">
        <siteMapNode url="CourseExplan.aspx" title="课程说明"  description="课程说明" />
       <siteMapNode url="CourseCharacteristic.aspx" title="课程特色"  description="课程特色" />
        <siteMapNode url="CourseTeaching.aspx" title="教材建设"  description="教材建设" />
        <siteMapNode url="TeachingTeam.aspx" title="教师团队"  description="教师团队" />
      </siteMapNode>
      <siteMapNode url="" title ="课程文件" description ="课程文件">
        <siteMapNode url="CourseProgram.aspx" title="课程大纲"  description="课程大纲" />
        <siteMapNode url="CourseExperiment.aspx" title="实验大纲" description ="实验大纲"/>
      </siteMapNode>
      <siteMapNode url="" title ="课程教学" description ="课程教学">
        <siteMapNode url="CoursePlan.aspx" title="课程教案"  description="课程教案" />
        <siteMapNode url="Courseware.aspx" title="课程课件" description ="课程课件"/>
      </siteMapNode>
    </siteMapNode>
</siteMap>
```

在网站根目录下添加页面文件 SoftwareCollegeaspx.aspx，在该页面中的 DIV 层中设计一个 TreeView 控件，同时设计该控件的 LevelStyles 属性；设计一个 SiteMapDataSource 控件，将 TreeView 控件的 DataSourceID 设置为 SiteMapDataSource 控件的 ID，页面设计代码如下。

```
<html xmlns="http://www.w3.org/1999/xhtml">
<head runat="server">
<meta http-equiv="Content-Type" content="text/html; charset=utf-8"/>
    <title></title>
    <style  type="text/css" >
        .div0{
            font-family :仿宋;
            font-size :23px;
            width :300px;
            margin :auto ;
            margin-top :120px;
        }
    </style>
</head>
<body>
    <form id="form1" runat="server">
```

```
        <div class ="div0 ">

            <asp:TreeView ID="TreeView1" runat="server" DataSourceID="SiteMapDataSource1">
                <LevelStyles>
                    <asp:TreeNodeStyle   ChildNodesPadding ="10" Font-Names="仿宋"
                         Font-Bold="true" Font-Size ="16pt" ForeColor ="Red" />
                     <asp:TreeNodeStyle   ChildNodesPadding ="5" Font-Names="仿宋"
                          Font-Bold="true" Font-Size ="14pt" ForeColor ="Blue" />
                    <asp:TreeNodeStyle   ChildNodesPadding ="5" Font-Names="仿宋" Font-Bold="true"
                         Font-Size ="12pt" ForeColor ="#660066" />
                </LevelStyles>
            </asp:TreeView>
            <asp:SiteMapDataSource ID="SiteMapDataSource1" runat="server" />
        </div>
        </form>
    </body>
    </html>
```

(2) 运行程序。按 F5 功能键，进入浏览器页面，程序运行效果如图 4.8 所示。

4.4 Menu 控件

Menu控件又称为菜单控件，主要用于创建页面菜单，让用户快速选择不同页面，从而完成导航功能。

Menu 控件由菜单项(MenuItem 对象表示)组成。顶级(级别为 0)菜单项称为根菜单项，具有父菜单的菜单项称为子菜单项。所有根菜单项都存储在 Item 集合中，子菜单项存储在父菜单项的 ChildItem 集合中。

4.4.1 MenuItem 类

Menu 控件中的一个菜单项就是一个 MenuItem 类对象。MenuItem 类的常用属性及基本功能如表 4.5 所示。

表 4.5　MenuItem 类的常用属性及基本功能

属性	基本功能
ChildItems	获取该对象包含当前菜单的子菜单项
DataItem	获取绑定到菜单项的数据项
DataPath	获取绑定到菜单项的数据的路径
Depth	获取菜单项显示的级别
ImageUrl	获取或设置显示在菜单项文本旁的图像的 URL
NavigateUrl	获取或设置单击菜单时要导航到的 URL
Parent	获取当前菜单项的父菜单项

(续表)

属性	基本功能
Selectable	获取或设置一个值，该值指示 MenuItem 对象是否可选或可单击
Selected	获取或设置一个值，该值指示 Menu 控件的当前菜单是否已被选中
Target	获取或设置用来显示菜单项的关联网页内容的目标窗口或框架
Text	获取或设置 Menu 控件中显示的菜单项文本
ToolTip	获取或设置菜单项的工具提示文本
Value	获取或设置一个非显示值，该值用于存储菜单项的任何非其他数据，用于处理回发事件的数据

每个菜单项都具有 Text 属性和 Value 属性。Text 属性的值显示在 Menu 控件中，而 Value 属性用于存储菜单项的任何其他数据(如传递给与菜单项关联的回发事件的数据)。在单击时，菜单项可导航到 NavigateUrl 属性指示的另一个网页。

4.4.2 Menu 控件的属性和事件

1. Menu 控件的属性

Menu 控件的常用属性及基本功能如表 4.6 所示。

表 4.6 Menu 控件的常用属性及基本功能

属性	基本功能
DataSourceID	设置数据源对象，如指定为站点地图和 XML 文件
DisappearAfter	设置鼠标指针不再置于菜单上后显示动态菜单的持续时间
Items	获取 MenuItemCollection 对象，该对象包含 Menu 控件中的所有菜单项
IremWrap	设置一个值，该值指示菜单项的文本是否换行
Orientation	设置 Menu 控件的呈现方向
PathSeparator	设置用于分隔 Menu 控件的菜单项路径的字符
SelectedItem	获取选定的菜单项
SelectedValue	获取选定菜单项的值
StaticDisplayLevels	设置静态菜单的菜单显示级别数
Target	设置用来显示菜单项的关联网页内容的目标窗口或框架
LevelMenuItemStyle	其包含的样式设置是根据菜单项在 Menu 控件中的级别应用于菜单项的
LevelSelectedStyles	其包含的样式设置是根据所选菜单项在 Menu 控件中的级别应用于该菜单项的

1) DataSourceID 属性

DataSourceID 属性指定 Menu 控件的数据源控件的 ID 属性。例如，可以指定与 XML 文件绑定的 XmlDataSource 控件或与站点地图绑定的 SiteDataSource 控件的 ID。

2) Items 属性

Items 属性是 Menu 控件中所有菜单项的集合，一个菜单项是一个 MenuItem 对象。用户可以通过索引来表示 Items 集合中的元素，如下。

- Meun1.Items 表示 Menu1 控件的所有菜单项集合。
- Menu1.Items[0]表示 Menu1 控件中的第一个菜单元素。
- Menu1.Item[0].ChildItems 表示 Menu1 控件中第一个菜单项的子菜单项集合。
- Menu1.Item[0].ChildItems[1]表示 Menu1 控件中第一个菜单项的第二个子菜单项。

3) Orientation 属性

Orientation 属性设置 Menu 控件的呈现方向，可取 Horizontal 水平呈现或取 Vertical 垂直呈现。

4) LevelMenuItemStyles 属性

LevelMenuItemStyles 属性是一个样式集合，用来表示控制各菜单级别的菜单项样式，该集合包含的样式是根据菜单项的菜单级别应用于菜单项的。该集合的第一个样式对应于第一级菜单的菜单项样式，该集合的第二个样式对应于第二级菜单项的样式，依此类推。

例如，一个有 3 级菜单的 Menu1 控件的 LevelMenuItemStyles 属性可以设置如下。

```
<asp:Menu ID="Menu1" runat="server" StaticSubMenuIndent="16px">
        <LevelMenuItemStyles>
            <asp:MenuItemStyle   BackColor ="LightSteelBlue" ForeColor ="Black" />
            <asp:MenuItemStyle   BackColor ="SkyBlue"   ForeColor ="Black" />
            <asp:MenuItemStyle   BackColor ="LightSteelBlue" ForeColor ="Black" />
        </LevelMenuItemStyles>
</asp:Menu>
```

5) LevelSelectedStyles 属性

LevelSelectedStyles 属性是一个集合，用于控件和菜单级别菜单选项的样式，该集合包含的样式是根据选定菜单项的菜单级别应用于该菜单项的。该集合的第一个样式对应于第一级菜单的选定菜单的样式，该集合的第二个样式对应于第二级菜单的选定菜单项的样式，依此类推。

例如，一个有 3 级菜单的 Menu1 菜单控件的 LevelSelectedStyles 属性可以设置如下。

```
<LevelSelectedStyles>
    <asp:MenuItemStyle BackColor ="LightSteelBlue" ForeColor ="Black" />
    <asp:MenuItemStyle BackColor ="SkyBlue"   ForeColor ="Black" />
    <asp:MenuItemStyle BackColor ="LightSteelBlue" ForeColor ="Black" />
</LevelSelectedStyles>
```

2．Menu 控件的事件

Menu 控件的常用事件有：MenuItemClick 事件，即当单击菜单时发生，此事件常用于将页上的一个 Menu 控件与另一个控件进行同步；MenuItemDataBound 事件，即当菜单绑定到数据时发生，此事件通常用于菜单呈现在 Menu 控件中前对菜单项进行修改。

4.4.3 MenuItemCollection 类

Menu 控件中的所有菜单项构成一个 MenuItemCollection 类对象 Items，也就是说 Menu 控件的 Items 属性就是一个 MenuItemCollection 类对象。

MenuItemCollection 类的常用属性有：Count 属性，即获取当前 MenuItemCollection 对象所含菜单项的数目；Item 属性，即获取当前 MenuItemCollection 对象中指定索引处的 MenuItem 对象。

MenuItemCollection 类的主要方法有以下几种。

- Add 方法

Add 方法用于向 MenuItemCollection 对象中添加一个 MenuItem 对象。

- AddAt 方法

AddAt 方法用于向 MenuItemCollection 对象中的指定位置添加一个 MenuItem 对象。

- Clear 方法

Clear 方法用于从 MenuItemCollection 对象中移除所有 MenuItem 对象。

- Contains 方法

Contains 方法指出 MenuItemCollection 对象中是否包含指定的 MenuItem 对象。

- IndexOf 方法

IndexOf 方法用于查找指定的 MenuItem 对象在 MenuItemCollection 对象中的位置。

- Remove 方法

Remove 方法用于从 MenuItemCollection 对象中删除指定的 MenuItem 对象。

- RemoveAt 方法

RemoveAt 方法用于从 MenuItemCollection 对象中删除指定位置处的 MenuItem 对象。

4.4.4 向 Menu 控件中添加菜单项的方法

向 Menu 控件中添加菜单项的方法有：通过可视化方式添加；通过设计页面代码方式添加；通过 DataSourceID 属性设置数据源控件方式添加；通过编程方式添加。

1. 通过可视化方式添加

在页面中拖放一个 Menu 控件，将页面源视图切换到页面设计视图，打开“Menu 任务”列表窗口，如图 4.9 所示。

图 4.9 “Menu 任务”列表窗口

在图 4.9 中单击“编辑菜单项”命令，打开“菜单项编辑器”对话框，如图 4.10 所示，该对话框中可以添加或删除菜单项。

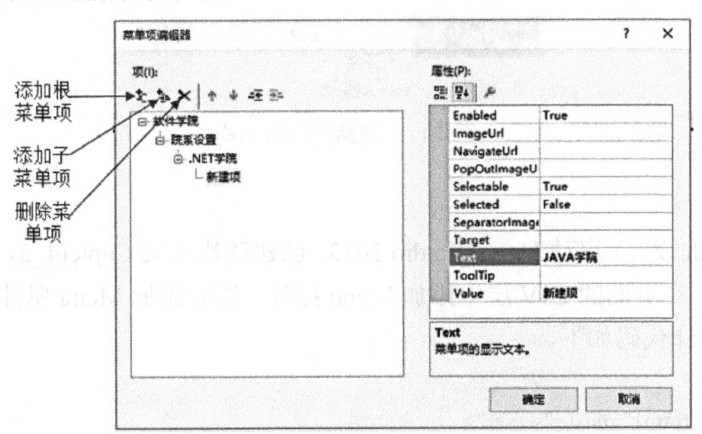

图 4.10　“菜单项编辑器”对话框

在菜单编辑器中添加每一个菜单项至少应设置 Text 和 Value 属性，用户还可以根据需要设置 NavigateUrl 和 Target 属性。

2．通过设计页面代码方式添加

在页面上拖放一个 Menu 控件，在源设计视图界面的<asp:Menu></asp:Menu>控件中添加 Items 属性，在 Items 属性中添加根节点和子节点<asp:MenuItem>，同时还可设计 Menu 控件的样式，设计代码如下。

```
<asp:Menu ID="Menu1" runat="server" StaticSubMenuIndent="16px" Orientation="Horizontal">
    <Items>
        <asp:MenuItem Text="软件学院" Value="软件学院">
            <asp:MenuItem Text="院系设置" Value="院系设置">
                <asp:MenuItem Text=".NET 学院" Value=".NET 学院">
                <asp:MenuItem Text="JAVA 学院" Value="JAVA 学院"></asp:MenuItem>
                </asp:MenuItem>
            </asp:MenuItem>
        </asp:MenuItem>
    </Items>
</asp:Menu>
```

3. 通过 DataSourceID 属性设置数据源控件方式添加

在网页上拖放一个 Menu 控件，在页面上添加一个 SiteMapDataSource 网站地图控件，不设置任何属性。将 Menu 控件的 DataSourceID 设为 SiteMapDataSource 控件的 ID 即可，SiteMapDataSource 控件自动读取站点地图的数据并在 Menu 控件中显示。

4．通过编程方式添加

由于 Menu 控件的 Items 属性是一个 MenuItemcollection 类对象，因此用 Add 方法向其中添加 MenuItem 对象。这种方式可以在运行时动态地增删 Menu 控件的菜单项。

【例题 4.5】设计软件学院页面，用编程方式向 Menu 控件中添加菜单项，实现网站的层次结构如图 4.11 所示。

例题 4.5

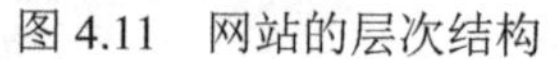

图 4.11　网站的层次结构

实现步骤：

(1) 前台页面设计。启动 Visual Studio 2013，创建解决方案 Capter4_5，同时添加 Course Stady.aspx 页面。在页面的 DIV 层中添加 Menu 控件，然后添加 Menu 属性<LevelMenuItem Styles>，页面设计代码如下。

```
<body>
    <form id="form1" runat="server">
        <div>
            <asp:Menu ID="Menu1" runat="server">
                <LevelMenuItemStyles>
                    <asp:MenuItemStyle BackColor="#080808" ForeColor ="Red"
                        BorderStyle="Outset"   Font-Names ="仿宋" Font-Size ="20px"    />
                     <asp:MenuItemStyle BackColor="SkyBlue" ForeColor ="Blue" Font-Names
                         ="仿宋" Font-Size ="18px" />
                     <asp:MenuItemStyle BackColor="LightSkyBlue"   ForeColor ="Black"
                         Font-Names ="仿宋" Font-Size ="16px" />
                </LevelMenuItemStyles>
                <LevelSelectedStyles>
                    <asp:MenuItemStyle BackColor="Cyan"   ForeColor ="Gray" />
                    <asp:MenuItemStyle BackColor="LightCyan"   ForeColor ="Gray" />
                    <asp:MenuItemStyle BackColor="PaleTurquoise" ForeColor ="Gray" />
                </LevelSelectedStyles>
            </asp:Menu>
        </div>
    </form>
</body>
```

(2) 后台功能逻辑代码设计。在页面的加载事件 Page_Load 中设计网站导航显示层数、根节点、子节点，设计代码如下。

```
namespace Capter4_5
{
    public partial class CourseStady : System.Web.UI.Page
    {
        protected void Page_Load(object sender, EventArgs e)
        {
            if (!Page.IsPostBack)
            {
                Menu1.Orientation = Orientation.Horizontal; //菜单排列为横排
```

```
                Menu1.StaticDisplayLevels = 2;//静态显示两层
                Menu1.Items.Clear(); //清除所有项
                MenuItem node = new MenuItem("软件学院");// 事例化根节点对象
                Menu1.Items.Add(node); //将根节点添加到 Menu1 控件中
                node = new MenuItem("院系设置"); //事例化第一层节点
                Menu1.Items[0].ChildItems.Add(node);//将第一层节点加到 Menu 控件中
                node = new MenuItem(".NET 学院"); //事例化第二层节点
               Menu1.Items[0].ChildItems[0].ChildItems.Add (node); //将第二层节点添加到Menu控件中
                node = new MenuItem("JAVA 学院"); //事例化第二层节点
               Menu1.Items[0].ChildItems[0].ChildItems.Add(node); //将第二层节点添加到 Menu 控件中
                node = new MenuItem("职能部门"); //事例化第一层节点
                Menu1.Items[0].ChildItems.Add(node);//将第一层节点加到 Menu 控件中
                node = new MenuItem("教务处");
                Menu1.Items[0].ChildItems[1].ChildItems.Add(node);
                node = new MenuItem("学工处");
                Menu1.Items[0].ChildItems[1].ChildItems.Add(node);
                node = new MenuItem("院办公室");
                Menu1.Items[0].ChildItems[1].ChildItems.Add(node);
            }
        }
    }
}
```

(3) 运行程序。按 F5 功能键，进入浏览器页面，程序运行结果如图 4.11 所示。

4.5 上机实验

1. 实验目的

要求掌握 ASP.NET 页面设计技术、DIV+CSS 页面布局；掌握母版页、用户控件的创建方法；掌握站点地图、SiteMapPath 导航控件的基本原理及其用法；掌握标准服务器控件实现页面设计的用法。

2. 实验要求

实验环境：操作系统 Windows 7 以上，安装 Visual Studio 2013 以上版本的开发平台。

页面要求：设计母版页、用户控件实现页面布局，也就是将最新商品列表、商品分类表设计成用户控件。

3. 实验内容

设计一个商品购物网站，首页要求由以下几部分组成：标题及功能菜单、最新商品列表、商品分类表、网站底部版权说明。商品购物网站首页效果如图 4.12 所示。

设计要求：当学习 ADO.NET 技术后，用数据库中的数据来显示最新商品用户控件、商品分类用户控件、显示用户控件对应的商品信息并去掉相应的底纹；将商品购物网站首页设计成母版页，由其生成相应功能的内容页。

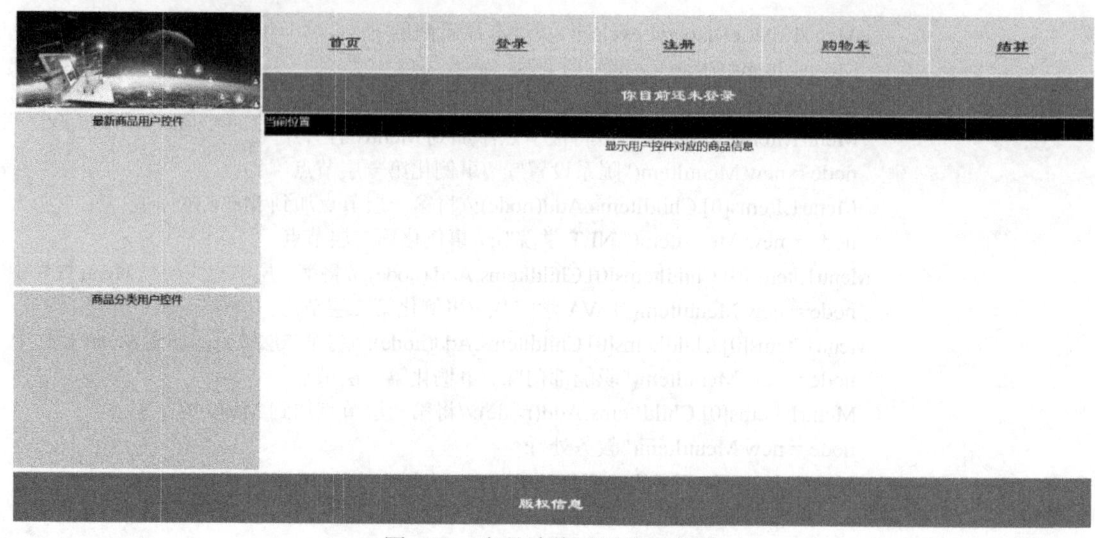

图 4.12　商品购物网站首页效果

4. 实验提示

(1) 前台首页代码设计，参考代码如下。

```
<html xmlns="http://www.w3.org/1999/xhtml">
<head runat="server">
<meta http-equiv="Content-Type" content="text/html; charset=utf-8"/>
    <title></title>
    <style >
        body{margin :0px;padding :0px;}
        .div0{width:23%;height :500px;margin-right:5px;float:left;}
        .div01{ width:100%;background-color:#ffd800;height :245px; margin-right:5px;margin-bottom:
                5px;text-align :center }
        .div02{width:100%;background-color:#00ffff;height :250px;margin-right:5px; text-align :center }
        .div1{width :76.6%;height :480px; float:left; text-align :center;}
        .div11{ width :100%;height :30px; text-align:left; background-color:#030303;color :white;}
        .div2{width:100%;height :80px;text-align :center;font-family:隶书;font-size:23px; color:white;
              line-height:80px;float :left;margin-top:5px; background-color:#0094ff;}
    </style>
</head>
<body>
    <form id="form1" runat="server">
    <div>
        <div>
            <table >
                <tr ><td   rowspan ="2" style ="width :15%;height :125px">
                    <img src="Image/商品购物图片.png"   width ="100%" height ="108%"/></td>
```

```
                <td style ="width:10%;margin :auto;height :60px;background-color:#ffd800;text-
                    align :center;font-family:隶书;font-size:23px;line-height:60px"><a href ="#">
                    首页</a></td>
                <td style ="width:10%;margin :auto;height :60px;background-color:#ffd800;text-
                    align :center;font-family:隶书;font-size:23px;line-height:60px"><a href ="#">
                    登录</a></td>
                <td style ="width:10%;margin :auto;height :60px;background-color:#ffd800;text-
                    align :center;font-family:隶书;font-size:23px;line-height:60px"><a href ="#">
                    注册</a></td>
                <td style ="width:10%;margin :auto;height :60px;background-color:#ffd800;text-
                    align :center;font-family:隶书;font-size:23px;line-height:60px"><a href ="#">
                    购物车</a></td>
                <td style ="width:10%;margin :auto;height :60px;background-color:#ffd800;text-
                    align :center;font-family:隶书;font-size:23px;line-height:60px"><a href ="#">
                    结算</a></td>
                 <tr>
                     <td colspan ="5" style ="text-align :center;font-family: 隶书;font-size:23px;
                         color:white;background-color:#0094ff;height :40px">你目前还未登录</td>
                </tr>
            </tr>
        </table>
    </div>
    <div>
        <div class ="div0">
            <div class ="div01">最新商品用户控件</div>
            <div class="div02">商品分类用户控件</div>
        </div>
        <div class ="div1">
            <div class ="div11">当前位置</div>
            显示用户控件对应的商品信息 </div>
    </div>
    <div class ="div2">版权信息</div>
</div>
</form>
</body>
</html>
```

(2) 前台母版页代码设计。将前台首页代码复制到创建的母版页对应的 DIV 位置。

(3) 在后续实验中，将最新商品信息、商品分类信息、你目前还未登录设置为用户控件嵌入母版页对应位置。

(4) 各功能菜单的页面均由母版页生成，当前位置由站点地图和 SiteMapPath 导航控件实现。

5. 实验拓展

最新商品用户控件、商品分类用户控件主要包括一个 GridView 控件，用于显示商品中的最新商品和商品分类信息中包含的商品名称、商品数量信息，其中商品名称显示为超链接，通过单击商品名称可进入该分类的商品详细页面。在商品详细页面显示的信息有商品编号、商品名称、商品价格、商品库存数量，同时显示一个购买按钮以实现用户购买时跳转到购物车页面实现下单功能。

你目前还未登录区域显示用户登录的状态有普通用户登录和管理员登录，通过登录页面信息读取数据库信息来进行显示。

第5章 ASP.NET 常用内置对象与数据传递

在 ASP.NET 中内置大量用于获取服务器和客户端信息，进行状态管理，实现页面跳转和跨页传递数据的对象，使用这些对象可以方便地完成一些网站设计中常用的技术需要。本章主要介绍 ASP.NET 的常用对象，包括 Page 对象、Response 对象、Request 对象和 Server 对象。

5.1 Page 对象

Page 对象是由 System.Web.UI 命名空间中的 Page 类来实现的。Page 类与 ASP.NET 网页文件(.aspx)相关联。这些文件在运行时被编译成 Page 对象，并缓存在服务器中。

5.1.1 Page 对象常用属性

Page 对象的常用属性及基本功能如表 5.1 所示。

表 5.1　Page 对象的常用属性及基本功能

属性	基本功能
Controls	获取 ControlsCollection 对象，该对象表示 UI(User Interface，用户接口)层结构中指定服务器控件的子控件
IsPostBack	该属性返回一个逻辑值，表示页面是为响应客户端回发而再次加载，false 表示首次加载而非回发
IsValid	该属性返回一个逻辑值，表示页面是否通过验证
EnableViewState	获取或设置一个值，用来指示当前页请求结束时，是否保持视图状态
Validators	获取请求的页上包含的全部验证空间的集合

在访问 Page 对象的属性时，可以使用关键字 this。例如，Page.IsValid 可以写成 this.Page.IsValid，关键字 this 表示当前的意思。

Page 对象的 IsPostBack 属性是最常用的属性之一，它用于获取一个值，该值指示当前页面是否正为响应客户端回发而加载，其值为 false，表示页面是首次加载，常在页面的加载事件中进行判断，代码如下。

```
protected void Page_Load(object sender, EventArgs e)
        {
            if (!IsPostBack)
            {
                lblMessage.Text = "这是初次加载页面！";
            }
            else
            {
                lblMessage.Text = "服务器回发网页产生的刷新！";
            }
        }
```

5.1.2　Page 对象常用事件和方法

1．Page 对象常用事件

Page 对象的常用事件及基本功能如表 5.2 所示。

表 5.2　Page 对象的常用事件及基本功能

事件	基本功能
Init	当服务器控件初始化时发生，这是控件生成周期的第一步
Load	当服务器控件加载到 Page 对象上时触发的事件
Unload	当服务器控件从内存中卸载时发生

2. Page 对象常用方法

Page 对象的常用方法及基本功能如表 5.3 所示。

表 5.3　Page 对象的常用方法及基本功能

方法	基本功能
DataBind	将数据源绑定到被调用的服务器控件及所有子控件
FindControl(id)	在页面上搜索标识符为 id 的服务器控件，返回值为找到的控件，若控件不存在，则返回 NULL
ParseControl(content)	将 content 指定的字符串解释成 Web 窗体页面或用户控件的构成控件，该方法返回值为生成的控件
RegisterClienScripBlock	向页面发出客户端脚本块
Validate	指示页面中所有验证控件进行验证

5.1.3　Web 窗体页面的生成周期

Web 窗体页面的生成周期是 Web 窗体页，从生成到消亡所经历的各个阶段，以及在各阶段执行的方法、使用的消息、保持的数据、呈现的状态。

Web 页面的生成周期及各阶段执行的内容如下。

(1) 初始化：触发 Page 对象的 Init 事件，执行 OnInit 方法。该阶段在 Web 窗体的生成周期内仅此一次。

(2) 加载视图状态：执行 LoadViewState 方法，从 ViewState 属性中获取上一次的状态，并按照页面的控件树结构，用递归来遍历整个控件树，将对应的状态恢复到每个控件上。

(3) 处理回发数据：执行 LoadPostData 方法，用来检索客户端发回的控件数据的状态是否发生了变化。

(4) 加载：触发 Load 事件，执行 Page_Load 方法，每次回发，触发一次 Load 事件，在 Web 窗体的生命周期内可能多次出现。

(5) 预呈现：处理在最终呈现之前所做的各种状态的更改。在呈现一个控件之前，必须根据它的属性来产生页面中包含的各种 HTML 标记。

(6) 保存状态：将当前页面状态写入 ViewState 属性。

(7) 呈现：将页面中对应的 HTML 代码写入最终响应的流中。

(8) 处置：执行 Dispose 方法，释放占用的系统内存等。

(9) 卸载：触发 UnLoad 事件，执行 OnUnLoad 方法，以处理 Web 窗体在消亡前的最后处理。

5.2 Response 对象

Response 对象是从 System.Web 命名空间中的 HttpResponse 类中派生出来的。当用户访问应用程序时，系统会根据用户的请求信息创建一个 Response 对象，该对象被用于回应客户端浏览器，告诉浏览器回应内容的报头、服务器的状态信息及输出指定的内容等。

5.2.1 Response 对象常用属性和方法

1. Response 对象常用属性

Response 对象的常用属性及基本功能如表 5.4 所示。

表 5.4 Response 对象的常用属性及基本功能

属性	基本功能
Cache	获取 Web 页的缓存策略(过期时间、保密性、变化子句)
Charset	获取或设置输出流的 HTTP 字符集
ContentEncoding	获取或设置输出流的 HTTP 字符，该属性值是包含有关当前响应的字符集信息的 Encoding 对象
ContentType	获取或设置输出流的 HTTP MIME 类型，默认值为 text/html
Cookies	获取响应 Cookie 集合，通过该属性可将 Cookie 信息写入客户端浏览器
Expires	获取或设置在浏览器上缓存的页面过期之前的分钟数，若用户在页面过期之前返回该页，则显示缓存版本
ExpirseAbsolute	获取或设置从缓存移除缓存信息的绝对日期和时间
IsClientConnected	获取一个值，通过该值指示客户端是否连接在服务器上

2. Response 对象常用方法

Response 对象的常用方法及基本功能如表 5.5 所示。

表 5.5　Response 对象的常用方法及基本功能

方法	基本功能
ClearContent	清除缓冲区流中的所有内容输出
End	将当前所有缓冲的输出发送到客户端，停止该页执行，并引发 EndRequest 事件
Redirect(URL)	将客户端浏览器重定向到 URL 指定的目标位置
Write(string)	将信息写入 HTTP 输出内容流，参数 string 表示要写入的内容
WriteFile(filename)	将 filename 指定的文件写入 HTTP 内容输出流

5.2.2　使用 Response 对象输出信息到客户端

在设计ASP.NET 页面程序时，经常会用 Response 对象的 Write 方法或 WriteFile 方法将信息写入 HTTP 流，并显示到客户端浏览器。

1．Write 方法

Write 方法的基本语法如下。

```
Response .Write (string);
```

其中，参数 string 表示希望输出到HTTP 流的字符串，string 可以是字符串常量或变量，还可以是用于修饰输出信息的 HTTP 标记或脚本(脚本是指在网页上弹出一个对话框，字符串常量或变量、修饰输出信息在网页上输出)。

【例题 5.1】运用 Response 对象的 Write 方法向浏览器输出信息，包括字符串信息、系统日期信息、访问超链接信息、弹出网页对话框，效果如图 5.1 所示。

例题 5.1

图 5.1　运用 Response 对象的 Write 方法向浏览器输出信息

实现步骤：

(1) 前台页面设计。启动 Visual Studio 2013，创建 Capter5_1 解决方案，并在解决方案下添加 CourseStudy.aspx 页面，在页面的 DIV 层中添加标签，同时设计页面的显示样式。

(2) 后台功能逻辑设计。在页面加载事件中，判断是否是首次加载，同时调用 Response 对象的 Write 方法实现向浏览器输出信息，后台设计代码如下。

```
namespace Capter5_1
{
    public partial class CourseStudy : System.Web.UI.Page
    {
        protected void Page_Load(object sender, EventArgs e)
        {
            if (!IsPostBack)
            {
                lblMessage.Text = "这是初次加载页面！";
            }
            else
            {
                lblMessage.Text = "服务器回发网页产生的刷新！";
            }
            Response.Write("欢迎访问我的网站！"+"<br>"); //在浏览器上输出字符串
                                                         //在页面上输出系统的日期
            Response.Write(DateTime.Now.ToLongDateString() + "<br>"); //向浏览器写入带有超链接
                                                                    的文本信息
            Response.Write(" <a href ='https://www.baidu.com/'>访问百度</a> <br><br>");
            Response.Write("<script>alert('用户登录成功！')</script>");
        }
    }
}
```

(3) 运行程序。按 F5 功能键，或者在页面设计源视图界面右击，在弹出的菜单中执行“在浏览器中查看”命令，程序运行效果如图 5.1 所示。

2．WriteFile 方法

使用 Response 对象的 WriteFile 方法可以将指定的文件内容直接写入 HTML 输出流，其基本语法格式如下。

```
Response.WriteFile(filename);
```

其中，filename 参数用于说明文件的名称及路径。在使用 WriteFile 方法将文件写入 HTML 流之前，应使用 Response 对象的 ContentType 属性说明文件的类型或标准 MIME 类型。

5.2.3　使用 Redirect 方法实现页面跳转

Response 对象的 Redirect 方法用于将客户端重定向到新的 URL，实现页面跳转。Redirect 方法的基本语法格式如下。

```
Response.Redirect("CourseStudyMain.aspx?name="+myName ) ;
```

其中，CourseStudyMain.aspx 字符串表示新的目标 URL 地址；“?”实现页面间参数的传递；name 表示传递到 URL 页面的变量值，也称为“查询字符串”，目标页面可通过 Request 对象的 QueryString 属性读取“查询字符串”name 的值；myName 是查询字符串的具体值。

【例题 5.2】设计一个用户登录页面和一个课程学习主页面。基本功能：在用户登录页面和用户名框、密码框中输入用户名 Admin、密码 123456，单击“登录”按钮，则跳转到课程学习主页面并显示登录的用户名信息为“登录的用户名是：Admin”。登录页面用户名数据传递到课程学习主页面如图 5.2 所示。

例题 5.2

用户登录	
用户名：	Admin
密码：	123456
登录	

登录的用户名是：Admin

图 5.2　登录页面用户名数据传递到课程学习主页面

实现步骤：

(1) 前台页面设计。创建 Capter5_2 解决方案。在解决方案下分别添加 UserLogin.aspx 页面、CourseStudyMain.aspx 页面。在 UserLogin.aspx 页面 DIV 层中设计 table 表格，在表格的行列单元格中设计两个标签、两个文本框、一个按钮；在 CourseStudyMain.aspx 页面上设计一个标签，同时设计页面样式。

(2) 后台功能逻辑代码设计。用户登录页面 UserLogin.aspx 中“登录”按钮的代码设计如下。

```
namespace Capter5_2
{
    public partial class UserLogin : System.Web.UI.Page
    {
        protected void Page_Load(object sender, EventArgs e)
        {

        }

        protected void btnLogin_Click(object sender, EventArgs e)
        {
            string myName = txtName.Text;
            if (txtName.Text == "Admin" && txtPwd.Text == "123456")
            {
                Response.Redirect("CourseStudyMain.aspx?name="+myName );
            }

        }
    }
}
```

在 CourseStudyMain.aspx 页面中加载事件设计代码如下。

```
namespace Capter5_2
{
    public partial class CourseStudyMain : System.Web.UI.Page
    {
        protected void Page_Load(object sender, EventArgs e)
```

```
            {
                string name = Request.QueryString["name"];
                lblMessage.Text = "登录的用户名是：" + name;
            }
        }
    }
```

(3) 运行程序。按 F5 功能键，或者在页面设计源视图界面右击，在弹出的菜单中执行“在浏览器中查看”命令，程序运行效果如图 5.2 所示。

5.3 Request 对象

Request 对象主要用于获取客户端浏览器的信息。例如，使用 QueryString 属性可以接收用户通过 URL 地址中“？”传递给服务器的数据；使用 Request 对象的 UserHostAddress 属性可获得用户的 IP 地址；使用 Request 对象的 Browser 属性集合中的成员可以读取客户端浏览器的各种信息(如用户使用浏览器的名称及版本、客户机使用的操作系统、是否支持 HTML 框架、是否支持 Cookie 等)；使用 Form 属性可以获取 HTML 表单数据。

5.3.1 Request 对象常用属性

Request 对象的常用属性及基本功能如表 5.6 所示。

表 5.6　Request 对象的常用属性及基本功能

属性	基本功能
Browser	获取正在请求的客户端的浏览器功能信息。该属性实际上是 Request 对象的一个子对象，包含有很多用于返回客户端浏览器信息的子属性
ContentLength	指定客户端发送的内容长度(以字节为单位)
FilePath	获取当前请求的虚拟路径
Cookies	获取客户端发送的 Cookies 数据
Form	获取客户端利用 POST 方法传递的数据
QueryString	获取客户端利用 GET 方法传递的数据(以“键/值”对表示的 HTTP 查询字符串变量的集合)
Headers	获取 HTTP 头集合
HttpMethod	获取客户端使用 HTTP 数据传输的方法(如 GET、POST 或 HEAD)
RawUrl	获取当前请求的原始 URL
UserHostAddress	获取当前正在访问客户端的 IP 主机地址
UserHostName	获取当前正在访问客户端的 DNS 名称

Request 对象属性中包括 4 种常见的数据集合，分别是 QueryString 集合、Form 集合、Cookies 集合、ServerVariables 集合。引用集合的基本语法格式如下。

```
Request .集合名 ("变量名");
```

1. 获取客户端提交的表单数据

客户端通过 HTTP 的 Form 表单向服务器提交数据，通常有 GET 方法和 POST 方法。当客户端使用 GET 方法提交数据时，服务器通过 QueryString 集合获取数据；当客户端有大量信息需要输入时，可使用 POST 方法提交数据，服务器通过 Form 集合获取数据。

GET 方法将表单数据作为参数直接附加到 URL 地址的后面，附加参数和 URL 地址之间用“？”连接。

URL 地址后附加参数基本语法格式如下。

```
URL?Variable=value;
URL?Variable1=value1& Variable2=value2;
```

其中，Variable 是通过 HTTP 传递过来的变量名或 GET 方式提交的表单变量，当有多个参数时，则以“&”符号连接。

服务器获取数据时就通过 QueryString 集合来读出，其基本语法格式如下。

```
Request.QueryString("Variable");
```

POST 方法提交数据，服务器就通过 Form 集合来读出用户输入的信息，其基本语法格式如下。

```
Request.Form("Variable");
```

2. 读取保存在 Cookies 中的信息

若要从用户客户端 Cookies 中读取数据，则需要使用 Request 对象的 Cookies 集合，其基本语法格式如下。

```
Request.Cookies["Cookies 名称"];
```

5.3.2 Request 对象常用方法

Request 对象的常用方法及基本功能如表 5.7 所示。

表 5.7 Request 对象的常用方法及基本功能

方法	基本功能
MapPath	将请求的 URL 中的虚拟路径映射到服务器上的物理路径
GetType	获取当前对象的类型
SaveAs	将当前 HTTP 请求保存到磁盘中
ToString	将当前对象转换为字符串

【例题 5.3】应用 Request 对象的 Browser 属性获取客户端浏览器的信息。客户端浏览器信息如图 5.3 所示。

例题 5.3

当前使用的浏览器信息

浏览器的名称及版本：Firefox98
浏览器的类型：Firefox
浏览器的版本号：98.0
客户端使用的操作系统：WinNT
是否支持HTML框架：True
是否支持JavaScript：True
是否支持Cookies：True
是否支持Activex控件：False

图 5.3　客户端浏览器信息

实现步骤：

(1) 前台页面设计。启动 Visual Studio 2013，创建 Capter5_3 解决方案，添加 CourseStudyMain.aspx 网页，并定义<body>样式，页面设计代码如下。

```
<body style ="font-size :23px;font-family :隶书;text-align :left ;background-color :#FFFFCC ;width :400px;margin :auto;margin-top :100px">
    <form id="form1" runat="server">
    </form>
</body>
```

(2) 后台功能逻辑代码设计。在解决方案资源管理器中单击CourseStudyMain.aspx.cs 文件，进入后台页面代码设计区，在页面加载事件框架中编写代码如下。

```
namespace Capter5_3
{
    public partial class CourseStudyMain : System.Web.UI.Page
    {
        protected void Page_Load(object sender, EventArgs e)
        {
            Response.Write("当前使用的浏览器信息<hr>");
            Response.Write("浏览器的名称及版本：" + Request.Browser.Type + "<br/>");
            Response.Write("浏览器的类型：" + Request.Browser.Browser + "<br/>");
            Response.Write("浏览器的版本号：" + Request.Browser.Version + "<br/>");
            Response.Write("客户端使用的操作系统：" + Request.Browser.Platform + "<br/>");
            Response.Write("是否支持 HTML 框架：" + Request.Browser.Frames + "<br/>");
            Response.Write("是否支持 JavaScript：" + Request.Browser.JavaScript.ToString() + "<br/>");
            Response.Write("是否支持 Cookies：" + Request.Browser.Cookies + "<br/>");
            Response.Write("是否支持 Activex 控件：" + Request.Browser.ActiveXControls + "<br/>");
            Response.Write("<hr>");
        }
    }
}
```

(3) 运行程序。按 F5 功能键，或者在页面设计源视图界面右击，在弹出的菜单中执行“在浏览器中查看”命令，程序运行效果如图 5.3 所示。

5.3.3 通过查询字符串实现跨页数据传递

Request 对象的 QueryString 属性用于接收来自用户请求 URL 地址中的“？”后面的数据，通常将这些数据称为“查询字符串”或“URL附加信息”，常被用来在不同网页间传递数据。

使用 Response 对象的 Redirect 属性可以同时传递多个参数，其基本语法格式如下。

```
Response .Redirect ("目标网页文件名?Var1="+Value1+"&Var2="+Value2);
```

在目标网页中使用 Request 对象的 QueryString 属性接收参数，例如，在传递参数语法中有 2 个参数，则接收参数的基本语法格式如下。

```
string strinName1 = Request.QueryString["Var1"];
string strinName2 = Request.QueryString["Var2"];
```

【例题 5.4】应用查询字符串实现跨页传递数据。基本功能：设计一个用户注册页面，如图 5.4(a)所示，一个显示用户注册信息页面，如图 5.4(b)所示。程序运行效果如图 5.4 所示。

例题 5.4

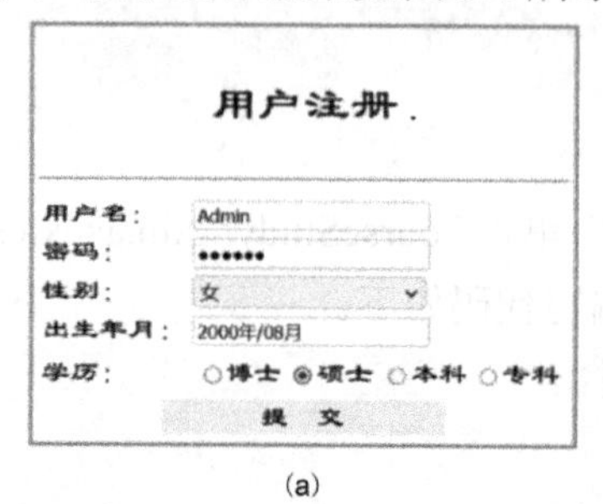

(a)

你注册的信息如下

你注册的姓名是：Admin
你注册的密码是：123456
你注册的性别是：女
你的出生日期是：2000年/08月
你注册的学历是：硕士

(b)

图 5.4　程序运行效果

实现步骤：

(1) 前台页面设计。启动 Visual Studio 2013，创建 Capter5_4 解决方案，添加 UserRegister.aspx 用户注册页面、DisplayMessage.aspx 显示注册信息页面。

UserRegister.aspx 用户注册页面设计思路：在 DIV 层中设计一个表格 table，该表格只有一行一列，同时设计表格的样式；在表格的列中再设计一个表格 table，该表格多行多列，同时也设计每列的样式，前台页面设计代码如下。

```
<body style ="font-family :隶书;font-size :20px">
    <form id="form1" runat="server">
    <div style ="width:400px; margin :auto ;margin-top :100px;">
    <table    style ="border:double;border-color :red ">
        <tr>
            <td>
                <p style ="text-align :center ;font-size :33px; font-weight :300">用户注册</p><hr />
                <table >
                    <tr>
                        <td>用户名：</td><td>
                    <asp:TextBox ID="txtName" runat="server" Width="160px"></asp:TextBox></td>
```

```
                    </tr>
                    <tr><td>密码：</td><td>
                        <asp:TextBox ID="txtPwd" runat="server" TextMode ="Password" Width=
                            "160px"></asp:TextBox></td></tr>
                    <tr><td>性别：</td>
                        <td>
                            <asp:DropDownList ID="ddlSex" runat="server" Width="165px">
                                <asp:ListItem>男</asp:ListItem>
                                <asp:ListItem>女</asp:ListItem>
                            </asp:DropDownList></td>
                    </tr>
                    <tr><td>出生年月：</td><td>
                        <asp:TextBox ID="txtBirthday" runat="server" Width="160px"></asp:
                            TextBox></td></tr>
                    <tr><td>学历：</td><td>
                        <asp:RadioButtonList ID="rblEducation" runat="server" RepeatDirection=
                            "Horizontal">
                            <asp:ListItem>博士</asp:ListItem>
                            <asp:ListItem>硕士</asp:ListItem>
                            <asp:ListItem>本科</asp:ListItem>
                            <asp:ListItem>专科</asp:ListItem>
                        </asp:RadioButtonList></td></tr>
                    <tr><td colspan="2" style ="text-align :center">
                        <asp:Button ID="btnSubmit" runat="server" Text="提　交" Width="200px"
                            BorderStyle="None" Font-Size ="20px" Font-Names ="隶书" OnClick=
                            "btnSubmit_Click" /></td></tr>
                </table>
            </td>
        </tr>
    </table>
    </div>
    </form>
</body>
```

DisplayMessage.aspx 显示注册信息页面较简单，只在 DIV 层中设计一个显示信息的标签，同时设计<body>的样式。

(2) 后台功能代码设计。在用户注册设计视图页面，双击“提交”按钮，进入“提交”事件代码设计编辑区，后台功能逻辑代码设计如下。

```
namespace Capter5_4
{
    public partial class UserRegister : System.Web.UI.Page
    {
        protected void Page_Load(object sender, EventArgs e)
        {

        }
```

```
        protected void btnSubmit_Click(object sender, EventArgs e)
        {
            //获取注册页面的信息
            string name = txtName.Text;
            string pwd = txtPwd.Text;
            string birthday = txtBirthday.Text;
            string sex = ddlSex.SelectedItem.ToString();
            string education = rblEducation.SelectedValue.ToString();
            //通过 Response 对象 Redirect 属性完成页面数据传递
            Response.Redirect("DisplayMessage.aspx?Mname=" + name + "&Mpwd=" + pwd +
                      "&Mbirthday=" + birthday + "&Msex=" + sex + "&Meducation=" + education);
        }
    }
}
```

DisplayMessage.aspx 显示注册信息页面加载事件代码设计如下。

```
namespace Capter5_4
{
    public partial class DisplayMessage : System.Web.UI.Page
    {
        protected void Page_Load(object sender, EventArgs e)
        {
            string myName = Request.QueryString["Mname"];
            string myPwd = Request.QueryString["Mpwd"];
            string myBirthday = Request.QueryString["Mbirthday"];
            string mySex = Request.QueryString["Msex"];
            string myEducation = Request.QueryString["Meducation"];
            lblMessage.Text += "你注册的信息如下"+"<br/>";
            lblMessage.Text += "<hr>" + "<br/>";
            lblMessage.Text += "你注册的姓名是：" + myName + "<br/>";
            lblMessage.Text += "你注册的密码是：" + myPwd   + "<br/>";
            lblMessage.Text += "你注册的性别是：" + mySex   + "<br/>";
            lblMessage.Text += "你的出生日期是：" + myBirthday  + "<br/>";
            lblMessage.Text += "你注册的学历是：" + myEducation  + "<br/>";
        }
    }
}
```

(3) 运行程序。在 UserRegister.aspx 用户注册页面中右击，执行“在浏览器中查看”命令，效果如图 5.4(a)所示，输入相关信息数据后，单击“提交”按钮，页面跳转到 DisplayMessage.aspx 显示用户注册信息页面并显示效果，如图 5.4(b)所示。

5.4 Server 对象

Server 对象派生 HttpServerUtility 类，该对象提供了访问服务器的一些属性和方法，帮助程序判断当前服务器的各种状态。

5.4.1　Server 对象的常用属性和方法

Server对象的常用属性有：ScriptTimeout 属性，用于获取或设置请求超时的时间(秒)；MachineName 属性，用于获取服务器的计算机名称。

Server 对象的常用方法及基本功能如表 5.8 所示。

表 5.8　Server 对象的常用方法及基本功能

方法	基本功能
Execute(path)	跳转到 path 指定的页面，在另一页面执行完毕后返回当前页
Transfer(path)	终止当前页面的执行，并为当前请求开始执行 path 指定的新页
MapPath(path)	返回与 Web 服务器上的指定虚拟路径(path)相对应的物理文件路径
HtmlEncode(str)	将字符中包含的 HTML 标记直接显示出来，而不是将其表现为字符串的格式
HtmlDecode(str)	对消除无效 HTML 字符而被编码的字符串进行编码(还原 HtmlEncode 的操作)
UrlDecode(str)	对 URL 字符串进行解码，该字符串为了进行 HTTP 传输而进行编码并在 URL 中发送到服务器
UrlEncode(str)	以便通过 URL 从 Web 服务器到客户端进行可靠的 HTTP 传输，对 URL 字符串(str)进行编码

5.4.2　Execute 方法和 Transfer 方法

Server 对象的 Execute 方法和 Transfer 方法都可以实现从当前页面跳转到另一页面。但需要说明的是：Execute 方法在新页面中的程序执行完毕后自动返回到原页面，继续执行后续代码；Transfer 方法在执行跳转后不再返回原页面，后面语句也永远不会被执行，但跳转过程中 Request、Session 对象中保存的信息不变。

Execute 方法和 Transfer 方法都是在服务器端执行，客户端浏览器并不知道已进行了一次页面跳转，所示浏览器地址栏中的 URL 仍然是原页面的数据，这一点与 Response 对象的 Redirect 方法实现的页面跳转是不同的。

Execute 方法的基本语法格式如下。

```
Server.Execute(url[,write]);
```

其中，参数 url 表示希望跳转到的页面路径；可选参数 write 是 StringWrite 或 StreamWrite 类型的变量，用于辅助跳转到的页面的输出信息。

Transfer 方法的基本语法格式如下。

```
Server.Transfer(url [,saveval]);
```

其中，参数 url 表示希望跳转到的页面路径；可选参数 saveval 是一个布尔型参数，用于指定在跳转到目标页面后，是否希望保存当前页面的QueryString和Form集合中的数据。值得注意的是，写在 Transfer 方法之后的任何语句都将永不被执行。

5.4.3 MapPath 方法

在 Web 应用程序执行时可能需要访问存放在服务器中的某一文件，此时需要将文件的虚拟路径转换成服务器对应的物理路径，这一转换工作是由 Server 对象的 MapPath 方法完成的。

MapPath 方法的基本语法格式如下。

```
Server.MapPath(虚拟路径);
```

在描述虚拟路径时，通常用符号“~/”表示网站根目录(相对虚拟路径)；使用符号“./”表示当前目录(相对虚拟路径)；使用“../”表示当前目录的上级目录(相对虚拟路径)。另外，也可以使用 Request 对象的 FilePath 属性返回当前页面的虚拟路径。

5.5 上机实验

1. 实验目的

通过上机实验进一步理解ASP.NET 状态管理和跨页面数据传递的基本原理及应用母版页、用户控件技术实现网站布局；熟练掌握 Response 对象、Request 对象、网站地图在网站开发的基本应用。

2. 实验要求

实验环境：操作系统在 Windows 7 以上，安装 Visual Studio 2013 以上版本的开发平台。

页面设计：网站标题、左边导航菜单、右边超链接、中间显示导航相应功能的编辑内容、底部为版权。要求采用母版页面技术保持各个页面风格的一致、网站地图和 SiteMapPath 控件显示导航。

3. 实验内容

设计一个网上书店管理系统主页面，如图 5.5 所示。

图 5.5　网上书店管理系统主页面

网上书店管理系统的基本功能要求如下。

(1) 由母版页面创建整个网站的所有网页，以保持网站页面风格的一致性。

(2) 左边的功能菜单有程序设计类图书、Web前端类图书、计算机工具类图书，各功能类菜单分别对应相应的页面，页面显示图书名及选购框，还能将选定的图书信息添加到购物车页面显示。

(3) 在所有页面操作过程中，要求显示网站地图信息。

(4) 单击“图书分类”｜“程序设计类图书”功能菜单，程序设计类图书页面效果如图5.6所示。

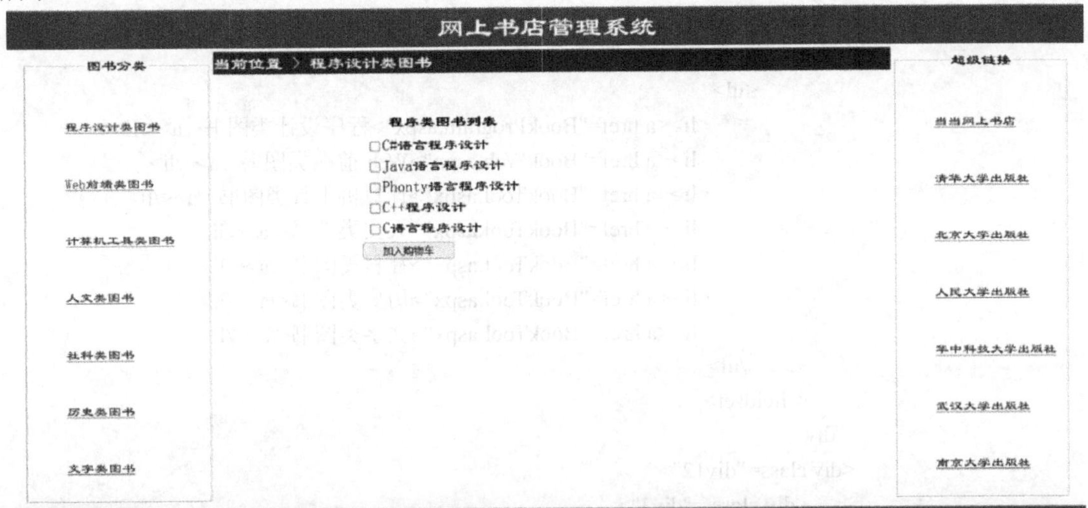

图5.6　程序设计类图书

(5) 在程序设计类图书页面中选中图书，单击“加入购物车”按钮，跳转到购物车页面并显示你选购的图书信息，如图5.7所示。

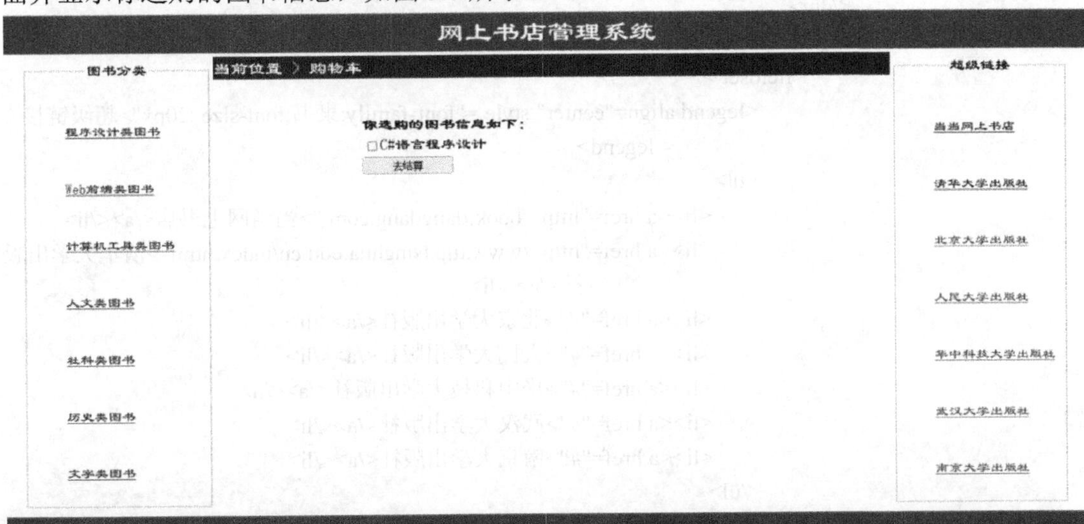

图5.7　购物车页面

4. 实验提示

(1) 设计网上书店母版页 BookMaster.Master，前台页面设计代码如下。

```
<body>
    <form id="form1" runat="server">
        <div>
            <div class="div0">网上书店管理系统</div>
            <div class="div1">
                <div class="div11">
                    <fieldset>
                        <legend align="center" style="font-family: 隶书; font-size: 20px"> 图书分
                                类</legend>
                        <ul>
                            <li><a href="BookProgram.aspx">程序设计类图书</a></li>
                            <li><a href="BookWeb.aspx">Web 前端类图书</a></li>
                            <li><a href="BookTool.aspx">计算机工具类图书</a></li>
                            <li><a href="BookTool.aspx">人文类图书</a></li>
                            <li><a href="BookTool.aspx">社科类图书</a></li>
                            <li><a href="BookTool.aspx">历史类图书</a></li>
                            <li><a href="BookTool.aspx">文字类图书</a></li>
                        </ul>
                    </fieldset>
                </div>
                <div class="div12">
                    <div class ="div3">
                        <asp:SiteMapPath ID="SiteMapPath1" runat="server"> </asp:SiteMapPath>
                    </div>
                    <asp:ContentPlaceHolder ID="EditArea" runat="server">
                    </asp:ContentPlaceHolder>
                </div>
                <div class="div13 ">
                    <fieldset >
                        <legend align="center" style ="font-family:隶书;font-size :20px">超级链接
                            </legend>
                        <ul>
                            <li><a href="http://book.dangdang.com/">当当网上书店</a></li>
                            <li><a href="http://www.tup.tsinghua.edu.cn/index.html">清华大学出版
                                    社</a></li>
                            <li><a href="#">北京大学出版社</a></li>
                            <li><a href="#">人民大学出版社</a></li>
                            <li><a href="#">华中科技大学出版社</a></li>
                            <li><a href="#">武汉大学出版社</a></li>
                            <li><a href="#">南京大学出版社</a></li>
                        </ul>
                    </fieldset>
```

```
                </div>
            </div>
            <div class="div0">底部版权信息</div>
        </div>
    </form>
</body>
```

(2) 网上书店母版页的样式文件，设计代码如下。

```
<style type="text/css">
        body {
            margin: 0;
            padding: 0;
        }
        .div0 {
            width: 100%;
            height: 50px;
            line-height: 50px;
            text-align: center;
            background-color: #006699;
            font-family: 隶书;
            font-size: 36px;
            color: white;
        }

        .div1 {
            width: 90%;
            height:600px;
            margin: auto;
            margin-top: 5px;
            margin-bottom: 5px;
        }

        .div11 {
            width: 18%;
            height: 600px;
            line-height:35px;
            background-color:#ffffff;
            float: left;
        }
        .div12 {
            width: 64.4%;
            height: 500px;
            margin-left:3px;
            float: left;
            margin-right:3px;
        }
        .div13 {
```

```
            width: 17%;
            height: 600px;
            list-style :none ;
            line-height :35px;
            background-color:#ffffff;
            float: left;
        }
        .div3{
            width :100%;
            background-color:#333366;
            height :30px;
            font-family:隶书;
            font-size :23px;
            line-height:30px;
            color :white;
        }
        ul li {
            margin-top: 40px;
            list-style: none;
            font-family: 隶书;
            font-size: 18px;

        }
    </style>
```

(3) 根据网上书店母版页生成程序设计类图书 BookProgram.aspx 页面，并在该页面下设计显示图书的信息，程序设计类图书页面设计代码如下。

```
<asp:Content ID="Content1" ContentPlaceHolderID="EditArea" runat="server">
    <div style ="width :500px;margin :auto ;margin-top:50px;font-family :隶书; font-size:20px">
        <table >
            <tr><th>程序类图书列表</th></tr>
            <tr>
                <td><asp:CheckBoxList ID="cblProgram" runat="server">
                    <asp:ListItem>C#语言程序设计</asp:ListItem>
                    <asp:ListItem >Java 语言程序设计</asp:ListItem>
                    <asp:ListItem >Python 语言程序设计</asp:ListItem>
                    <asp:ListItem >C++程序设计</asp:ListItem>
                    <asp:ListItem>C 语言程序设计</asp:ListItem>
                    </asp:CheckBoxList></td>
            </tr>
        </table>
        <asp:Button ID="btnAddCart" runat="server" Text="加入购物车" Width ="120px"
             OnClick="btnAddCart_Click" />
    </div>
</asp:Content>
```

(4) Web 前端类图书页面、计算机工具类图书页面、购物车页面参照程序设计类图书页面自行设计。

(5) 程序设计类图书页面的“加入购物车”按钮的逻辑代码设计如下。

```
protected void btnAddCart_Click(object sender, EventArgs e)
        {
            //将选购图书加入购物车，并在购物车页面中显示
            for (int i = 0; i < cblProgram.Items.Count; i++)
            {
                if (cblProgram.Items[i].Selected)
                {
                    //将用户选中的商品添加到 Session 变量 Cart 中，每个图书间用逗号隔开
                    Session["Cart"] = Session["Cart"] + cblProgram.Items[i].Text + ",";
                }
            }
            if (Session["Cart"] != null)
            {
                Response.Write("<script>alert('选择商品加入购物车')</script>");
            }
            //判断购物车是否为空，若不为空则跳转到查看购物车页面
            if (Session["Cart"] != null)
            {
                Response.Redirect("WebViewCart_查看购物车页面.aspx");
            }
            else
            {
                Response.Write("<script>alert('你的购物车是空的！ ')</script>");
            }
    }
```

(6) 购物车页面后台逻辑代码设计如下。

```
namespace Experiment5
{
    public partial class WebViewCart_查看购物车页面 : System.Web.UI.Page
    {
        protected void Page_Load(object sender, EventArgs e)
        {
            this.Title = "查看购物车";
            if (!IsPostBack)
            {
                string BookList = Session["Cart"].ToString();
                ArrayList BookName = new ArrayList();
                int Position = BookList.IndexOf(",");
                while (Position != -1)
                {
                    string Book = BookList.Substring(0, Position);
```

```
                    if (Book != "")
                    {
                        BookName.Add(Book);
                        BookList = BookList.Substring(Position + 1);
                        Position = BookList.IndexOf(",");
                    }
                    cblBookList.DataSource = BookName;
                    cblBookList.DataBind();
                    lblDisplay.Text = "<b>你选购的图书信息如下：</b>";
                }
            }
        }
    }
}
```

5. 实验拓展

查看购物车页面的“去结算”功能如何实现与支付宝、微信、银联对接，如何设计“去结算”页面来实现。

第 6 章 ASP.NET 状态管理

ASP.NET 是一种无状态网页连接机制，服务器处理客户端请求的网页后，与该服务器的连接就中断。客户端到服务器的每次往返都将销毁并重新创建网页，如果超出单个网页的生存周期，则网页中的信息将不复存在。也就是说，默认情况下，服务器不会保存客户端再次请求页面和本次请求之间的关系和相关数据。

状态管理指使用 ASP.NET 提供的 ViewState 对象、Cookie 对象或 Session 对象保存用户访问网页时产生的数据到必要的时间；Application 对象的主要作用是提供数据共享，即将某一用户访问网页时产生的数据共享给所有用户。

6.1 ViewState 对象

ViewState 对象是 ASP.NET 状态管理中常用的一个对象，其作用是保存 Web 页面信息及所含控件的值。

6.1.1 ViewState 对象概述

ViewState对象能较好处理 Web 程序执行时，用户在客户端浏览器填写的各种信息提交给服务器进行计算、处理，服务器处理完毕后的 Web 页面重新发给客户端这一过程。

Web 页面默认具有 form runat=server 特性，ASP.NET 会自动在输出时给页面添加一个隐含字段。打开一个 aspx 页面后，在浏览器中右击，在弹出的快捷菜单中单击“查看源”按钮，即可看到服务器转换成 HTML 格式的页面源代码，包含在 Web 页中的 ViewState 隐含字段及其值如图 6.1 所示。

```
<html xmlns="http://www.w3.org/1999/xhtml">
<head><meta http-equiv="Content-Type" content="text/html; charset=utf-8" /><title>

</title></head>
<body>
    <form method="post" action="./WebForm1.aspx" id="form1">
<div class="aspNetHidden">
<input type="hidden" name="__VIEWSTATE" id="__VIEWSTATE" value="T2xn4LGzJmcr1AutG2ZhPH5IRRpNRr5Jtz9ETpZcV0wjI+4
</div>

    <div>
    <table >
        <tr><td>用户名：</td>
            <td>
                <input name="TextBox1" type="text" id="TextBox1" /></td>
        </tr>
    </table>
    </div>
```

图 6.1　包含在 Web 页中的 ViewState 隐含字段及其值

有了该隐含字段，页面中其他所有的控件状态，包括页面本身的一些状态都可保存到该隐含值中，每次页面提交时会一起提交给服务器。当服务器将处理完毕的页面回发给客户端时，ASP.NET 会根据该值将页面恢复到各个控件提交前的状态。

ViewState 隐含字段值是 ASP.NET 页面中各个控件和页面状态保存在适当的对象中，将其序列化后，再做一次 Base64 编码。

6.1.2　ViewState 对象使用

1．启用或禁用 ViewState 对象

启用或禁用 Viewstate 对象保存某控件的信息，可以通过设置该控件的 EnableViewState 属性来实现。该属性指示服务器控件是否向发出请求的客户端保存自己的视图状态及所包含的任何子控件的视图状态，如果允许控件维护自己的视图状态，则应设置为 true(默认值)，否则，应设置为 false。

2．ViewState 对象使用

ViewState 对象以“键/值对”的方式保存控件的名称和对应的值，以便在回发时还原控件的原始状态。对于控件的值是保存还是回发时恢复，可由系统自动完成。如果用户希望将一些特殊的数据保存到 ViewState 对象中，则可使用 ViewState 对象的 Add 方法，其基本语法格式如下。

```
ViewState.Add(键名称,值);
```

从 ViewState 中读取值的基本语法格式如下。

```
ViewState[键名称];
```

【例题 6.1】设计一个页面来体验 ViewState 对象的使用。基本功能：程序运行后，在页面文本框中输入一串字符，单击“ViewState 保存”按钮，保存文本框输入的字符串，并弹出提示对话框，如图 6.2(b)所示；单击“ViewState 读取”按钮，输入文本框的信息，将从 ViewState 对象保存的数据显示到页面标签处，如图 6.2(c)所示。ViewState 保存和读取数据，如图 6.2 所示。

例题 6.1

图 6.2　ViewState 保存和读取数据

实现步骤：

(1) 前台页面设计。启动 Visual Studio 2013，创建 Capter6_1 解决方案，添加默认

WebForm1.aspx 页面，页面设计效果如图 6.2(a)所示，前台页面设计代码如下。

```
<html xmlns="http://www.w3.org/1999/xhtml">
<head runat="server">
<meta http-equiv="Content-Type" content="text/html; charset=utf-8"/>
    <title></title>
</head>
<body style="width:300px; margin :auto ; margin-top :100px; font-family   :隶书;font-size :18px">
    <form id="form1" runat="server">
    <div>
        输入字符串：
        <asp:TextBox ID="txtMessage" runat="server"></asp:TextBox><br />
        <asp:Label ID="lblMessage" runat="server" Text="Label"></asp:Label><br />
        <asp:Button ID="btnSave" runat="server" Text="ViewState 保存" Width="130px"
                                        Font-Names ="隶书" Font-Size ="18px" />
        <asp:Button ID="btnRead" runat="server" Text="ViewState 读取" Width="130px"
                                        Font-Names ="隶书"   Font-Size ="18px" />
    </div>
    </form>
</body>
</html>
```

(2) 后台功能逻辑代码设计。在页面的设计视图界面，分别单击“ViewState 保存”“ViewState 读取”按钮，进入后台功能代码设计界面，后台设计逻辑代码如下。

```
namespace Capter6_1
{
    public partial class WebForm1 : System.Web.UI.Page
    {
        protected void Page_Load(object sender, EventArgs e)
        {

        }

        protected void btnSave_Click(object sender, EventArgs e)
        {
            if (string.IsNullOrEmpty(txtMessage.Text))   //判断文本框是否输入字符串
            {
                Response.Write("<script>alert('请填写需要保存的数据！')</script>");
                return;
            }
            //判断键名 myString 的对象不存在，则创建该对象并赋值
            if (ViewState["myString"] == null)
            {
                ViewState.Add("myString", txtMessage.Text);
                Response.Write("<script>alert('保存数据成功！')</script>");
            }
            else
```

```
            {
                ViewState["mySring"] = txtMessage.Text;
                Response.Write("<script>alert('保存数据存在，请重新赋值！')</script>");
            }
        }

        protected void btnRead_Click(object sender, EventArgs e)
        {
            if (ViewState["myString"] != null) //若键名为 myString，对象存在
            {
                lblMessage.Text = ViewState["myString"].ToString();
            }
            else
            {
                lblMessage.Text = "查看 ViewState 对象的数据不存在！";
            }
        }
    }
}
```

(3) 运行程序。按 F5 功能键，或者在页面源视图界面右击，执行“在浏览器中查看”命令，程序运行结果如图 6.2 所示。

6.2 Cookie 对象

6.2.1 Cookie 对象概述

Cookie 是由服务器发送给客户端浏览器，并保存在客户端浏览器上的一些记录用户数据的文本文件。当用户访问网站时，Web 服务器会发送一小段资料存放在客户端浏览器上，这段资料指的是用户所打开的网页内容及在页面中进行的各种操作，当用户下次访问同一网站时(但可以是不同的网页)，Web 服务器会首先查找客户端浏览器上是否存在上一次访问网站时留下的 Cookie 信息，若有，则根据具体的 Cookie 信息发送特定的网页给用户。

在保存用户信息和维护浏览器状态时，Cookie 是一种很好的方法。例如，将用户登录页面中的用户名、密码信息存放在 Cookie 中，可以避免每次访问网页时都要输入用户名和密码的问题。

在网站开发过程中普遍使用 Cookie 技术，通过 Cookie 信息来判断用户的身份，以便为用户定制个性化服务。为了保护用户的基本权益，大多数浏览器对 Cookie 的大小进行了限制，一般 Cookie 最大不超过 4096B。除此之外，一些浏览器还限制了每个网站在客户机上保存的 Cookie 数量不超过 20 个，若超过，则最早期的 Cookie 会被自动删除。

另外，用户还可以自行设置计算机使其拒绝接受由被访问发送的 Cookie 数据。当用户关闭 Cookie 功能后，可能会导致很多网站的个性服务不能使用，甚至会出现打开网页错误的现象。

6.2.2　Cookie 对象使用

1. Cookie 对象常用属性和方法

Cookie 对象的常用属性有：Name 属性，用于设置或获取 Cookie 的名称；Value 属性，用于设置或获取 Cookie 的值；Expires 属性，用于设置 Cookie 变量的有效时间，默认 1000 分钟。

Cookie 对象的常用方法有：Add 方法，添加一个 Cookie 变量，语法格式为 Response.Cookies.Add (变量名)；Clear 方法，清除 Cookie 集合内的变量；Remove 方法，通过 Cookie 变量名或索引删除 Cookie 对象。

2. 创建 Cookie

浏览器负责管理客户机上的 Cookie，而 Cookie 需要通过 Response 对象发送到浏览器，发送前需要将 Cookie 添加到 Cookies 集合中。

Cookie 有名称、值和有效期 3 个重要参数。如果没有设置 Cookie 的有效期，虽然它仍可被创建，但不会被 Response 对象发送到客户端，而是将其作为用户会话的一部分进行维护，当用户关闭浏览器时，该 Cookie 将被释放。这种非永久性的 Cookie 非常适合用来保存只需要短暂保存或由于安全原因不能保存在客户机上的信息。

创建 Cookie 的语法格式如下。

```
Response.Cookies["名称"].Value= 字符串值;
```

设置 Cookie 有效期的语法格式如下。

```
Response.Cookies["名称"].Expires=到期时间
```

3. 读取 Cookie

使用 Request 对象的 Cookies 属性可以读取保存在客户机上指定 Cookie 的值，语法格式如下。

```
变量=Request.Cookies["名称"].Value;
```

说明：

任何一个 Cookie 一旦过期或被用户从客户机上删除，读取 Cookie 值时语句都会出错。因此，通常在读取前应判断目标 Cookie 是否还存在。

4. 使用多值 Cookie

对于同一网站，客户端存储的 Cookie 数量最多不超过 20 个，若需要存储较多的数据可使用多值 Cookie。

创建一个名为 Person 的 Cookie 集合，其中有姓名 Name、性别 Sex、出生年月 Birthday、家庭地址 Address 4 个属性，对浏览器来说，其只相当于一条 Cookie。代码如下。

```
Response.Cookies["Person"]["P_name"] = "王伟";
```

```
Response.Cookies["Person"]["P_sex"] = "男";
Response.Cookies["Person"]["P_birthday"] = "2000/08/20";
Response.Cookies["Person"]["P_address"] = "湖北武汉";
```

可用下列语句从多值的 Cookie 中读取数据。

```
string name = Request.Cookies["Person"].Values[0];
string sex = Request.Cookies["Person"].Values[1];
string birthday = Request.Cookies["Person"].Values[2];
string address = Request.Cookies["Person"].Values[3];
```

或者像读取单个值那样读取 Cookie 中的数据，语句如下。

```
string name = Request.Cookies["Person"]["P_name"].ToString();
string sex = Request.Cookies["Person"]["P_sex"].ToString();
string birthday = Request.Cookies["Person"]["P_birthday"].ToString();
string address = Request.Cookies["Person"]["P_address"].ToString();
```

【例题 6.2】使用 Cookie 设计一个用户注册管理程序。基本功能：用户注册成功后 10 分钟内不能再次注册一个新用户，用户注册页面如图 6.3(a)所示；当完成页面信息注册后，单击“提交”按钮，弹出“注册成功”对话框，在该对话中单击“确定”按钮，显示的注册信息如图 6.3(b)所示；若在规定时间内继续单击“提交”按钮，则弹出“在规定时间 10 分钟内不能连续注册”对话框，如图 6.3(b)所示。

例题 6.2

图 6.3　用户注册管理

实现步骤：

(1) 前台页面设计。启动 Visual Studio 2013，创建 Capter6_2 解决方案，添加 RegistManage.aspx 页面，前台页面设计代码如下。

```
<html xmlns="http://www.w3.org/1999/xhtml">
<head runat="server">
<meta http-equiv="Content-Type" content="text/html; charset=utf-8"/>
    <title></title>
</head>
<body style ="width :280px; margin :auto ;margin-top :150px;font-family :隶书;font-size :20px;">
    <form id="form1" runat="server">
```

```
    <div>
        <p style ="text-align :center; font-size :30px">用户注册</p><hr />
        <table >
            <tr><td>用户名：</td>
                <td>
                    <asp:TextBox ID="txtName" runat="server" ></asp:TextBox></td>
            </tr>
            <tr><td>密码：</td><td>
                <asp:TextBox ID="txtPwd" runat="server"></asp:TextBox></td></tr>
            <tr><td>性别：</td>
                <td>
                    <asp:RadioButtonList ID="rblSex" runat="server" RepeatDirection ="Horizontal">
                        <asp:ListItem >男</asp:ListItem>
                        <asp:ListItem >女</asp:ListItem>
                    </asp:RadioButtonList></td> </tr>
            <tr><td>出生年月：</td>
                <td>
                    <asp:TextBox ID="txtBirthday" runat="server"></asp:TextBox></td>
            </tr>
           <tr><td colspan ="2">
               <asp:Button ID="btnSubmit" runat="server" Text="提交" Width ="260px" Font-Names
                   ="隶书" Font-Size ="20px" OnClick="btnSubmit_Click" /></td></tr>
        </table>
        <asp:Label ID="lblMessage" runat="server" Text=""></asp:Label>
    </div>
    </form>
</body>
</html>
```

(2) 后台功能逻辑代码设计。将页面源视图切换到设计视图界面，单击“提交”按钮，进入后台提交按钮事件代码设计界面。服务器向客户端写入 Cookie，同时设置规定时间，客户端判断 Cookie 是否存在，若不存在，则创建，若存在，则说明在规定时间内有用户注册，但不能连续注册新用户。设计代码如下。

```
namespace Capter6_2
{
    public partial class RegistManage : System.Web.UI.Page
    {
        protected void Page_Load(object sender, EventArgs e)
        {

        }

        protected void btnSubmit_Click(object sender, EventArgs e)
        {
            //如果 Cookie 不存在，说明在 10 分钟内没有进行注册操作
            if (Request.Cookies["regist"] == null)
            {
```

```
                //创建一个 Cookie，或者向客户端写入 Cookie
                Response.Cookies["regist"].Value= "OK";
                //设置 Cookie 的有效时间
                Response.Cookies["regist"].Expires = DateTime.Now.AddMinutes(10);
                //注册的信息显示在 lblMessage 标签上
                lblMessage.Text += "用户注册的信息如下：" + "<br/>";
                lblMessage.Text += "姓名:" + txtName.Text + "<br/>";
                lblMessage.Text += "密码：" + txtPwd.Text + "<br/>";
                lblMessage.Text += "性别：" + rblSex.SelectedItem.ToString() + "<br/>";
                lblMessage.Text += "出生年月：" + txtBirthday.Text + "<br/>";
                Response.Write("<script>alert('注册成功！')</script>");
            }
            else
            {
                Response.Write("<script>alert('在规定时间 10 分钟内不能连续注册！')</script>");
            }
        }
    }
}
```

(3) 运行程序。在页面源视图界面右击，执行“在浏览器中查看”命令，显示结果如图 6.3(a)所示，在各页面对象中输入相关信息，单击“提交”按钮，弹出“注册成功”对话框，单击“确定”按钮，显示注册的信息。如果在 10 分钟内再次注册，则弹出“在规定时间 10 分钟内不能连续注册”对话框。

6.3 Session 对象

ViewState 对象只能保存当前页面中的数据，这些数据不能跨页使用，Cookie 对象可以跨页传递数据，但只能保存数据量较小、数据简单的页面。ViewState 和 Cookie 中保存的数据安全级别较低，在要求数据安全级别较高且跨页较多时，可以使用 ASP.NET 提供的 Session 对象。

6.3.1 Session 对象工作原理

当用户请求一个 ASP.NET 页面时，系统自动创建一个 Session(会话)，当退出应用程序或关闭服务器时，撤销该会话。系统在创建会话时将为其分配一个长长的字符串标识(SessionID)，以实现对会话进行管理和跟踪。SessionID 具有随机性和唯一性，保证会话不会冲突，也不会被怀有恶意的人利用新的 SessionID 推算出现有会话的 SessionID。SessionID 字符串中只包含 URL 中所允许的 ASCII 字符。

SessionID 存放在客户端的 Cookie 内，当用户访问 ASP.NET 网站中任何一个页面时，SessionID 将通过 Cookie 传递到服务器端，服务器根据 SessionID 的值对用户进行识别，以返回对应于该用户的 Session 信息。通过配置应用程序，可以在客户端不支持 Cookie 时将 SessionID 嵌入 URL 中，服务器可以通过请求的 URL 获得 SessionID 值。

Session 信息可以存放在 ASP.NET 进程、状态服务器或 SQL Server 数据库中，在默认情况下，Session 的生存周期为 20 分钟，可以通过 Session 的 Timeout 属性更改这一设置。在 Session 的生存周期内，Session 是有效的，超过这个时间 Session 会过期，此时，Session 对象会释放，其存储的信息将丢失。

6.3.2　Session 对象的常用属性和方法

1. Session 对象的常用属性

Session 对象的常用属性及基本功能如表 6.1 所示。

表 6.1　Session 对象的常用属性及基本功能

属性	基本功能
Count	获取 Session 对象集合中子对象的数量
IsCookieless	获取一个布尔值，表示 SessionID 存放在 Cookie 还是嵌套在 URL 中，true 表示嵌套在 URL 中
IsNewSession	获取一个布尔值，表示 Session 是否是与当前请求一起创建的，若是一起创建的，则表示是一个新会话
IsReadOnly	获取一个布尔值，表示 Session 是否为只读
SessionID	获取唯一标识 Session 的 ID
TimeOut	获取或设置 Session 对象的超时时间(以分钟为单位)

2. Session 对象的常用方法

Session 对象的常用方法及基本功能如 6.2 所示。

表 6.2　Session 对象的常用方法及基本功能

方法	基本功能
Add	将新项添加到 Session 集合中
Abandon	取消当前会话
Clear	从会话状态集合中移除所有的键和值
Remove	删除会话状态集合中的项
RemoveAll	删除会话状态集合中所有的项
RemoveAt(index)	删除会话状态集合中指定索引处的项

3. Session 对象的事件

Session 对象的常用事件有：Start 事件，在创建会话时发生；End 事件，在会话结束时发生。Session_End 事件只有在服务器重新启动，用户调用了 Session_Abandon 方法或未执行任何操作达到了 Session_Timeout 设置的值(超时)时才会触发。

6.3.3 Session 对象的使用

在 ASP.NET 中，使用 Session 对象的核心技术是如何将数据存入 Session 中，又如何从 Session 中读取数据。

1. 将数据保存到 Session 对象中

当用户第一次访问一个网站时，服务器就会为该用户建立一个 Session 对象，并分配一个 SessionID。创建一个 Session 对象和给 Session 变量赋值的语法是一样的。第一次给 Session 变量赋值即自动创建 Session 对象，以后再赋值就是修改其中的值。其基本语法格式如下。

```
Session["键名"]=值;
```

Session 对象有自己的有效期。在有效期内，如果客户端不再向服务器发出请求或刷新页面，该 Session 就会自动结束并释放占用资源，即 Session 变量的值被清空。通过 Timeout 属性可设置 Session 对象的超时时间。其基本语法格式如下。

```
Session.Timeout=时间分钟;
```

2. 从 Session 对象中读取数据

Session 对象所创建的变量是全局变量，在该用户访问的每个 Web 页面程序中都可以直接读取。其基本语法格式如下。

```
string   myStr=Session["键名"].ToString();
```

通常，可以将多个数据保存到 Session 对象中，保存时采用“键名”加以区分。读取时也是按“键名”来读取并保存到字符串变量中，或者直接赋给标签对象以显示。

【例题 6.3】设计一个用户登录页面、一个学习主页面。基本功能：在登录页面中输入的用户名和密码数据要求保存到 Session 中；在主页面中的标签处读取存在 Session 的数据信息。登录页面及学习主页面显示效果如图 6.4 所示。

例题 6.3

用户登录

用户名：Admin

密码：123456

登录

欢迎Admin访问我的网页

登录的用户名是：Admin

登录的密码是：123456

图 6.4　登录页面及学习主页面显示效果

实现步骤：

(1) 前台页面设计。启动 Visual Studio 2013，创建 Capter6_3 解决方案，添加 UserLogin.aspx 用户登录页面、StudyMain.aspx 学习主页面。

UserLogin.aspx 用户登录页面设计代码如下。

```
<body style ="width :260px; margin :auto ;margin-top :100px;font-family :隶书;font-size :23px">
    <form id="form1" runat="server">
    <div>
```

```
        <table >
            <tr style ="font-family :隶书 ; font-size :26px; text-align :center" > <th colspan ="2" >用户登录
                    </th></tr>
            <tr><td>用户名:</td>
                <td>
                    <asp:TextBox ID="txtName" runat="server" Width ="120px"></asp:TextBox></td>
            </tr>
            <tr><td>密码：</td><td>
                <asp:TextBox ID="txtPwd" runat="server" Width ="120px"></asp:TextBox></td></tr>
            <tr><td colspan ="2">
                <asp:Button ID="btnLogin" runat="server" Text="登录"   Width ="240px" Font-Names ="
                    隶书" Font-Size ="20px" OnClick="btnLogin_Click"/></td></tr>
        </table>
        </div>
        </form>
</body>
```

StudyMain.aspx 学习主页面设计代码如下。

```
<body>
    <form id="form1" runat="server">
    <div style ="width :260px; margin :auto ;margin-top :100px;font-family :隶书;font-size :23px">
        <asp:Label ID="lblMess" runat="server" Text=""></asp:Label>
    </div>
    </form>
</body>
```

(2) 后台功能逻辑代码设计。将登录页面的源代码视图切换到设计视图，单击“登录”按钮，进入登录事件代码编辑区。假设登录用户名为 Admin、密码为 123456，同时将用户名和密码数据保存到 Session 对象中，并跳转到学习主页面，后台功能逻辑代码设计如下。

```
namespace Capter6_3
{
    public partial class UserLogin : System.Web.UI.Page
    {
        protected void Page_Load(object sender, EventArgs e)
        {

        }

        protected void btnLogin_Click(object sender, EventArgs e)
        {

            if (txtName.Text == "Admin" && txtPwd.Text == "123456")
            {
                Session["myName"] = txtName.Text;
                Session["myPwd"] = txtPwd.Text;
                Response.Redirect("StudyMain.aspx");
```

```
                }
            }
        }
}
```

进入学习主页面后台代码设计，在页面加载事件中读取 Session 对象中保存的数据，代码设计如下。

```
namespace Capter6_3
{
    public partial class StudyMain : System.Web.UI.Page
    {
        protected void Page_Load(object sender, EventArgs e)
        {
            lblMess.Text += "欢迎" + Session["myName"].ToString() + "访问我的网页"+"<br/>";
            lblMess.Text += "登录的用户名是：" + Session["myName"].ToString()+"<br/>";
            lblMess.Text += "登录的密码是：" + Session["myPwd"].ToString() + "<br/>";
        }
    }
}
```

(3) 运行程序。在用户登录源页面视图上右击，在弹出的菜单中执行“在浏览器中查看”命令，在“用户名”框中输入 Admin、“密码”框中输入 123456，单击“登录”按钮，运行结果如图 6.4 所示。

【例题 6.4】使用 Session 对象统计某用户访问网站的次数。访问网站页面效果如图 6.5 所示。

例题 6.4

欢迎Admin访问本网站
Admin是第9次访问本网站

图 6.5　访问网站页面效果

实现步骤：

(1) 前台页面设计。启动 Visual Studio 2013，创建解决方案 Capter6_4，添加 UserCount.aspx 用户计数页面，在页面的 DIV 层中添加标签对象，用以显示统计访问的数据。

UserCount.aspx 用户计数页面设计代码如下。

```
<body style ="width :300px;margin :auto ; margin-top :50px; font-family :隶书;font-size :20px">
    <form id="form1" runat="server">
    <div>
        <fieldset >
            <asp:Label ID="lblMessage" runat="server" Text=""></asp:Label>
        </fieldset>
    </div>
    </form>
</body>
```

(2) 后台功能逻辑代码设计。在解决方案资源管理器下单击 UserCount.aspx.cs 文件，进入后台功能逻辑代码设计区，在页面的加载事件中设计一个 Session 对象计数变量，创建 Session 对象的值为 Admin，在标签中读取 Session 对象的值并显示访问网站的次数信息，后台功能逻辑代码设计如下。

```
namespace Capter6_4
{
    public partial class UserCount : System.Web.UI.Page
    {
        protected void Page_Load(object sender, EventArgs e)
        {
            Session["userName"] = "Admin";//创建 Session 对象
            Session["Count"] = Convert.ToInt32(Session["Count"])+1;//创建 Session 计数变量
            string name = Session["userName"].ToString();//读取 Session 对象的值
            lblMessage.Text += "欢迎" + name + "访问本网站" +"<br/>";
            lblMessage.Text += name + "是第" + Session["Count"] + "次访问本网站";
        }
    }
}
```

(3) 运行程序。在 UserCount.aspx 中右击，执行“在浏览器中查看”命令，不断刷新页面，观察到每刷新一次，访问次数加 1，最后运行效果如图 6.5 所示。

6.4 Application 对象

Application 对象是在服务器端保存会话信息的对象，其与 Session 对象非常相似，不同的是 Application 对象是一个公共对象，即所有用户共用一个 Application 对象，而且可以对其值进行读取或修改。网站开发者利用 Application 对象这一特性，可方便开发聊天室和用户访问网站次数统计的应用程序。

6.4.1 Application 对象的常用属性、方法和事件

1. Application 对象的常用属性

Application 对象的常用属性及基本功能如表 6.3 所示。

表 6.3 Application 对象的常用属性及基本功能

属性	基本功能
AllKeys	获取 Application 集合的访问键
Count	返回 Application 集合中的对象个数
Contents	获取 Application 对象的引用

2. Application 对象的常用方法

Application 对象的常用方法及基本功能如表 6.4 所示。

表 6.4　Application 对象的常用方法及基本功能

方法	基本功能
Add	向 Application 集合中添加新对象
Clear	从 Application 集合中移除所有对象
Remove	从 Application 集合中移除指定名称的对象
RemoveAt	从 Application 集合中移除指定索引的对象
RemoveAll	从 Application 集合中移除所有对象
Lock	禁止其他用户修改 Application 集合中的对象
Unlock	允许其他用户修改 Application 集合中的对象

3. Application 对象的常用事件

Application 对象的常用事件有：Start 事件，在整个 ASP.NET 应用程序第一次执行时引发；End 事件，在整个 ASP.NET 应用程序结束时引发。

6.4.2　Application 对象的使用

使用 Application 对象属性和方法可方便读取、写入或修改对象中保存的共享数据。

1. 向 Application 对象中写入数据

向 Application 对象中写入数据的基本语法格式如下。

```
Application ["对象名"]=对象值;
```

或

```
Application.Add("对象名", 值);
```

2. 修改 Application 对象中的数据

在修改已存在 Application 对象中的数据时，需要使用 Set 方法并配合 Lock 和 Unlock 方法。修改数据前“锁定”对象，修改数据后再“解锁”对象。

例如，下面语句实现对名为 Test 的 Application 对象中保存数据的自身加 1 操作。

```
Application.Lock(); //锁定 Application 对象
int num = Convert.ToInt32("number") + 1;
Application.Test("number",num) ; //修改 Application 对象的值，为自身加 1
Application.UnLock(); //解除锁定
```

3. 读取 Application 对象中的数据

读取 Application 对象中数据的基本语法格式如下。

```
string myName;
myName = Application("name").ToString();
```

如果 Application 集合中指定的对象不存在，则访问该对象时返回一个 null。

【例题 6.5】使用 Application 对象和 Session 对象，结合全局配置文件 Global.asax 和站点配置文件 Web.config，设计一个能统计目前在线考试人数的 Web 应用程序，程序运行时显示统计在线人数如图 6.6 所示。当有新用户打开网页或有用户退出页面时，在线人数能自动更新。

例题 6.5

当前在线人数为：1

图 6.6　统计在线人数

实现步骤：

(1) 前台页面设计。启动 Visual Studio 2013，创建 Capter6_5 解决方案，添加 Count User.aspx 统计用户访问数页面。前台页面设计代码如下。

```
<body style ="width:300px;margin :auto ;margin-top :100px;font-family :隶书;font-size :20px">
    <form id="form1" runat="server">
    <div>
        <fieldset >
            <asp:Label ID="lblMessage" runat="server" Text=""></asp:Label>
        </fieldset>
    </div>
    </form>
</body>
```

(2) 后台功能逻辑代码设计。

① 编写全局配置文件。网站的全局配置文件 Global.asax 是一个可选文件，创建站点时系统并未自动生成该文件。在创建站点后，可在解决方案资源管理器中重新添加，可执行“添加新项”|“全局应用程序类”命令，单击“添加”按钮。

Global.asax 文件一旦被添加到站点，系统将自动将其代码窗口打开，可以看到系统已在该文件中创建了关于 Application、Session 对象的 State 和 End 的空事件过程。

在本例中，需要完成 Application_Start 事件、Session_State 事件、Session_End 事件的代码设计。代码设计如下。

```
namespace Capter6_5
{
    public class Global : System.Web.HttpApplication
    {

        protected void Application_Start(object sender, EventArgs e)
        {
            //在应用程序启动时运行的代码
            Application["online"] = 0; //初始化在线的人数
        }

        protected void Session_Start(object sender, EventArgs e)
        {
            //在新会话启动运行的代码，新会话开始表示有新用户加入
```

```
            Application.Lock();     //锁定 Application 对象
            int number =Convert.ToInt32 ( Application["online"]) + 1;
            Application.Set("online", number); //修改对象的值，为其自身加 1
            Application.UnLock();
        }

        protected void Session_End(object sender, EventArgs e)
        {
            //在会话结束时运行的代码。注意：只有在 Web.config 文件中的 Sessionstate 模式设置为
                InProc 时，才会引发 Session 事件。如果会话模式设置为 StateServer 或 SQLServer，
                则不会引发该事件
            Application.Lock();
            int number =Convert .ToInt32 ( Application["online"]) - 1;
            Application.Set("online", number);
            Application.UnLock();
        }
    }
}
```

② 修改网站配置文件。在解决方案资源管理器下打开配置文件，在配置文件的<system.web></system.web>标记间添加下列代码。

```
<SessionState mode="InProc" timeout ="1" cookieless="false" />
```

该语句的含义是：设置 Session 的模式为 InProc(在进程中)，超时时间为 1 分钟，SessionID 值写入客户端 Cookie，而不是 URL 中。

CountUser.aspx 页面加载事件的代码设计如下。

```
namespace Capter6_5
{
    public partial class CountUser : System.Web.UI.Page
    {
        protected void Page_Load(object sender, EventArgs e)
        {
            lblMessage.Text = "当前在线人数为： " + Application["online"]; //显示在线人数
            Response.AddHeader("Refresh", "30");//  该页面每隔 30 秒刷新一次
        }
    }
}
```

(3) 运行程序。在 CountUser.aspx 页面中右击，执行“在浏览器中查看”命令，在浏览器显示的是“当前在线人数为：1”，退出应用程序，再次浏览，反复操作后，当前在线人数会发生变化。程序运行效果如图 6.6 所示。

6.5 上机实验

1. 实验目的

通过实验进一步掌握 Cookie 对象、Session 对象、Application 对象在页面状态管理的常用属性、事件和方法，以及基本应用。

2. 实验要求

设计用户注册页面、用户登录页面、投票主页面 3 个页面。当用户在注册页面注册完信息后，要求注册的用户信息通过 Session 对象在登录页面中进行显示，并将用户名信息保存到登录页面的用户登录框中，同时采用用户注册的信息进行登录并跳转到学习明星投票主页面，完成投票功能。

3. 实验内容

设计一个简单的学习明星投票管理系统，要求有用户注册页面、用户登录页面、投票主页面，网页效果如图 6.7 所示。

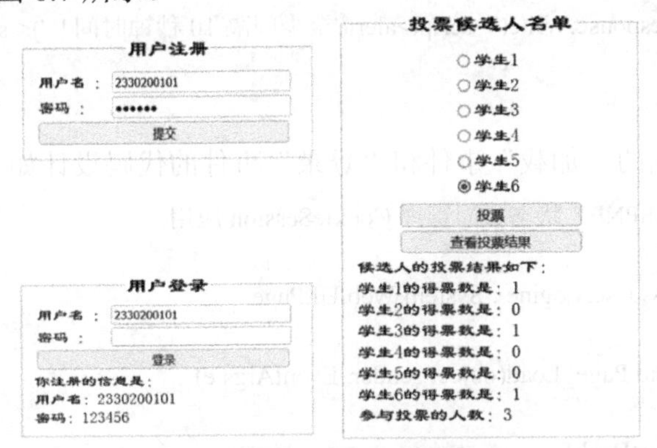

图 6.7　投票管理系统的网页效果

系统基本功能如下。

(1) 采用用户注册的用户名、密码信息实现登录；用户注册的信息要求在用户登录页面的指定标签处显示出来(要求采用两种技术实现)。

(2) 注册成功、登录成功、投票成功均要求有弹出网页信息提示框。

(3) 投票时间间隔为 10 秒钟，时间间隔内不允许连续投票，出现连续投票现象，要求弹出信息提示框。

(4) 投票结束后，可统计每位候选人的得票数和参与投票的人数。

4. 实验提示

(1) 用户注册页面“提交”事件代码设计如下。

```
protected void btnSubmit_Click(object sender, EventArgs e)
{
    //设计思路：首先判断客户端浏览器 Cookie 对象中的值是否存在，若存在，则说明在规
     定时间内不能重复注册；若不存在，则说明可以注册，由服务器向客户端写入一个 Cookie
    if (Request.Cookies["UserName"] == null)
    {
        //服务器向客户端浏览器写入 Cookie 对象并赋一个值
        Response.Cookies["UserName"].Value = txtName.Text ;
        //设置注册时间
        Response.Cookies["UserName"].Expires = DateTime.Now.AddSeconds(5);
        Response.Write("<script>alert('注册成功！ ')</script>");
```

```
                lblMessage.Text += "你注册的信息是：" + "<br/>" + "用户名：" + txtName.Text +
                          "<br/>" + "密码：" + txtPwd.Text;
                //注册成功后，直接跳转到登录界面，同时将用户名加载到登录界面的用户名框中
               // Response.Redirect("UserLogine.aspx?Name="+txtnName .Text
                         +"&Pwd="+txtPwd .Text );
                Session["Name"] = txtName.Text;
                Session["Pwd"] = txtPwd.Text;
                Response.Redirect("UserLogine.aspx");
            }
            else
            {
                Response.Write("<script>alert('至少间隔 10 秒钟时间！')</script>");
            }
        }
```

(2) 用户登录页面的“加载”事件和“登录”事件的代码设计如下。

```
namespace Capter7_ASPNET 状态页面管理 CookieSession 应用
{
    public partial class UserLogine : System.Web.UI.Page
    {
        protected void Page_Load(object sender, EventArgs e)
        {
            if (!IsPostBack)
            {
                txtName.Text = Request.Cookies["UserName"].Value;
               // lblMessage.Text += "你注册的信息是：" + "<br/>" + "用户名：" +
                    Request .QueryString ["Name"]+ "<br/>" + "密码：" +Request .QueryString ["Pwd"] ;
                lblMessage.Text += "你注册的信息是：" + "<br/>" + "用户名是:" + Session["Name"] +
                    "<br/>" + "密码是：" + Session["Pwd"] + "<br/>";
            }
        }
        protected void btnLogin_Click(object sender, EventArgs e)
        {
            //按注册成功，由用户名和密码登录，并跳转到投票主页面完成投票功能
            if (txtName.Text == Session ["Name"].ToString () && txtPwd.Text ==
                        Session["Pwd"].ToString ())
            {
                Response.Redirect("VoteMain.aspx");
            }
            else
            {
                Response.Write("<script>alert('登录失败！')</script>");
            }
        }
    }
}
```

(3) 投票页面的“投票”按钮和“查看结果”按钮的代码设计如下。

```
namespace Capter7_ASPNET 状态页面管理 CookieSession 应用
{
    public partial class VoteMain : System.Web.UI.Page
    {
    //定义全局静态变量分别为学生 1、学生 2、学生 3、学生 4、学生 5、学生 6 的得票数和总投票数
        static double num1, num2, num3, num4,num5,num6,numSum;
        protected void Page_Load(object sender, EventArgs e)
        {

        }
        //设计思路：在“提交”按钮单击事件中，判断客户端 Cookie["vote"]是否为空，若为空，则
            在规定时间内没人投票(统计投票结果，采用 switch 语句，按 RadioButtonList 控件的索
            引值进行统计，创建客户端的 Cookie 值及时间)，若不为空，则说明投票时间间隔不足。
            在查看结果按钮单击事件中，对每个人的得票数进行统计，并计算得票百分比，将得票
            百分比在弹出的对话框中或在指定的标签处显示
        protected void btnVote_Click(object sender, EventArgs e) //投票功能单击事件
        {
                if (Request.Cookies["Vote"] == null)
                {
                    switch (rdlStu1.SelectedIndex)
                    {
                        case 0:
                            num1 = num1 + 1;
                            break;
                        case 1:
                            num2 = num2 + 1;
                            break;
                        case 2:
                            num3 = num3 + 1;
                            break;
                        case 3:
                            num4 = num4 + 1;
                            break;
                        case 4:
                            num5 = num5 + 1;
                            break;
                        case 5:
                            num6 = num6 + 1;
                            break;
                    }
                    numSum = numSum + 1;    //总投票数加 1，统计投票人数
                //服务器向客户端浏览器写入 Cookie，设置投票时间间隔及弹出投票成功网页对话框
                    Response.Cookies["Vote"].Value = rdlStu1.SelectedValue;
                    Response.Cookies["Vote"].Expires = DateTime.Now.AddSeconds(10);
                    Response.Write("<script>alert('投票成功!')</script>");
```

```
                }
                else
                {
                    Response.Write("<script> alert('每次投票时间间隔应在 10 秒钟后！')</script>");
                }
            }

        protected void btnResult_Click(object sender, EventArgs e)//查看投票结果单击事件
        {
            // 统计结果：判断总得票数，若为 0，则说明没有人投票，弹出信息提示框，否则开始
              统计并计算各人的得票情况并在网页对话框中显示
            if (numSum == 0)
            {
                Response.Write("<script>alert('目前没有人投票！')</script>");
            }
            else
            {
                //定义字符串统计候选人的投票结果
                string voteResult = "候选人的投票结果如下：" + "<br/>" + "学生 1 的得票数是：" +
                                    num1.ToString() + "<br/>" + "学生 2 的得票数是：" +
                                    num2.ToString () + "<br/>" + "学生 3 的得票数是：" +
                                    num3.ToString () + "<br/>" + "学生 4 的得票数是：" +
                                    num4.ToString() + "<br/>" + "学生 5 的得票数是：" +
                                    num5.ToString () + "<br/>" + "学生 6 的得票数是：" +
                                    num6.ToString () + "<br/>" + "参与投票的人数：" +
                                    numSum.ToString () + "<br/>";
                //将统计结果在网页的标签处显示出来
                lblResult.Text = voteResult;

            }
        }
    }
}
```

5. 实验拓展

如果对得票学生按得票数进行排序，如何实现？

第7章 ADO.NET数据库访问技术

软件开发离不开数据库存储技术的支持，.NET框架中提供了多种方式来访问数据存储，其中，ADO.NET是直接、灵活、执行效率高的方式之一。.NET提供的数据访问对象主要有连接数据库的Connection对象、执行数据库的Command命令对象、读取数据的DataReader对象、数据读取器DataAdapter对象、数据集DataSet对象。

7.1 ADO.NET概述

ADO.NET为创建分布式数据共享应用程序提供了一组丰富的组件，并提供了对关系数据、XML和应用程序数据的访问。ADO.NET是应用程序和数据库沟通的"桥梁"，通过ADO.NET提供的对象，再配合SQL语句即可访问数据库中的数据，而且凡是能过ODBC或OLEDB接口访问的数据库(如Access、SQL Sever、Oracle等)均可通过ADO.NET来访问。

7.1.1 ADO.NET的数据模型

ASP.NET使用ADO.NET数据模型来实现对数据库的连接和各种操作。ADO.NET采用层次管理的结构模型，各部分间的逻辑关系如图7.1所示。

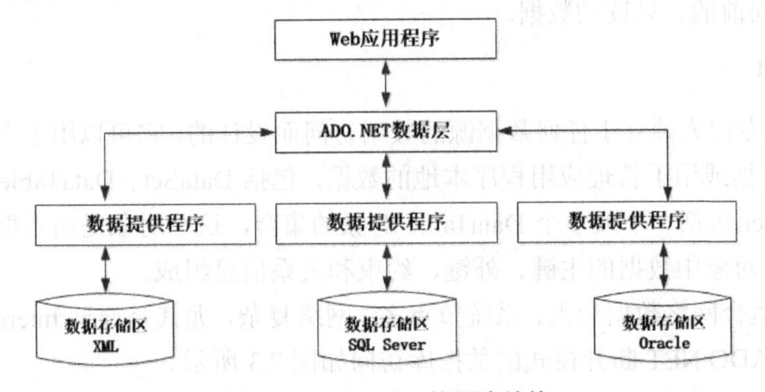

图7.1 ADO.NET的层次结构

ADO.NET层次结构的顶层是应用程序(WebForm应用程序或WinForm应用程序)，中间层是数据层(ADO.NET)数据提供程序，在该层次中，数据提供程序起到关键作用。

数据提供程序是 ADO.NET 的通用接口，各种不同类型的数据源需要使用不同的数据提供程序。它实质是一个容器，包括一组类及相关的命令，是数据源(DataSoure)与数据集(DataSet)之间的“桥梁”，负责将数据源中的数据读入数据集(本地内存)中，同时也将用户处理完毕的数据集保存到数据源中。

7.1.2 ADO.NET 访问数据的方式

在.NET 框架的 System.Data 命名空间及其子空间中有一些类，这些类被统称为 ADO.NET。使用 ADO.NET 可以方便地从 Microsoft Access、Microsoft SQL Server 或其他数据库中检索、处理数据，并能更新数据库中的数据集。

ADO.NET 提供两种访问数据的方式：应用程序与数据库服务器连接式数据访问方式；应用程序与数据库服务器断开式访问方式。与此同时，ADO.NET 相应地提供了两个用于访问和操作数据的主要组件，即.NET Framework 数据提供程序(连接式访问数据方式)和 DataSet(断开式数据访问方式)。

1. .NET Framework 数据提供程序

.NET Framework 数据提供程序是专门为数据操作及快速、只进、只读访问数据而设计的组件，主要包括 Connection、Command、DataReader 及 DataAdapter 对象。通过这些对象，可以实现连接数据源、数据的维护等操作。

在连接模式下，客户机一直保持与数据库服务器的连接。这种模式适合数据传输量小、要求响应速度快、占用内存少的系统。典型的 ADO.NET 连接模式的数据库访问，如图 7.2 所示。

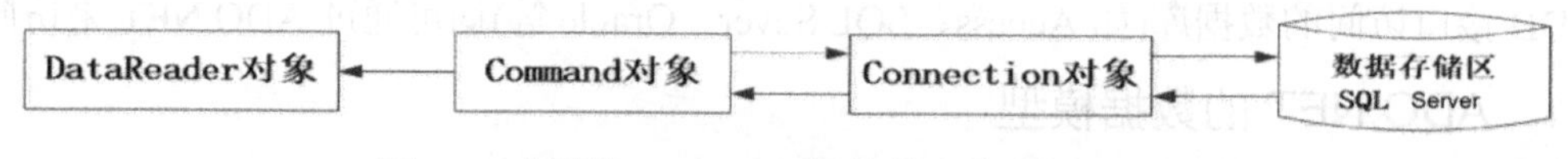

图 7.2 典型的 ADO.NET 连接模式的数据库访问

作为.NET Framework 数据提供程序的一部分，在 ADO.NET 的连接模式下，DataReader 对象只能返回向前的、只读的数据。

2. DataSet

DataSet 是专门为独立于任何数据源的数据访问而设计的，它可以用于多种不同的数据源，如 XML 数据或用于管理应用程序本地的数据，包括 DataSet、DataTable、DataRelation 等对象。DataSet 包括一个或多个 DataTable 对象的集合，这些对象是由数据行和数据列及有关 DataTable 对象中数据的主键、外键、约束和关系信息组成。

断开模式适合网络数据量大、系统节点多、网络复杂，尤其是通过 Internet 进行连接的网络。典型的 ADO.NET 断开模式的数据库访问如图 7.3 所示。

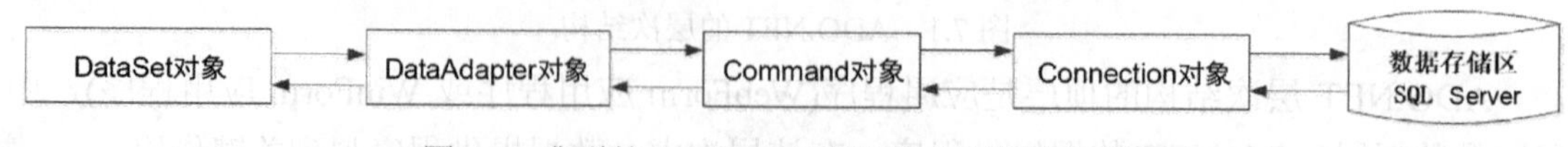

图 7.3 典型的 ADO.NET 断开模式的数据库访问

由于采用断开模式，服务器不需维持与客户机之间的连接，只有当客户机需要更新数据传回到服务器时再重新连接，因此，服务器的资源消耗较小，可以同时支持更多并发的客户机。

7.1.3 ADO.NET 的常用对象

ADO.NET 的常用对象主要指包含在数据集(DataSet)和数据提供程序中的 Connection 对象、Command 对象、DataReader 对象和 DataAdapter 对象，使用这些对象可以通过编程创建数据库 Web 应用程序。

在 ADO.NET 中，数据集和数据提供程序是两个非常重要且相互关联的核心组件，数据集与数据提供程序关系如图 7.4 所示。

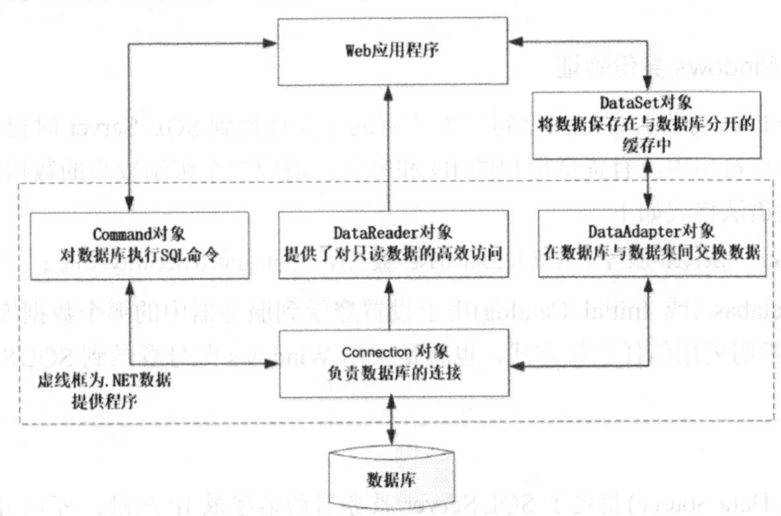

图 7.4 数据集与数据提供程序关系

DataSet 对象用于以数据表形式在程序中存放的一组数据，其不考虑数据的来源，是实现 ADO.NET 断开模式访问数据库的核心，应用程序从数据源读取数据暂时被存放在 DataSet 中，程序再对其中的数据进行增、删、改、查操作。

数据提供程序可以使程序与指定的数据源进行连接，能按要求将数据源中的数据提供给数据集，或者将应用程序编辑后的数据发送回数据库。

ADO.NET 对象可以理解为：连接 Connection，执行 Command，读取 DataReader，分配 DataAdapter，填充 DataSet。这正是 ADO.NET 对数据库操作的基本步骤。

7.2 数据库连接字符串

数据库连接字符串提供了数据库服务器的位置、要使用的数据库及身份验证的相关信息。连接字符串由分号隔开的“属性=值;”组成。

7.2.1 数据库连接字符串常用参数

以 SQL Server 为例进行说明，数据库连接字符串常用参数如表 7.1 所示。

表 7.1　数据库连接字符常用参数

参数	说明
Data Source 或 Server	要连接的 SQL Server 实例的名称
Initial Catalog 或 Database	要连接的数据库名
User ID 或 Uid	SQL Server 登录名
Password 或 pwd	SQL Server 账户登录的密码

7.2.2　连接到 SQL Server 数据库的连接字符串

定义数据库连接字符串常用的方式有两种：使用 Windows 身份验证；使用 SQL Server 身份验证。

1. 使用 Windows 身份验证

使用 Windows 身份验证连接字符串方式有助于在连接到 SQL Server 时提供安全保护，因为它在连接字符串中没有提供用户的 ID 和密码，适应安全级别较高的数据库连接方式。连接字符串的语法格式如下。

```
string connStr = "Server=服务器名或 IP;Database=数据库名;Integrated Security=true";
```

其中，Database(或 Initial Catalog)用于设置登录到服务器中的哪个数据库；Integrated Security=true 指明采用信任连接方式，也就是采用 Windows 账号登录到 SQL Server 数据库服务器。

说明：

Server(或 Data Source)指定了 SQL Server 服务器的名字或 IP 地址，可以用 localhost 或圆点“.”表示本机。

2. 使用 SQL Server 身份验证

使用 SQL Server 身份验证连接字符串方式把登录数据库的用户的 ID 和密码写在连接字符串中，适应安全级别较低的数据库连接方式。连接字符串的语法格式如下。

```
string connStr = "Server=服务器名或 IP;Database=数据库名;uid=用户名;pwd=密码";
```

其中，uid 表示 SQL Server 登录用户名；pwd 表示 SQL Server 登录用户密码。

7.2.3　数据库连接字符串的存放位置

数据库连接字符串可以直接写在应用程序中，也可以在解决方案的配置文件 Web.config 中。

1. 数据库连接字符串写在应用程序中

在初级学习阶段，将数据库连接字符串写在应用程序中，对每一个页面的数据库操作需要写一次数据库连接字符串，如果需要改动数据库连接字符串(如登录数据库的用户名和密码)，则需要对每个页面的数据库连接字符串进行修改，从而产生较大的工作量，这也是软件项目开发所不允许的，因此软件项目开发时，需要将数据库连接字符串写在配置文件 Web.config 中。

在应用程序代码中嵌入数据库连接字符串，可能会导致安全漏洞。此外，如果数据库连接字符串发生更改，则必须重新编译应用程序。因此，最好的方法是将数据库连接字符串写在配置文件 Web.config 中。

2．数据库连接字符串放在配置文件 Web.config 文件中

在.NET Framework 2.0 及以上版本中，ConfigurationManager 类中的 ConnectionStrings 属性专门用来获取 Web.config 配置文件中<configuration>元素的<connectionStrings>中的数据。

<connectionStrings>元素是用户根据需要在 Web.config 配置文件中的<configuration>元素中添加的，同时在<connectionStrings>元素间添加<add/>元素。其基本格式如下。

```
<configuration>
  ……
  <connectionStrings>
    <add name ="连接字符串名" connectionString="数据库连接字符串" providerName="连接程序"/>
  </connectionStrings>
</configuration>
```

其中，name 属性是唯一标识连接字符串的名称，以便在程序中检索到该字符串；connectionString 属性是描述数据库的连接字符串信息，具体指连接的数据库服务器名称、数据库服务器中要操作的数据库名、登录数据库服务器验证相关信息；providerName 属性是描述.NET Framework 数据提供程序的固定名称，其名称为 System.Data.SqlClient(默认值)。

在应用程序中，任何页面上的任何程序代码或数据源控件都可以引用此连接字符串。将数据库连接字符串信息存储在 Web.config 配置文件中的最大优点是，程序员可以方便地更改服务器名称、数据库或身份验证信息，无须编辑各个页面。

在应用程序获取<connectionStrings>连接字符串的方法是：在页面的命名空间中添加 using System.Configuration;命名空间，定义一个静态的只读的数据库连接字符串。其基本语法格式如下。

```
static readonly string conStr = ConfigurationManager.ConnectionStrings["连接字符串名"].ToString();
```

注意：

格式中的“连接字符串名”一定是配置文件<connectionStrings>的<add/>元素中 name 属性的标识符。

7.3 数据库连接 Connection 对象

数据库连接对象负责处理数据存储与.NET 应用程序之间的通信，基本功能是创建与指定数据源的连接，并完成初始化工作，其属性是描述数据源和用户身份验证。

使用 Connection 对象取决于数据源的类型，微软提供了 4 种数据库连接对象，如表 7.2 所示。

表 7.2　数据库连接对象

数据源	数据库连接对象
Microsoft SQL Server	SqlConnection
Access	OleDbConnection
ODBC	OdbcConnection
Oracle	OracleConnection

7.3.1　创建 Connection 对象

可以使用 Connection 的构造函数创建连接到 SQL Server 的 Connection 对象，并通过构造函数的参数来设置 Connection 对象的特定属性值，基本语法格式如下。

```
SqlConnection 连接对象名 = new SqlConnection("连接字符串");
```

还可先使用构造函数创建一个不含参数的 Connection 对象事例，然后再通过连接对象的 ConnectionString 属性设置连接字符串，基本语法格式如下。

```
SqlConnection 连接对象名 = new SqlConnection();
连接对象名.ConnectionString = "连接字符串";
```

若要创建其他数据源类型的数据库连接对象，则按数据源的类型选择相应的数据库对象即可。例如，创建数据源为 Access 数据库连接对象，基本语法格式如下。

```
OleDbConnection 连接对象名 = new OleDbConnection("连接字符串");
```

说明：

创建不同类型的数据源的数据库连接对象，需要导入相应的数据源连接对象所在系统命名空间，如 SQL Server 数据源的数据连接对象所需的命名空间是“using System.Data.SqlClient;”、Access 数据源的数据连接对象的命名空间是“using System.Data.OleDb;”。

7.3.2　Connection 对象的属性和方法

1. Connection 对象的属性

Connection 对象用于实现应用程序与数据源建立连接，它有一个重要的属性 ConnectionString，用于设置打开数据库的字符串。Connection 对象的常用属性及基本功能如表 7.3 所示。

表 7.3　Connection 对象的常用属性及基本功能

属性	基本功能
ConnectionString	执行 Open 方法连接数据源的字符串
ConnectionTimeout	设置建立连接的时间，若超过时间，则产生异常
Database	要打开数据库的名称
DataSource	数据源，包含数据库的位置和文件名
Provider	OLEDB 数据提供程序的名称
State	显示当前 Connection 对象的状态

在表 7.3 所示的所有属性中，除 ConnectionString 属性外，其余均是只读属性，只能通过连接字符串的参数来配置数据库的连接。

2. Connection 对象的方法

Connection 对象的常用方法有打开数据库连接的方法 Open、关闭数据库连接的方法 Close、创建命令对象的方法 CreateCommand。

1) Open 方法

使用Open 方法打开一个数据库连接时，为了减轻系统负担，应尽可能晚地打开数据库，其基本语法格式如下。

```
数据库连接对象名.Open();
```

其中，数据库连接对象名是创建的 Connection 对象的名称。

2) Close方法

使用Close 方法关闭一个打开的数据库连接时，为了减轻系统负担，应尽可能早地关闭数据库，其基本语法格式如下。

```
数据库连接对象名.Close();
```

注意，如果连接超出范围，并不会自动关闭，而是会浪费一定的系统资源。因此，必须在连接对象超出范围之前，通过调用 Close 方法或 Dispose 方法，显式地关闭数据库连接。

3) CreateCommand 方法

使用 CreateCommand 方法创建并返回一个与该连接关联的 Command 对象，其基本语法格式如下。

```
数据库连接对象名.CreateCommand();
```

返回值：返回一个 Command 对象。

7.3.3 连接到数据库的基本步骤

在 ADO.NET 中连接到数据库的基本步骤如下。

(1) 根据连接的数据源，添加相应的命名空间。例如，若连接 SQL Server 数据库，则需要添加的命名空间如下。

```
using System.Data.SqlClient;  //数据提供程序访问 SQL Server 所需的命名空间
using System.Configuration;   //获取连接字符串所需的命名空间
```

(2) 在项目的配置文件 Web.config 中定义数据库连接字符串，在程序中通过 Configuration Manager 类的 ConnectionStrings 属性获取连接字符串，基本语法格式如下。

```
数据库连接字符串=ConfigurationManager.ConnectionStrings["字符串"].ToString();
```

(3) 创建 Connection 对象，并设置 Connection 对象的 ConnectionString 属性。

(4) 使用 Open 方法打开数据库。

(5) 创建 Command 命名对象，执行 Command 对象的方法。

(6) 使用 Close 方法关闭数据库。

【例题 7.1】创建并打开与 SQL Server 数据库 SIMSDB(学生信息管理系统数据库)的连接，在页面的 Label 控件中显示连接字符串、打开关闭当前数据库的连接状态，页面显示效果如图 7.5 所示。

例题 7.1

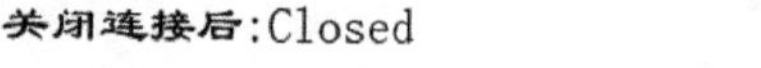
连接字符串是：server=.;uid=sa;pwd=123456;database=SIMSDB
打开连接前:Closed
打开连接后:Open
关闭连接后:Closed

图 7.5　页面显示效果

实现步骤：

(1) 前台页面设计。启动 Visual Studio 2013，创建解决方案 Capter7_1，添加 DataMessage.aspx 页面，在页面中设计 Label 标签对象和页面样式，前台页面设计代码如下。

```
<body style ="width :1000px;margin :auto ;margin-top :100px;font-family :隶书;font-size :20px">
    <form id="form1" runat="server">
    <div>
        <asp:Label ID="lblMessage" runat="server" Text=" "></asp:Label>
    </div>
    </form>
</body>
```

(2) 在 Web.Config 配置文件中定义数据库连接字符串，设计代码如下。

```
<configuration>
  <connectionStrings>
    <add name ="connString" connectionString="server=.;uid=sa;pwd=123456;database=SIMSDB"
            providerName=""/>
  </connectionStrings>
</configuration>
```

(3) 后台逻辑功能代码设计。在解决方案中单击 DataMessage.aspx.cs 文件，进入该页面的加载事件中，加载事件代码设计如下。

```
namespace Capter7_1
{
    public partial class DataMessage : System.Web.UI.Page
    {
        static readonly string conStr = ConfigurationManager.ConnectionStrings["connString"].ToString();
        protected void Page_Load(object sender, EventArgs e)
        {
            SqlConnection conn=new SqlConnection(conStr);//创建数据库连接对象
            lblMessage.Text ="连接字符串是："+ conStr + "<br/>"; //显示连接字符串
            lblMessage.Text += "打开连接前:" + conn.State.ToString() + "<br/>";//显示连接状态
            conn.Open();   //打开数据库
            lblMessage.Text += "打开连接后:" + conn.State.ToString() + "<br/>";//显示连接状态
            conn.Close(); //关闭数据库
            lblMessage.Text += "关闭连接后:" + conn.State.ToString() + "<br/>";//显示连接状态
```

```
            }
        }
}
```

(4) 运行程序。在 DataMessage.aspx 源视图页面，按 F5 功能键或右击，执行“在浏览器中查看”命令，程序运行效果如图 7.5 所示。

7.3.4 关闭数据库连接

在实际的软件开发中，为了避免因忘记使用Close方法关闭数据库连接而造成资源浪费，常使用 using 语句块的方法建立数据库连接，基本代码语句如下。

```
string connString = ConfigurationManager.ConnectionStrings["connString"].ToString();
using (SqlConnection conn = new SqlConnection(connString))
{
    ……
    conn.Open();
    ……
}
```

在上述代码块中，无论程序块是如何退出的，using语句块都会自动关闭数据库连接。如果在 using 语句块中出现了异常，则会自动调用 IDisposable.Dispose 方法释放占用的资源。这样做的优点是代码的可读性更高，因此，在创建数据库连接时，推荐使用 using 语句块。

7.4 数据库命令 Command 对象

使用 Connection 对象与数据库建立连接后，可使用数据库命令 Command 对象对数据源执行各种操作命令，并从数据源中返回结果。Command 命令对象代表在数据源上执行的 SQL 语句或存储过程，它有一个 CommandText 属性，用于设置针对数据源执行的 SQL 语句或存储过程。

在连接好数据源后，就可以对数据源执行一些命令操作，包括对数据的检索、插入、更新、删除、统计等。在 ADO.NET 中，对数据库的命令操作是通过 Command 对象来实现的，从本质上讲，ADO.NET 的 Command 对象就是 SQL 命令或对存储过程的引用。除了检索或更新数据命令之外，Command 对象还用来对数据源执行一些不返回结果集的查询命令，以及用来执行改变数据源结构的数据定义命令。

7.4.1 创建 Command 命令

Command 对象创建有两种方式：使用 Command 构造函数创建；使用 Connection 对象的 CreateCommand 方法创建。

1. 使用 Command 构造函数创建 Command 对象

执行 SQL 命令操作时，使用构造函数 SqlCommand 对象，并通过该对象的构造函数参数来设置特定属性值，基本语法格式如下。

```
SqlCommand comm = new SqlCommand(Sql, conn);
```

其中，comm 是创建的 Command 对象名；Sql 是定义操作数据库的命令字符串；conn 是创建的数据库连接对象。

另外，还可使用构造函数先创建一个空 Command 对象，然后设置属性值。这种方法对属性进行明确的设置，能够更好地理解代码结构和调试过程，基本语法格式如下。

```
SqlCommand comm = new SqlCommand();   //创建一个空 Command 对象
comm.Connection = conn;   //设置连接对象的属性值
comm.CommandText = sql;   //设置命令值为执行的 SQL 语句字符串
```

2. 使用 Connection 对象的 CreateCommand 方法创建 Command 对象

使用 Connection 对象的 CreateCommand 方法创建用于特定的 Command 对象，Command 对象执行的 SQL 语句可以使用 CommandText 属性进行配置，基本语法格式如下。

```
SqlCommand comm = conn.CreateCommand();
comm.CommandText = sql;
```

7.4.2 Command 对象的属性和方法

1. Command 对象的属性

Command 对象的常用属性及基本功能如表 7.4 所示。

表 7.4 Command 对象的常用属性及基本功能

属性	基本功能
CommandType	获取或设置 Command 对象执行命令的类型(Text 即定义的 SQL 语句、stored procedure 即存储过程、TableDirect 即定义要使用的表)
CommandText	获取或设置对数据源执行的 SQL 语句或存储过程名或表名
Connection	获取或设置 Command 对象使用的 Connection 对象的名称
CommandTimeout	获取或设置等待命令执行的时间

2. Command 对象的方法

Command 对象的方法统称为 Execute 方法，Command 对象的常用方法如表 7.5 所示。

表 7.5 Command 对象的常用方法

方法	返回值
ExecuteScalar	返回一个标量值，如 COUNT、SUM、AVG 等聚合函数的结果
ExecuteNonQuery	执行 SQL 语句并返回受影响的行数，用于执行不返回任何行的命令，如 INSERT、UPDATE、DELETE
ExecuteReader	返回一个 DataReader 对象
ExecuteXMLReader	返回 XmlReader 对象，只用于 SqlCommand 对象

数据库操作分为查询操作和非查询操作。查询操作又分为单值查询操作和多值查询操

作。单值查询操作可使用 Command 对象的 ExecuteScalar 方法；多值查询操作可使用 Command 对象的 ExecuteReader 方法。非查询操作包括增加、修改、删除记录，都使用 Command 对象的 ExecuteNonQuery 方法。

7.4.3 统计数据库信息操作

如果需要返回的是单个值的数据库信息，而不需返回表或数据流形式的数据库信息，如需要返回 COUNT()、SUM()、AVG()、MAX()、MIN()等聚合函数的结果，则可使用 Command 对象的 ExecuteScalar 方法返回一个标量值。

使用 ExecuteScalar 方法的基本步骤是：创建一个 Connection 对象，再创建一个 Command 对象，然后调用 ExecuteScalar 方法返回指定的标量值。

【例题 7.2】在 SIMSDB 数据库中创建一个用户信息表，描述用户信息表的属性有用户名、密码、性别、出生日期、学历、联系方式、家庭地址、用户类型。设计一个用户登录页面、一个主页面，要求通过操作数据库实现用户登录，若用户存在，则弹出“登录成功”的网页对话框，然后跳转到主页面并显示登录的用户名、密码、用户类型信息。登录页面和主页面效果如图 7.6 所示。

例题 7.2

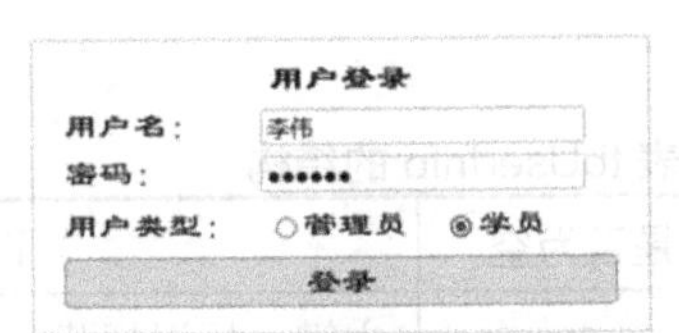

用户登录信息如下：
用户名：李伟
用户密码：123456
用户类型：学员

图 7.6 登录页面和主页面效果

实现步骤：

(1) 页面设计。启动 Visual Studio 2013，创建 Capter7_2 解决方案，分别添加 UserLogin.aspx 用户登录页面、CourseStudyMain.aspx 课程学习主页面。用户登录页面的代码如下。

```
<body style="width: 350px; margin: auto; margin-top: 100px; font-family: 隶书; font-size: 20px;">
    <form id="form1" runat="server">
        <fieldset>
            <div>
                <table>
                    <tr>
                        <th colspan="2">用户登录</th>
                    </tr>
                    <tr><td>用户名：</td>
                        <td><asp:TextBox ID="txtName" runat="server" Width="180px"></asp:
                            Text Box></td>
                    </tr>
                    <tr><td>密码：</td>
<td><asp:TextBox ID="txtPwd" runat="server" Width="180px" TextMode="Password"></asp:TextBox></td>
                    </tr>
```

```
                <tr><td>用户类型：</td>
                    <td> <asp:RadioButtonList ID="rblType" runat="server" Width="180px"
                                RepeatDirection="Horizontal">
                            <asp:ListItem>管理员</asp:ListItem>
                            <asp:ListItem>学员</asp:ListItem>
                            </asp:RadioButtonList></td>
                </tr>
                <tr>
                    <td colspan="2">
                        <asp:Button ID="btnLogin" runat="server" Text="登录" Width="320px"
                            Font-Names="隶书" Font-Size="20px" /></td>
                </tr>
            </table>
        </div>
    </fieldset>
  </form>
</body>
```

课程学习主页面设计一个显示信息的标签 Label，同时设计在页面中显示的样式。

(2) 数据库设计。在 SQL Server 中创建数据库名为 SIMSDB，设计用户信息表 tbUserInfo。用户信息表 tbUserInfo 的结构如表 7.6 所示。

表 7.6　用户信息表 tbUserInfo 的结构

字段名	数据类型(长度)	是否为空	说明
id	int	否	主键，标识规范，自动增长
userName	nvarchar(10)	否	用户名
userPwd	nvarchar(10)	否	用户密码
userSex	nvarchar(2)	否	性别
userBirthday	nvarchar(10)	否	出生日期
userEducation	nvarchar(10)	否	学历
userPhone	nvarchar(11)	否	联系电话
userAddress	nvarchar(50)	否	家庭地址
userType	nvarchar(6)	否	用户类型

(3) 后台代码设计。

① Web.config 配置文件的设计。打开 Web.config 配置文件，在<configuration>元素中添加<connectionStrings >元素，并在<connectionStrings >元素中添加<add/>元素。设置<add/>元素属性代码如下。

```
<add name="dataString" connectionString ="server=.;uid=sa;pwd=123456;database=SIMSDB"/>
```

② UserLogin.aspx.cs 页面代码设计。添加 using System.Configuration;命名空间、using System.Data.SqlClient;命名空间。在所有事件之外定义静态的、只读的数据库连接字符串，

在页面设计视图中双击“登录”按钮，进入“登录”按钮代码设计框架区，设计代码如下。

```
namespace Capter7_2
{
    public partial class UserLogin : System.Web.UI.Page
{
 //定义静态的、只读的数据库连接字符串
        static readonly string connString = ConfigurationManager.ConnectionStrings["dataString"].ToString();
        protected void Page_Load(object sender, EventArgs e)
        {

        }

        protected void btnLogin_Click(object sender, EventArgs e)
        {
            //创建数据库连接对象
            using (SqlConnection conn = new SqlConnection(connString))
            {
                conn.Open();//打开数据库
               //定义 sql 语句，将数据库静态查询转变为应用程序中的动态查询，拼接字符串方式
                string sql = "select count(*) from tbUserInfo where userName='" + txtName.Text + "'and
                        userPwd='" + txtPwd.Text + "'and userType='" + rblType.SelectedItem + "'";
                //创建命令对象
                SqlCommand comm = new SqlCommand(sql, conn);
                //执行查询命令 ExecuteScalar()方法
                int n=Convert .ToInt32 ( comm.ExecuteScalar());
                if (n != 0)
                {
                    //通过 Session 对象记录用户名、密码和类型
                    Session["myName"] = txtName.Text;
                    Session["myPwd"] = txtPwd.Text;
                    Session["myType"] = rblType.SelectedItem.ToString();
                    //弹出网页对话框
                    Response.Write("<script>alert('登录成功！ ')</script>");
                    Response.Redirect("CurseStudyMain.aspx");
                }
                else
                {
                    Response.Write("<script>alert('登录失败！ ')</script>");
                }
            }
        }
    }
}
```

③ CourseStudyMain.aspx 页面代码设计。在 CourseStudyMain.aspx 页面的加载事件中读取保存在 Session 对象中的用户名、密码和用户类型信息，以及赋给 lblMessage 标签对象

并在页面上显示，后台功能逻辑代码设计如下。

```
namespace Capter7_2
{
    public partial class CourseStudyMain : System.Web.UI.Page
    {
        protected void Page_Load(object sender, EventArgs e)
        {
            lblMessage.Text = "用户登录信息如下：" + "<br/>";
            lblMessage.Text += "用户名：" + Session ["myName"].ToString()+"<br/>";
            lblMessage.Text += "用户密码：" + Session["myPwd"].ToString()+"<br/>";
            lblMessage.Text += "用户类型: " + Session["myType"].ToString()+"<br/>";
        }
    }
}
```

(4) 运行程序。在 UserLogin.aspx 源页面上，右击执行“在浏览器中查看”命令，显示用户登录页面如图 7.6 所示。在图 7.6 中输入用户名、密码、选择用户类型信息，单击“登录”按钮后，在 CourseStudyMain.aspx 页面上显示用户名、密码和用户类型信息。

7.4.4 增加、修改、删除记录操作

使用.NET Framework 数据提供程序，执行数据定义语句或存储过程实现对数据库中数据表的操作，返回受影响行的 SQL 语句。例如，修改数据库的 SQL 语句(INSERT、UPDATE、DELETE)，可用 Command 对象的 ExectueNonQuery 方法来实现。

实现基本过程：创建数据库连接对象 Connection；定义数据库操作的语句(INSERT、UPDATE、DELETE)；创建命令对象 Command；执行命令对象调用 ExectueNonQuery 方法实现，保存后返回受影响的行数。

【例题 7.3】在【例题 7.2】的 SIMSDB 数据库中，设计一个显示向 SIMSDB 数据库中的 tbUserInfo 表进行增加记录、修改记录、删除记录的页面。通过数据库的查询语句检验增加、修改、删除操作是否成功，在页面上显示操作结果的信息。增加、修改、删除操作页面效果如图 7.7 所示。

例题 7.3

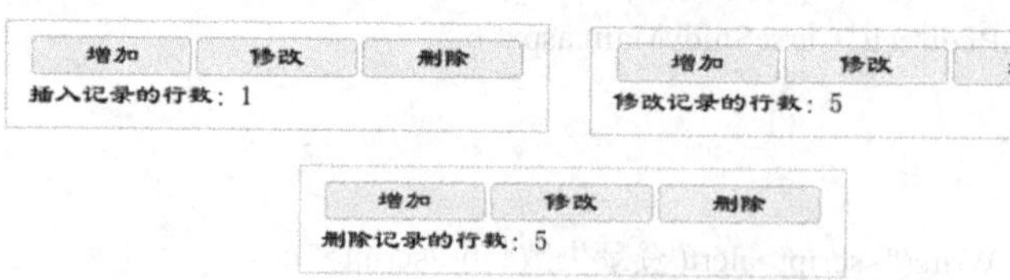

图 7.7 增加、修改、删除操作页面效果

实现步骤：

(1) 页面设计。启动 Visual Studio 2013，创建 Capter7_3 解决方案，添加 DataInsertUpdateDelete.aspx 页面，页面设计代码如下。

```
<body style="width: 400px; margin: auto; margin-top: 100px; font-family: 隶书; font-size: 20px">
    <form id="form1" runat="server">
```

```
        <fieldset>
            <div>
                <table >
                    <tr>
                        <td>
                            <asp:Button ID="btnInsert" runat="server" Text="增加" Width ="120px"
                                Font-Names ="隶书" Font-Size="20px" OnClick="btnInsert_Click"
                                /></td>
                        <td>
                            <asp:Button ID="btnUpdate" runat="server" Text="修改" Width
                                ="120px" Font-Names ="隶书" Font-Size="20px" OnClick=
                                "btnUpdate_Click" /></td>
                        <td>
                            <asp:Button ID="btnDelete" runat="server" Text="删除" Width ="120px"
                                Font-Names ="隶书" Font-Size="20px" OnClick="btnDelete_
                                Click" /></td>
                    </tr>
                </table>
                <asp:Label ID="lblMessage" runat="server" Text=""></asp:Label>
            </div>
        </fieldset>
    </form>
</body>
```

(2) 代码设计。在 DataInsertUpdateDelete.aspx 的页面设计视图中分别单击“增加”“修改”“删除”按钮，进入后台代码设计界面，在该界面中添加操作数据库及读取配置文件的命名空间为 using System.Configuration;using System.Data.SqlClient;，在所有事件外定义静态只读数据库连接字符串。“增加”“修改”“删除”按钮代码设计如下。

```
namespace Capter7_3
{
    public partial class DataInfertUpdateDelete : System.Web.UI.Page
    {
        static readonly string connString = ConfigurationManager.ConnectionStrings["dataString"].ToString();
        protected void Page_Load(object sender, EventArgs e)
        {

        }

        protected void btnInsert_Click(object sender, EventArgs e) //插入记录
        {
            using (SqlConnection conn = new SqlConnection(connString))
            {
                if (conn != null)
                {
                    conn.Open();
                    SqlCommand comm = new SqlCommand();//创建一个空 Sqlcommand 对象
```

```
                comm.Connection = conn;//设置连接对象
                string sql = "INSERT INTO tbUserInfo (userName,userPwd ,userSex,userBirthday,
                        userEducation,userPhone,userAddress,userType) VALUES('李梦园',
                        '123456','女','2001/03/04','本科','18712340987','湖北武汉','学员')";
                comm.CommandText = sql;//对数据源实行操作的 SQL 语句
                int row = comm.ExecuteNonQuery(); //返回受影响的行数
                lblMessage.Text = "插入记录的行数： " + row;
            }
            else
            {
                Response.Write("<script>alert('数据库连接失败！ ')</script>");
            }
        }
    }

    protected void btnUpdate_Click(object sender, EventArgs e)//修改记录
    {
        using (SqlConnection conn = new SqlConnection(connString))
        {
            if (conn != null)
            {
                conn.Open();
                SqlCommand comm = new SqlCommand();//创建一个空 Sqlcommand 对象
                comm.Connection = conn;//设置连接对象
                string sql = "UPDATE tbUserInfo SET userPwd='2330190101' WHERE userName
                        ='李梦园'";
                comm.CommandText = sql;//对数据源实行操作的 SQL 语句
                int row = comm.ExecuteNonQuery(); //返回受影响的行数

                lblMessage.Text = "修改记录的行数： " + row;
            }
            else
            {
                Response.Write("<script>alert('数据库连接失败！ ')</script>");
            }
        }
    }

    protected void btnDelete_Click(object sender, EventArgs e)//删除记录
    {
        using (SqlConnection conn = new SqlConnection(connString))
        {
            if (conn != null)
            {
                conn.Open();
                SqlCommand comm = new SqlCommand();//创建一个空 Sqlcommand 对象
```

```
                comm.Connection = conn;//设置连接对象
                string sql = "DELETE FROM tbUserInfo WHERE userName ='李梦园'";
                comm.CommandText = sql;//对数据源实行操作的 SQL 语句
                int row = comm.ExecuteNonQuery(); //返回受影响的行数

                lblMessage.Text = "删除记录的行数：" + row;
            }
            else
            {
                Response.Write("<script>alert('数据库连接失败！')</script>");
            }
        }
    }
  }
}
```

(3) 运行程序。在 DataInfertUpdateDelete.aspx 的页面源视图界面中右击，执行“在浏览器中查看”命令，分别单击“增加”“修改”“删除”按钮的页面效果如图 7.7 所示。

说明：

本例题实现对数据库的增加、修改、删除操作均是静态操作，也就是说增加、修改、删除操作内容已由程序固定，不具备可变性。

7.5 读取数据 DataReader 对象

在应用程序中操作数据库时，要获得数据库的操作结果有两种方法：通过 DataReader 对象从数据源中获得数据并进行处理；通过 DataSet 对象将数据读到内存中进行处理。

7.5.1 DataReader 对象概述

DataReader 对象用于从数据源获得只进的(只能向前、不能倒退、只能按顺序)、只读(只能进行读取数据操作)的数据流，它是一种快速的、低开销的对象，特别适合“遍历”操作。DataReader 在读取数据时每次只能读取一条记录，并且不允许做其他操作。

DataReader 类是抽象类，因此不能直接实例化创建，只能通过执行 Command 对象的 ExecuteReader 方法返回 DataReader 实例来获得。

7.5.2 创建 DataReader 对象

使用 DataReader 对象检索数据的基本步骤：首先，创建 Command 对象实例，然后通过调用 Commmand.ExecuteReader 方法创建一个 DataReader 对象，以便从数据源检查数据行。

创建 DataReader 对象不能直接使用构造函数，因为 DataReader 对象是抽象类，必须调用 Command 对象的 ExectueReader 方法来创建。创建 SqlDataReader 对象的基本语法格式如下。

```
SqlCommand comm=new SqlCommand();          //创建 Command 对象 comm
SqlDataReader reader = comm.ExecuteReader(); //创建 DataReader 对象 reader
```

7.5.3 DataReader 对象的属性和方法

1. DataReader 对象的属性

DataReader 对象的常用属性及基本功能如表 7.7 所示。

表 7.7 DataReader 对象的常用属性及基本功能

属性	基本功能
Connection	获取与 DataReader 相关联的 Connection
FieldCount	获取当前行的列数
Item	索引器属性，获取以本机格式表示的某列的值
IsClosed	检索一个布尔值，该值指示是否已关闭指定的 DataReader 实例
HasRows	获取一个值，该值指示 DataReader 是否包含一行或多行

2. DataReader 对象的方法

DataReader 对象的常用方法及基本功能如表 7.8 所示。

表 7.8 DataReader 对象的常用方法及基本功能

方法	基本功能
Read	使 DataReader 读取下一条记录，只能向前，不能后退
Close	关闭 DataReader 对象。注意，关闭 DataReader 对象并不会自动关闭底层连接
Get	用来读取数据集的当前行的某一列的数据
NextResult	当读取批处理 SQL 语句的结果时，使数据读取器前进到下一个结果
GetName	用来获取指定列的名称
GetValue	用来获取本机格式表示的指定列的值
GetOrdindl	在给定列名称的情况下获取列序号

1) Read 方法

Read 方法的语法格式如下。

```
SqlCommand comm = new SqlCommand(sql,conn);
SqlDataReader reader = comm.ExecuteReader();
 while (reader.Read()){ } //reader.Read()返回值为 true，说明存在多行，否则为 false
```

SqlDataReader 对象的默认位置在第一条记录前面，读取数据的第一个操作是调用 SqlDataReader 对象的 Read 方法。若返回值是 true，则表示已经成功读取到一行记录；若返回值是 false，则表示已经读到记录尾，没有数据可读。

使用 SqlDataReader 对象的 Read 方法遍历整个数据集时，不需要显示移动指针或检查文件的结束。当没有要读取的数据记录时，Read 方法返回值为 false。

2) 访问 Read 方法返回行的列

通过 SqlDataReader 对象的 Read 方法可从查询结果集中获得行，通过 SqlDataReader

对象传递列的序号，可以返回某行该列的值。

在二维数据表中，表是由多行组成，行是由多列组成，行中的列默认索引号从 0 开始，顺序递增，或者由列标题来表示。SqlDataReader 对象传递列的序号的两种表示法的基本语法格式如下。

```
按索引表示：reader[0]或 Reader.GetValue(0)
按列标题表示：reader["userName"]
```

通过 SqlDataReader 对象的方法获得 SqlDataReader 对象中所有行和列的代码如下。

```
SqlCommand comm = new SqlCommand();
    SqlDataReader reader = comm.ExecuteReader();
    while (reader.Read()) //reader.Read()返回值为 true，说明存在多行，否则为 false
    {
        for (int i = 0; i < reader.FieldCount; i++)
        {
            Response.Write(reader.GetName(i) + " " + reader.GetValue(i) + "<br/>");
        }
        Response.Write("<br/>");
    }
```

其中，FieldCount 表示当前行的所有列数；GetName(i)表示当前行第 i 列的列名；GetValue(i)表示当前行第 i 列的列值。

3) 关闭 DataReader 对象

在使用完 DataReader 对象后，程序员必须显式地调用 DataReader 对象的 Close 方法来关闭 DataReader 对象。但是，关闭 DataReader 对象并不会自动关闭与程序关联的 Connection 对象与数据库的连接，如果 Connection 对象所建立的连接不再使用，则需要调用 Connection 对象的 Close 方法来断开与数据库的连接。

7.5.4　查询数据表记录操作

ExecuteReader 方法执行 CommandText，返回一个 DataReader 对象。CommandText 通常是查询命令，其结果是包含多行的结果集。当 Command 对象返回结果集时，需要使用 DataReader 对象来检索。DataReader 对象是一种只读的，只能向前移动的游标，客户端代码向前移动游标并从中读取数据。因为 DataReader 对象每次只能在内存中保留一行，所以开销非常小。

1. 构造不带参数的 Command 对象，用 ExecuteReader 方法创建 DataReader 对象

创建一个不带参数的 Command 对象，然后调用 ExecuteReader 方法创建 DataReader 对象来对数据源进行读取的代码如下。

```
SqlConnection conn = new SqlConnection();
        conn.Open();
        string sql = "定义的查询 SQL 语句";
        SqlCommand comm = new SqlCommand(sql,conn);
        SqlDataReader reader = comm.ExecuteReader();
```

```
        while (reader.Read()) //reader.Read()返回值为 true，说明存在多行，否则为 false
        {
            for (int i = 0; i < reader.FieldCount; i++)
            {
                Response.Write(reader.GetName(i) + " " + reader.GetValue(i) + "<br/>");
            }
            Response.Write("<br/>");
        }
        reader.Close();
        conn.Close();
```

【例题 7.4】运用 DataReader 对象读取数据库 SIMSDB 中 tbUserInfo 数据表的信息显示到页面的指定位置中，读取数据表信息显示效果如图 7.8 所示。

例题 7.4

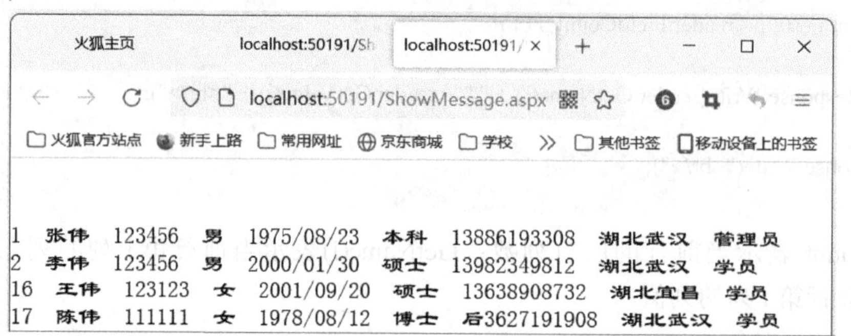

图 7.8　读取数据表信息显示效果

实现步骤：

(1) 页面设计。启动 Visual Studio 2013，创建解决方案 Capter7_4，添加 ShowMessage.aspx 页面，并设计 DIV 层在页面中的显示信息的样式代码如下。

```
style="width:800px;margin:auto;margin-top:50px;font-family :隶书;font-size:18px"
```

(2) 后台代码设计。在配置文件中定义数据库连接字符串，在 ShowMessage.aspx 页面加载事件中定义读取配置文件中数据库连接字符串、创建数据库连接对象、创建命令对象、创建 DataReader 对象、读取数据，后台代码设计如下。

```
namespace Capter7_4
{
    public partial class ShowMessage : System.Web.UI.Page
    {
        static readonly string connStr = ConfigurationManager.ConnectionStrings["connString"].ToString();
                //定义数据库连接字符串
        protected void Page_Load(object sender, EventArgs e)
        {
            using (SqlConnection conn = new SqlConnection(connStr))
            {
                SqlCommand comm = new SqlCommand();//创建命令对象
                string sql = "SELECT id,userName,userPwd,userSex,userBirthday ,userEducation ,
                        userPhone,userAddress,userType FROM tbUserInfo    ";
```

```
                    comm.Connection = conn; //实例化连接对象
                    comm.CommandText = sql; //
                    conn.Open();
                    SqlDataReader reader = comm.ExecuteReader();//创建 SqlDataReader 对象
                    while (reader.Read())
                    {    //reader[0]表示第 1 列 id
                        Response.Write(reader[0].ToString() + "  ");
                        Response.Write(reader[1].ToString() + "  ");
                        Response.Write(reader[2].ToString() + "  ");
                        Response.Write(reader[3].ToString() + "  ");
                        Response.Write(reader[4].ToString() + "  ");
                        Response.Write(reader[5].ToString() + "  ");
                        Response.Write(reader[6].ToString() + "  ");
                        Response.Write(reader[7].ToString() + "  ");
                        Response.Write(reader[8].ToString() + "  "+"<br/>");
                    }
                    reader.Close();
                }
            }
        }
    }
```

(3) 运行程序。在 ShowMessage.aspx 页面源代码视图中右击，执行“在浏览器中查看”命令，程序运行效果如图 7.8 所示。

从读取数据的格式上来看，每列的对齐不规范，如何使每列的数据格式规范呢，可通过 ASP.NET 提供的 GridView 数据控件来实现。

【例题 7.5】运用 DataReader 对象从数据库 SIMSDB 中读取 tbUserInfo 表的数据信息，在数据控件 GridView 中显示。GridView 显示数据表信息如图 7.9 所示。

例题 7.5

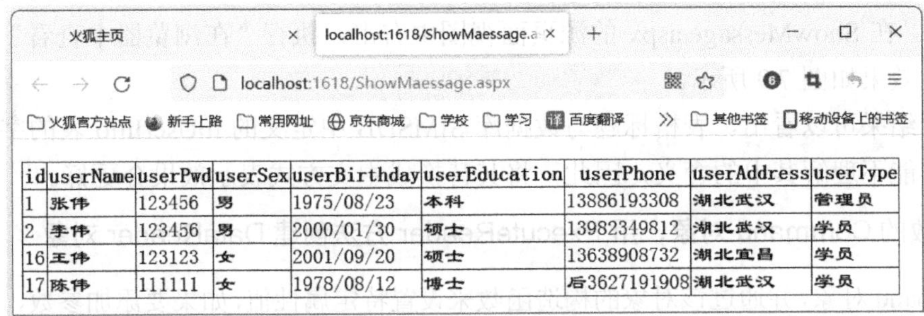

id	userName	userPwd	userSex	userBirthday	userEducation	userPhone	userAddress	userType
1	张伟	123456	男	1975/08/23	本科	13886193308	湖北武汉	管理员
2	李伟	123456	男	2000/01/30	硕士	13982349812	湖北武汉	学员
16	王伟	123123	女	2001/09/20	硕士	13638908732	湖北宜昌	学员
17	陈伟	111111	女	1978/08/12	博士	后3627191908	湖北武汉	学员

图 7.9 GridView 显示数据表信息

实现步骤：

(1) 前台页面设计。启动 Visual Studio 2013，创建解决方案 Capter7_5，添加 ShowMessage.aspx 页面，在页面的 DIV 层中设计 GridView 数据控件，同时设计 DIV 层的样式，设计代码如下。

```
<div style ="width:800px;margin :auto ;margin-top:20px;font-family :隶书;font-size :18px">
        <asp:GridView ID="gvTbUserInfo" runat="server"></asp:GridView>
</div>
```

(2) 后台代码设计。在 ShowMessage.aspx.cs 文件页面的加载事件中，定义数据连接字符串、创建数据库连接对象、创建命令对象、创建 DataReader 对象、设置 GridView 数据控件的数据源、调用数据控件的数据绑定方法，设计代码如下。

```
namespace Capter7_5
{
    public partial class ShowMessage : System.Web.UI.Page
    {
        static readonly string connStr = ConfigurationManager.ConnectionStrings["connString"].ToString();
        protected void Page_Load(object sender, EventArgs e)
        {
            using (SqlConnection conn = new SqlConnection(connStr))
            {
                SqlCommand comm = new SqlCommand();//创建命令对象
               string sql = "SELECT id,userName,userPwd,userSex,userBirthday ,userEducation ,userPhone,
                        userAddress,userType FROM tbUserInfo";
                comm.Connection = conn; //实例化连接对象
                comm.CommandText = sql; //设置命令对象的 SQL 语句
                conn.Open();
                SqlDataReader reader = comm.ExecuteReader();//创建 SqlDataReader 对象
                gvTbUserInfo.DataSource = reader; //设置 GridView 数据控件的数据源
                gvTbUserInfo.DataBind();//将 reader 对象绑定到 GridView 控件，以便显示数据
                reader.Close();
            }
        }
    }
}
```

(3) 运行程序。在 ShowMessage.aspx 的源页面视图中右击，执行“在浏览器中查看”命令，程序的运行效果如图 7.9 所示。

从程序的运行结果可以看出，表格标题与数据库 SIMSDB 中定义的 tbUserInfo 表的字段一致，但用户可能不理解其中的含义，因此，将其替换成中文方式表示效果会更好。

2. 构造带参数的 Command 对象，用 ExecuteReader 方法创建 DataReader 对象

使用 SqlCommand 对象，并通过该对象的构造函数来设置特定属性值，如果要添加参数，则添加参数的基本步骤是：首先创建一个 SqlCommand 对象 comm；其次创建 SqlParameter 对象 parame，并且 SqlParameter 类有多个重载，其中@myName 是参数名，SqlDbType.VarChar 指该参数的类型；最后调用 comm 对象的 Parameters.Add 方法实现添加。其语法格式如下。

```
SqlCommand comm = new SqlCommand("Sql",conn);//创建带参数的命令对象
SqlParameter parame = new SqlParameter("@myName", SqlDbType.VarChar);
comm.Parameters.Add(parame);
```

例题 7.6

【例题 7.6】设计一个用户信息查询页面，当运行程序时，将数据库 SIMSDB 中数据表 tbUserInfo 的信息在数据表格视图 GridView 控件中显示，用户信息表如图 7.10 所示。在用户名文本框中输入指定的用户名信息，单击“查询”按钮，将查询到的用户信息在数据表格视图 GridView 控件中显示，查询结果的数据表信息如图 7.11 所示。

id	userName	userPwd	userSex	userBirthday	userEducation	userPhone	userAddress	userType
1	张伟	123456	男	1975/08/23	本科	13886193308	湖北武汉	管理员
2	李伟	123456	男	2000/01/30	硕士	13982349812	湖北武汉	学员
16	王伟	123123	女	2001/09/20	硕士	13638908732	湖北宜昌	学员
17	陈伟	111111	女	1978/08/12	博士	后3627191908	湖北武汉	学员

用户名：张伟 查询

图 7.10　用户信息表

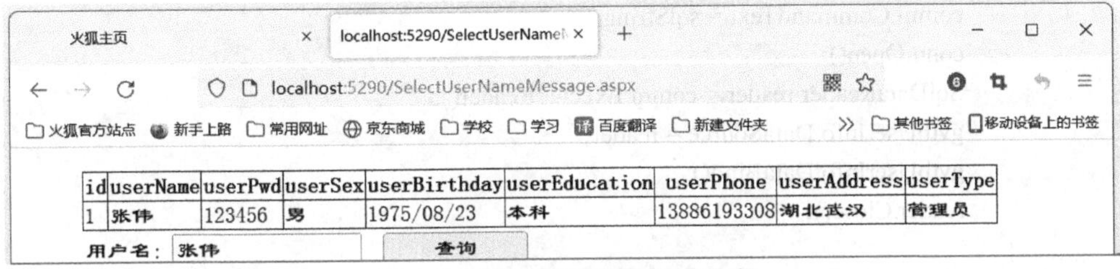

id	userName	userPwd	userSex	userBirthday	userEducation	userPhone	userAddress	userType
1	张伟	123456	男	1975/08/23	本科	13886193308	湖北武汉	管理员

用户名：张伟 查询

图 7.11　查询结果的数据表信息

实现步骤：

(1) 前台页面设计。启动 Visual Studio 2013，创建解决方案 Capter7_6，添加查询用户信息页面 SelectUserNameMessage.aspx。在页面 DIV 层中设计数据表格视图 GridView 控件，设计一个表格 table，表格中只有一行一列(或一行多列)，分别是文本输入框控件、按钮控件，同时设计 DIV 的样式、各控件的样式。页面设计代码如下。

```
<body>
    <form id="form1" runat="server">
    <div style="width :800px;margin :auto;margin-top:20px;font-family :隶书;font-size:18px">
        <asp:GridView ID="gvtbUserInfo" runat="server"></asp:GridView>
        <table>
            <tr><td>用户名：<asp:TextBox ID="txtName" runat="server" Font-Names ="隶书"
                            Font-Size ="18px" Width="150px"></asp:TextBox>  
        <asp:Button ID="btnSelect" runat="server" Text="查询"   Font-Names ="隶书"
                            Font-Size ="18px" Width="120px" OnClick="btnSelect_Click"/>
                            </td></tr>
        </table>
    </div>
    </form>
</body>
```

(2) 后台逻辑功能代码设计。在配置文件 Web.config 文件中定义数据库连接字符串，在页面 SelectUserNameMessage.aspx.cs 中定义读取配置文件中数据库连接字符串。在页面的加载事件中加载数据库 SIMSDB 的数据表 tbUserInfo 的数据信息；在“查询”按钮的单击事件加载查询到的用户信息并显示在数据表格视图 GridView 控件中，设计代码如下。

```
namespace Capter7_6
{
    public partial class SelectUserNameMessage : System.Web.UI.Page
    {
        static readonly string connStr = ConfigurationManager.ConnectionStrings["connString"].ToString();
        protected void Page_Load(object sender, EventArgs e)
        {
            SqlConnection conn = new SqlConnection(connStr);
            SqlCommand comm = new SqlCommand();
            string sqlString = "SELECT id,userName,userPwd,userSex,userBirthday ,userEducation ,
                               userPhone,userAddress,userType FROM tbUserInfo ";
            comm.Connection = conn;
            comm.CommandText = sqlString;
            conn.Open();
            SqlDataReader reader = comm.ExecuteReader();
            gvtbUserInfo.DataSource = reader;
            gvtbUserInfo.DataBind();
            reader.Close();
        }

        protected void btnSelect_Click(object sender, EventArgs e)//查询按钮单击事件
        {
            SqlConnection conn = new SqlConnection(connStr);
            SqlCommand comm = new SqlCommand();
            string sqlString = "SELECT id,userName,userPwd,userSex,userBirthday ,userEducation ,
                               userPhone,userAddress,userType FROM tbUserInfo where userName=
                               @myName";
            comm.Connection = conn;
            comm.CommandText = sqlString; //创建一个 SqlParameter 对象并赋值
            comm.Parameters.Add(new SqlParameter("@myName", txtName.Text)); conn.Open();
            SqlDataReader reader = comm.ExecuteReader();
            gvtbUserInfo.DataSource = reader;
            gvtbUserInfo.DataBind();
            reader.Close();
            conn.Close();
        }
    }
}
```

(3) 运行程序。在 SelectUserNameMessage.aspx 源视图页面中右击，执行“在浏览器中查看”命令，显示的页面信息如图 7.10 所示；在图 7.10 所示的用户名框中输入“张伟”，单击“查询”按钮，显示查询的结果页面信息如图 7.11 所示。

7.6 DataSet 对象

DataSet(数据集)不直接与数据库联系，数据集与数据源之间的联系是通过.NET 数据提供程序 DataAdapter 实现的。这一过程与 DataReader 对象是完全不同的，DataSet 一旦通过 DataAdapter 对象从数据源中获得数据后就断开与数据源之间的连接，此后应用程序的所有操作均转向 DataSet，当所有这些操作完成后，可以通过 DataAdapter 提供的数据源更新方法将修改后的数据写入数据库。

DataSet 对象、DataAdapter 对象和数据源间的关系如图 7.12 所示。从图中可以看出，DataSet 对象并没有直接连接数据源，它与数据源之间的连接是通过 DataAdapter 对象来完成的。

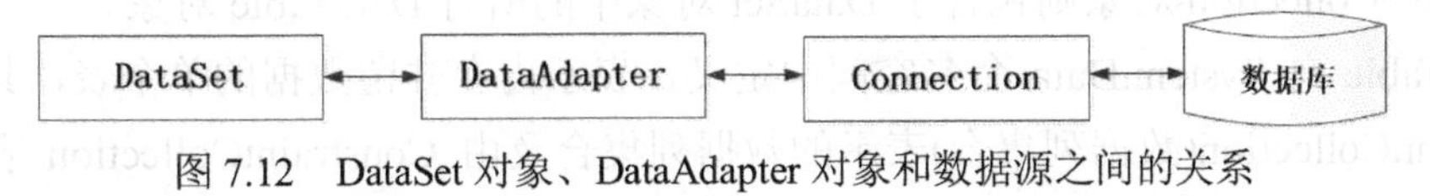

图 7.12　DataSet 对象、DataAdapter 对象和数据源之间的关系

7.6.1　DataSet 对象的基本构成

DataSet 对象是 ADO.NET 的核心构件之一，它是数据内存表示形式，提供了独立于数据源的关系编程模型。DataSet 表示整个数据集，包括表、约束、表与表之间的关系。由于 DataSet 独立于数据源，故其中可以包含应用程序的本地数据，也可以包含来自多个数据源的数据。

我们可以把数据集看作内存中的一个临时数据库，它把应用程序需要的数据临时保存在内存中。由于这些数据都缓存在本地计算机中，因此不需要与数据库服务器一直保持连接。当应用程序需要数据时，直接从内存的数据集中读取数据，也可以修改数据集中的数据，然后把数据集中修改后的数据写回数据库。

7.6.2　DataSet 的组成结构和工作过程

1. DataSet 的组成结构

DataSet 结构与数据库的结构相似，其包含多个数据表，这些表构成一个数据表集合(DataTableCollection)，其中每张数据表都是一个 DataTable 对象。每张数据表都是由行、列组成的，表中的所有列是一个列集合(DataColumnCollection)，其中的列数称为数据列(DataColumn)；表中的行称作数据纪录，表中所有行是一个行集合(DataRowCollection)，其中的行数称为数据行(DataRow)。

DataSet 主要由 DataTableCollection(数据表集合)、DataRelationcollection(数据关系集合)和 ExtendedProperties 对象组成。DataSet 组成结构如图 7.13 所示。

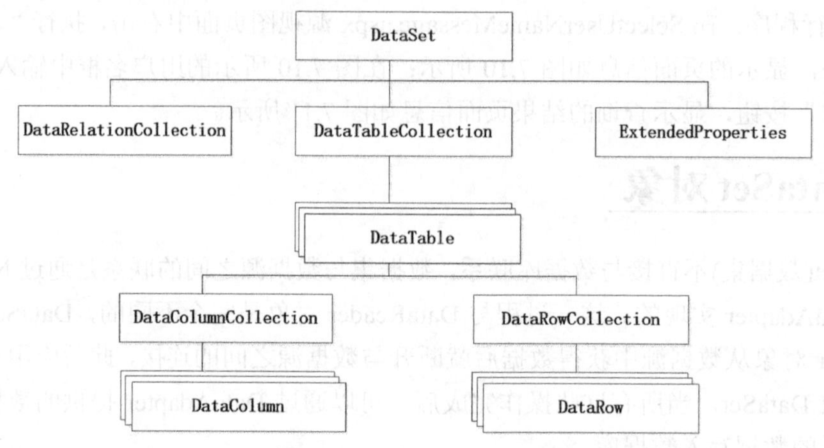

图 7.13　DataSet 组成结构

1) DataTableColletion

在每个DataSet对象中都可以包含由DataTable(数据表)对象表示的若干个数据表的集合，而 DataTableCollection 对象则包含了 DataSet 对象中的所有 DataTable 对象。

DataTable 在 System.Data 命名空间中定义，表示内存驻留数据的单个表，其中包含由 DataColumnCollection(数据列集合)表示的数据列集合及由 ConstraintCollection 表示的约束集合，这两个集合共同定义表的架构。DataColumnCollection对象的DataColumn(数据列)对象表示了数据表中某一列的数据。

DataTable 对象还包含 DataRowCollection 所表示的数据行集合，而DataRow(数据行)对象则表示数据表中某行的数据。

2) DataRelationCollection

DataRealtionCollection 对象用于表示 DataSet 中两个 DataTable 对象之间的父子关系，它使一个 DataTable 中的行与另一个 DataTable 中的行相关联，这种关联类似于关系数据表之间的主键列、外键列的关联。DataRelationCollection 对象管理 DataSet 中所有的 DataTable 之间的 DataRelation 关系。

3) ExtendedProperties

ExtendedProperties 的实质是一个属性集合(PropertyCollection)，用户可以在其中放入自定义的信息，如用于产生结果集的 SELECT 语句或生成数据的时间/日期标志。

由于 ExtendedProperties 可以包含自定义信息，所以在其中可以存储额外的、用户定义的 Dataset(DataTable 或 DataColumn)数据。

2．DataSet 的基本工作过程

DataSet 的基本工作过程是：首先完成与数据库的连接，DataSet 在存放 ASP.NET 网站的服务器中为每个用户开辟一块内存，通过 DataAdapter(数据适配器)将得到的数据填充到 DataSet 中，然后把 DataSet 中的数据发送给客户端。ASP.NET 网站服务器中的 DataSet 使用完后，将释放 DataSet 所占用的内存。

客户端读入数据后，在内存中保存一份DataSet 副本，随后断开与数据库的连接。客户

端应用程序所有针对数据库的操作都是指向本地DataSet的，待数据库操作完毕后，可通过DataSet、DataAdapter 提供的方法统一把更新后的 DataSet 发送到服务器中，服务器接收DataSet 并修改数据库的数据。

7.6.3　DataSet 中的常用子对象

在 DataSet 对象内部是一个或多个 DataTable 的集合，每个 DataTable 由 DataColumn(列)和 DataRow(行)及 Constraint(约束)的集合及 DataRelation 的集合组成。DataTable 内部的DataRelation 集合对应于父关系、子关系，两者建立了 DataTable 之间的连接。

DataSet 对象的常用子对象及基本功能如表 7.9 所示。

表 7.9　DataSet 对象的常用子对象及基本功能

对象	基本功能
DataTable	数据表，使用行、列的形式来组织的一个二维表格数据集
DataColumn	数据列，一个规则的集合，描述决定将什么数据存储到一个 DataRow 中
DataRow	数据行，由单行数据库数据构成的一个数据集合，该对象是实际的数据存储
Constraint	约束，决定能进入 DataTable 的数据
DataRelation	数据表之间的关联

7.6.4　DataSet 对象常用属性和方法

1．DataSet 对象常用属性

DataSet 对象常用属性有：DataSetName 属性，用于获取或设置当前 DataSet 对象的名称；Tables 属性，用于获取或设置包含在 DataSet 对象中的表的集合。

2．DataSet 对象常用方法

DataSet 对象的常用方法及基本功能如表 7.10 所示。

表 7.10 DataSet 对象的常用方法及基本功能

方法	基本功能
AcceptChanges	提交自动加载此 DataSet 或上次调用 AcceptChanges 以来对其进行的所有更改
Clear	清除 DataSet 对象中所有表的行、列数据
Clone	复制 DataSet 的结构，包括所有的 DataTable 架构、关系和约束，不复制任何数据
Copy	复制 DataSet 的结构和数据
CreateDataReader	为每个 DataTable 返回带有一个结果集的 DataTableReader，顺序与 Tables 集合中表的显示顺序相同
HasChanges	获取一个值，该值指示 DataSet 是否有更改，包含新增的行、已删除的行或修改的行
Merge	将指定的 DataSet、DataTable 或 DataRow 对象的数组合并到当前的 DataSet 或 DataTable 中

7.7 DataAdapter 对象

DataAdapter 对象在物理数据库表和内存数据表之间起着桥梁的作用，通常与 DataSet 或 DataTable 对象配合来实现对数据库的操作。

7.7.1 创建 DataAdapter 对象

DataAdapter 对象是一个双向通道，用来把数据从数据源中读到一个内存表中，以及把内存中的数据写回到一个数据源中，这两种操作分别称为填充(Fill)和更新(Update)，它们使用的数据源可能相同，也可能不相同。DataAdapter 对象通过 Fill 方法和 Update 方法来提供这个桥接器。

DataAdapter 对象可以使用 Connection 对象连接到数据源，并使用 Command 命令从数据源检索数据及将更改写回数据源。

如果连接的是 SQL Server 数据库，则需要将 SqlDataAdapter 与关联的 SqlCommand 和 SqlConnection 对象一起使用。使用 SqlDataAdapter 类的构造函数创建 DataAdapter 对象的语法格式如下。

```
SqlConnection conn = new SqlConnection(connStr);
string sqlString = ""; //SELECT 的查询语句或 SqlCommand 对象
SqlDataAdapter da = new SqlDataAdapter(sqlString , conn);
```

在上述语法格式中创建一个 SqlDataAdapter 对象 da，其中 SqlDataAdapter 类的构造函数的两个参数分别是操作数据库的 SQL 语句(或命令对象)和数据库连接字符串对象 conn。

7.7.2 DataAdapter 对象的属性和方法

1. DataAdapter 对象的常用属性

DataAdapter 对象的常用属性及基本功能如表 7.11 所示。

表 7.11 DataAdapter 对象的常用属性及基本功能

属性	基本功能
SelectCommand	获取或设置一个语句存储过程，用于在数据源中选择记录
InsertCommand	获取或设置一个语句存储过程，用于在数据源中插入新记录
UpdateCommand	获取或设置一个语句存储过程，用于更新数据源中的记录
DeleteCommand	获取或设置一个语句存储过程，用于从数据源中删除记录
UpdateBatchSize	获取或设置每次到服务器的往返过程中处理的行数
MissingSchemaAction	确定现有 DataSet 架构与传入数据不匹配时需要执行的操作

说明：

DataAdapter对象中的属性SelectCommand、InsertCommand、UpdateCommand、DeleteCommand属性都是Command对象。

假设已经创建了用于向数据库 SIMSDB 的数据表 tbUserInfo 表中插入一条记录的 SQL 语句是 strInsert，并且已建立了与 SQL Server 数据库的连接对象 conn，则在程序中通过 DataAdapter 对象的 InsertCommand 属性插入记录的代码如下。

```
SqlConnection conn = new SqlConnection(connStr);
string strInsert = "";//向数据表插入一条记录的 SQL 语句字符串
SqlCommand comm = new SqlCommand(strInsert, conn);
SqlDataAdapter da = new SqlDataAdapter(); //创建 DataAdapter 对象
conn.Open(); //打开数据库
da.InsertCommand = comm;//设置 DataAdapter 对象的 InsertCommand 属性
da.InsertCommand.ExecuteNonQuery();//执行 InsertCommand 代表的 SQL 语句(插入)
conn.Close();//关闭数据库连接
```

2. DataAdapter 对象的常用方法

DataAdapter 对象的常用方法及基本功能如表 7.12 所示。

表 7.12　DataAdapter 对象的常用方法及基本功能

方法	基本功能
Fill	用从数据源读取的数据行填充到 DataSet 对象中
Update	在 DataSet 对象中的数据有所改动后更新数据源，包括 DataSet 中每个已插入、已更新或已删除的行提交给数据库，使 DataSet 与数据库保持同步更新
FillSchema	将一个 DataTable 加入指定的 DataSet 中，并配置表的模式
GetFillParameters	返回一个 SELECT 命令的 DataParameters 对象组成的数组
Dispose	删除该对象

1) 填充数据集

使用 DataAdapter 对象填充数据集的步骤如下：①创建数据库连接(Connection)对象；②定义从数据库查询数据用的 SELECT SQL 语句；③创建 DataAdapter 对象；④调用 DataAdapter 对象的 Fill 方法填充数据集。实现填充数据集的代码如下。

```
SqlConnection conn = new SqlConnection(connStr);
string sqlSelect = " ";//数据库查询语句
SqlDataAdapter da = new SqlDataAdapter(sqlSelect, conn);//创建 DataAdapter 对象
DataSet ds = new DataSet();//创建数据集对象
da.Fill(ds, "tbUserInfo");//将数据表 tbUserInfo 的信息填充到 ds 数据集中
```

2) 保存数据集中的数据

在更新数据时同样需要有相关的命令，使用 SqlCommandBuilder 对象(构造 SQL 命令)可以自动生成需要的 SQL 命令，将数据集中修改过的数据保存到数据源中，具体步骤如下。

(1) 使用 SqlCommandBuilder 对象为 DataAdapter 对象自动生成更新命令，语法格式如下。

```
SqlCommandBuilder scb = new SqlCommandBuilder(da);
```

其中的 da 是一个 DataAdapter 对象，也称为数据适配器对象名。

(2) 调用 DataAdapter 对象的 Update 方法更新数据库，语法格式如下。

```
da.Update(ds, "tbUserInfo");
```

其中的 da 是一个 DataAdapter 对象，也称为数据适配器对象名。

保存数据集中的数据代码如下。

```
SqlConnection conn = new SqlConnection(connStr);
string sqlSelect = " ";//数据库更新语句
SqlDataAdapter da = new SqlDataAdapter();//创建 DataAdapter 对象
da.SelectCommand = new SqlCommand(sqlSelect, conn); //添加要更新的记录
SqlCommandBuilder scb = new SqlCommandBuilder(da);//为 DataAdapter 自动生成更新命令
DataSet ds=new DataSet();    //创建数据集对象
da.Update(ds, "tbUserInfo"); //将 DataSet 中的数据变化提交到数据库(更新数据库)
```

7.8 使用 DataSet 访问数据库

Dataset 的基本工作过程是：首先完成与数据库的连接，DataSet 在存放 ASP.NET 网站服务器上为每个用户开辟一块内存，通过 DataAdapter(数据适配器)，将得到的数据填充到 DataSet 中，然后把 DataSet 中的数据发送给客户端。

ASP.NET 网站服务器中的 DataSet 使用完以后，将释放 DataSet 所占用的内存，客户端读入数据后，在内存中保存一份 DataSet 的副本，随后断开与数据库的连接。

在使用 DataSet 访问数据库时，应用程序所有针对数据库的操作都是指向 DataSet 的，并不会立即引起数据库的更新，通过DataSet、DataAdapter 提供的方法可将更新后的数据一次性保存到数据库中。

7.8.1 创建 DataSet 对象

创建数据集对象基本语法格式如下。

```
DataSet ds=new DataSet();
```

或

```
DataSet ds=new DataSet("tbUserInfo");
```

其中，DataSetds=newDataSet();表示先创建一个空数据集，以后再将已建立的数据表(DataTable)包含进来；DataSetds=newDataSet("tbUserInfo");表示建立数据表，然后建立包含该数据表的数据集。

7.8.2 填充 DataSet

填充是指将 DataAdapter 对象通过执行 SQL 语句从数据源得到的返回结果，使用 DataAdapter 对象的 Fill 方法传递给 DataSet 对象，基本语法格式如下。

```
SqlDataAdapter da = new SqlDataAdapter();//创建 DataAdapter 对象 da
DataSet ds=new DataSet();//创建 DataSet 对象 ds
da.Fill(ds); 或 da.Fill(ds, "tbUserInfo");
```

Fill 方法共有 13 种重载方式，上面介绍的仅是最常用的两种，读者可查阅 MSDN 来了解其他重载方式。

填充 DataSet 的一般方法和步骤如下：①创建数据库连接对象 Connection；②创建 DataAdapter 对象；③定义数据库操作的 SQL 语句；④设置 DataAdapter 对象的 SelectCommmand 属性，使用数据库连接对象，执行定义的 SQL 语句，从数据库中读取需要的数据；⑤创建一个空 DataSet 对象；⑥使用 DataAdapter 对象的 Fill 方法填充 DataSet；⑦为 GridView 控件设置数据源并绑定，以便在 GridView 控件中显示 DataSet 数据集中的数据。代码如下。

```
SqlConnection conn = new SqlConnection(connStr);//创建数据库连接对象
SqlDataAdapter da = new SqlDataAdapter();//创建 DataAdapter 对象
string sqlSelect = " select *from tbUserInfo";//定义数据库查询字符串
da.SelectCommand = new SqlCommand(sqlSelect, conn); //从数据库中读取数据
DataSet ds=new DataSet();   //创建数据集对象
da.Fill(ds);   //将数据源中读取的数据填充到数据集对象中
GridView1.DataSource = ds; //设置 GridView 数据控件的数据源
GridView1.DataBind(); //绑定数据
```

【例题 7.7】使用 DataSet 对象将数据库 SIMSDB 中 tbUserInfo 表的数据信息在数据表格 GridView 控件的页面显示出来，使用 DataSet 浏览数据表的效果如图 7.14 所示。

例题 7.7

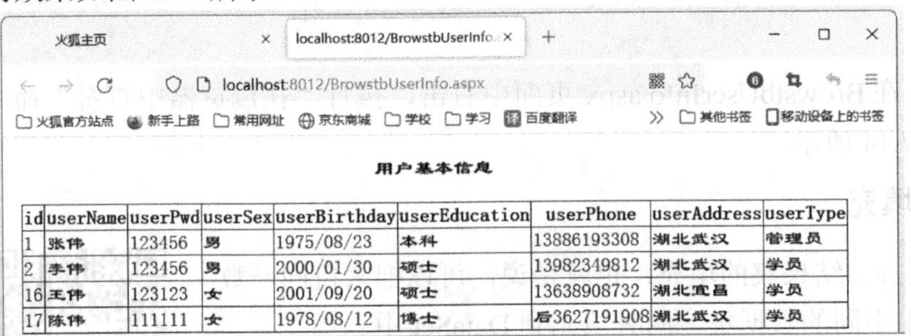

id	userName	userPwd	userSex	userBirthday	userEducation	userPhone	userAddress	userType
1	张伟	123456	男	1975/08/23	本科	13886193308	湖北武汉	管理员
2	李伟	123456	男	2000/01/30	硕士	13982349812	湖北武汉	学员
16	王伟	123123	女	2001/09/20	硕士	13638908732	湖北宜昌	学员
17	陈伟	111111	女	1978/08/12	博士	后3627191908	湖北武汉	学员

图 7.14　使用 DataSet 浏览数据表的效果

实现步骤：

(1) 前台页面设计。启动 Visual Studio 2013，创建解决方案 Capter7_7，添加 BrowstbUserInfo.aspx 页面，在页面的 DIV 层中设计 GridView 数据表格视图控件，同时设计相关的样式，前台页面设计代码如下。

```
<body>
    <form id="form1" runat="server">
    <div style ="width :800px;margin :auto;margin-top :20px;font-family :隶书;font-size :18px">
        <asp:GridView ID="GridView1" runat="server"></asp:GridView>
    </div>
    </form>
</body>
```

(2) 后台逻辑功能代码设计。在 BrowstbUserInfo.aspx 页面的加载事件之外创建数据库连接字符串，在页面加载事件中创建数据适配器对象、定义操作数据库的查询语句、设置数据适配器对象的查询命令属性、创建数据集对象、调用数据适配器对象的填充方法、设置 GridView 数据表格视图控件的数据源并绑定，后台逻辑功能代码设计如下。

```
namespace Capter7_7
{
    public partial class BrowstbUserInfo : System.Web.UI.Page
    {
        static readonly string connStr = ConfigurationManager.ConnectionStrings["connString"].ToString();
        protected void Page_Load(object sender, EventArgs e)
        {
            SqlConnection conn = new SqlConnection(connStr);//创建数据库连接对象
            SqlDataAdapter da = new SqlDataAdapter();//创建 DataAdapter 对象
            string sqlSelect = " select *from tbUserInfo";//定义数据库查询字符串
            da.SelectCommand = new SqlCommand(sqlSelect, conn); //从数据库中读取数据
            DataSet ds=new DataSet();   //创建数据集对象
            da.Fill(ds);   //将数据源中读取的数据填充到数据集对象中
            GridView1 .Caption ="<b>用户基本信息</b>"+"<br/><br/>";
            GridView1.DataSource = ds; //设置 GridView 数据控件的数据源
            GridView1.DataBind(); //绑定数据
            Conn.Close();
        }
    }
}
```

(3) 运行程序。在 BrowstbUserInfo.aspx 页面中右击，执行“在浏览器中查看”命令，程序运行效果如图 7.14 所示。

7.8.3 多结果集填充

DataSet 对象支持多结果集的填充，也就是说，可以把来自同一数据表或不同数据表中不同的数据集，同时填充到 DataSet 中。

例题 7.8

【例题7.8】运用 DataSet(数据集)对象实现多结果集填充，在页面上显示性别是女性、学历是博士的数据库 SIMSDB 中 tbUserInfo 表的信息，DataSet 填充多结果集如图 7.15 所示。

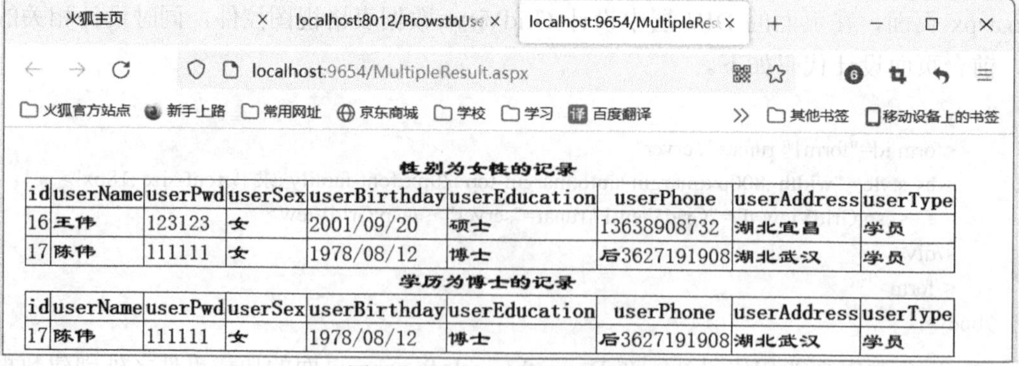

性别为女性的记录

id	userName	userPwd	userSex	userBirthday	userEducation	userPhone	userAddress	userType
16	王伟	123123	女	2001/09/20	硕士	13638908732	湖北宜昌	学员
17	陈伟	111111	女	1978/08/12	博士	后3627191908	湖北武汉	学员

学历为博士的记录

id	userName	userPwd	userSex	userBirthday	userEducation	userPhone	userAddress	userType
17	陈伟	111111	女	1978/08/12	博士	后3627191908	湖北武汉	学员

图 7.15　DataSet 填充多结果集

实现步骤：

(1) 前台页面设计。启动 Visual Studio 2013，创建 Capter7_8 解决方案，添加 Multiple

Result.aspx 多结果集页面，在页面 DIV 层中设计两个 GridView 数据表格控件，同时设计 DIV 层的样式，页面设计代码如下。

```
<body>
    <form id="form1" runat="server">
    <div style ="width:800px;margin :auto;margin-top:20px;font-family :隶书;font-size:18px">
        <asp:GridView ID="GridView1" runat="server"></asp:GridView>
        <asp:GridView ID="GridView2" runat="server"></asp:GridView>
    </div>
    </form>
</body>
```

(2) 后台逻辑功能代码设计。在解决方案的配置文件中定义数据库连接字符串；在后台代码设计页面读取配置文件中数据库连接字符串，在页面加载事件中创建数据库对象、创建数据适配器对象、定义操作数据库的多表查询语句、设置数据适配器对象的查询命令属性、创建数据集对象、调用数据适配器对象的填充方法、设置 GridView 数据表格视图控件的数据源并绑定，设计代码如下。

```
namespace Capter7_8
{
    public partial class MultipleResult : System.Web.UI.Page
    {
        static readonly string connStr = ConfigurationManager.ConnectionStrings["connString"].ToString();
        protected void Page_Load(object sender, EventArgs e)
        {
            SqlConnection conn = new SqlConnection(connStr);
            SqlDataAdapter da = new SqlDataAdapter();
            string sql = "select *from tbUserInfo where userSex='女' " + "select *from tbUserInfo where
                    userEducation='博士' ";
            da.SelectCommand = new SqlCommand(sql, conn);
            DataSet ds = new DataSet();
            da.Fill(ds);
            GridView1.Caption = "<b>性别为女性的记录</b>";
            GridView1.DataSource = ds.Tables[0];
            GridView1.DataBind();
            GridView2.Caption = "<b>学历为博士的记录</b>";
            GridView2.DataSource = ds.Tables[1];
            GridView2.DataBind();
            conn.Close();
        }
    }
}
```

(3) 运行程序。在 MultipleResult.aspx 页面中右击，执行“在浏览器中查看”命令，程序运行结果如图 7.15 所示。

7.8.4 添加新记录

DataAdapter 对象是 DataSet 与数据源之间的桥梁，它不但可以从数据源返回结果集并填充到 DataSet 中，还可以调用 Update 方法实现应用程序对 DataSet 的编辑(如添加、删除、更新)回传到数据源，完成数据库记录的更新。

当调用 Update 方法时，DataAdapter 将分析已做出的更改并执行相应命令(插入、更新、删除)。

DataAdapter 对象的 InsertCommand、UpdateCommand、DeleteCommand 属性也是 Commmand 对象，用于按照 DataSet 中数据的修改来管理数据源对相应数据的更新。

通过 DataSet 向数据表添加新记录的步骤如下：①建立数据库连接；②通过 DataAdapter 对象从数据库中取出需要的数据；③实例化一个 SqlCommandBuilder 类对象，并为 DataAdapter 自动生成更新命令；④使用 DataAdapter 对象的 Fill 方法填充 DataSet；⑤使用 NewRow 方法向 DataSet 数据表对象中添加一新行；⑥为新行各字段赋值；⑦将新行添加到 DataSet 数据表对象中；⑧调用 DataAdapter 对象的 Update 方法将数据保存到数据库中。

【例题 7.9】向数据库 SIMSDB 的数据表 tbUserinfo 中添加一条新记录。运行程序，在页面上显示数据表 tbUserInfo 的信息，如图 7.16 所示，单击“添加”按钮，将添加一条新记录，并将添加的新记录后的表中的所有记录显示在 GridView 数据控件上，如图 7.17 所示。

例题 7.9

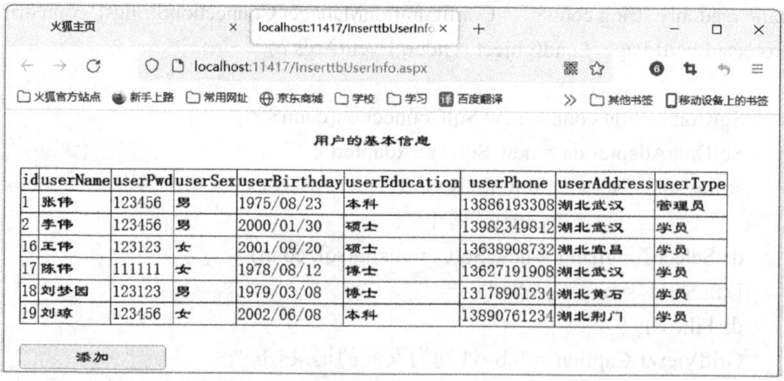
火狐主页
localhost:11417/InserttbUserInfo.aspx
用户的基本信息
id userName userPwd userSex userBirthday userEducation userPhone userAddress userType
1 张伟 123456 男 1975/08/23 本科 13886193308 湖北武汉 管理员
2 李伟 123456 男 2000/01/30 硕士 13982349812 湖北武汉 学员
16 王伟 123123 女 2001/09/20 硕士 13638908732 湖北宜昌 学员
17 陈伟 111111 女 1978/08/12 博士 13627191908 湖北武汉 学员
18 刘梦园 123123 男 1979/03/08 博士 13178901234 湖北黄石 学员
19 刘琼 123456 女 2002/06/08 本科 13890761234 湖北荆门 学员
添加

图 7.16　页面显示 tbUserInfo 信息

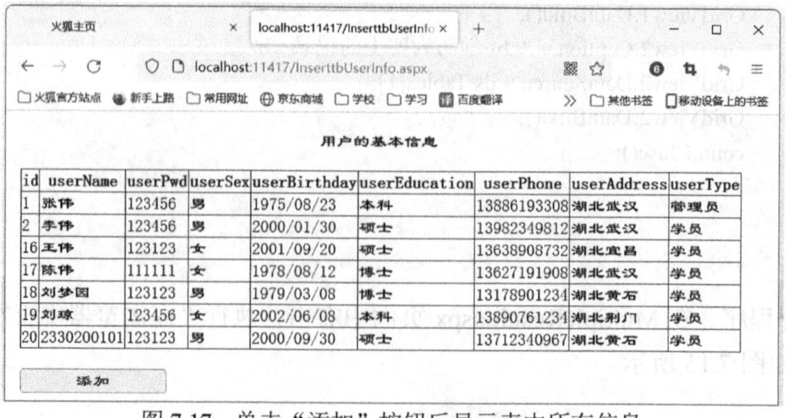
火狐主页
localhost:11417/InserttbUserInfo.aspx
用户的基本信息
id userName userPwd userSex userBirthday userEducation userPhone userAddress userType
1 张伟 123456 男 1975/08/23 本科 13886193308 湖北武汉 管理员
2 李伟 123456 男 2000/01/30 硕士 13982349812 湖北武汉 学员
16 王伟 123123 女 2001/09/20 硕士 13638908732 湖北宜昌 学员
17 陈伟 111111 女 1978/08/12 博士 13627191908 湖北武汉 学员
18 刘梦园 123123 男 1979/03/08 博士 13178901234 湖北黄石 学员
19 刘琼 123456 女 2002/06/08 本科 13890761234 湖北荆门 学员
20 2330200101 123123 男 2000/09/30 硕士 13712340967 湖北黄石 学员
添加

图 7.17　单击“添加”按钮后显示表中所有信息

实现步骤：

(1) 前台页面设计。启动 Visual Studio 2013，创建 Capter7_9，添加 InserttbUserInfo.aspx 页面，在页面的 DIV 层中添加 GridView 数据控件和“添加”按钮，同时设置 DIV 层中的样式，页面设计代码如下。

```
<body>
    <form id="form1" runat="server">
    <div style="width:800px;margin :auto ;margin-top :20px;font-family :隶书;font-size:18px">
        <asp:GridView ID="gvtbUserInfoAdd" runat="server"></asp:GridView><br />
        <asp:Button ID="btnAddUserInfo" runat="server" Text="添加" Width ="160px" Font-Names ="
            隶书"   Font-Size ="18px" OnClick="btnAddUserInfo_Click"/>
    </div>
    </form>
</body>
```

(2) 后台逻辑功能代码设计。在项目的根目录配置文件中定义数据库连接字符串，在 InserttbUserInfo.aspx 的后台页面中读取配置文件的数据库连接字符串；在页面的加载事件中显示tbUserInfo表的数据信息；在“添加”按钮事件中实现向数据表插入一条新记录，后台逻辑功能代码设计如下。

```
namespace Capter7_9
{
    public partial class InserttbUserInfo : System.Web.UI.Page
    {
        static readonly string connStr = ConfigurationManager.ConnectionStrings["connString"].ToString();
        protected void Page_Load(object sender, EventArgs e)
        {
            //运行程序，加载 SIMSDB 数据库数据表 tbUserInfo 数据信息
            using (SqlConnection conn = new SqlConnection(connStr))
            {
                SqlDataAdapter da = new SqlDataAdapter();
                string sql = "SELECT *FROM tbUserInfo";
                da.SelectCommand = new SqlCommand(sql, conn);
                DataSet ds = new DataSet();
                da.Fill(ds);
                gvtbUserInfoAdd.Caption = "用户的基本信息" + "<br/><br/>";
                gvtbUserInfoAdd.DataSource = ds;
                gvtbUserInfoAdd.DataBind();
            }
        }

        protected void btnAddUserInfo_Click(object sender, EventArgs e)
        {
```

```
            using (SqlConnection conn = new SqlConnection(connStr))
            {
                SqlDataAdapter da = new SqlDataAdapter();
                string sql = "SELECT *FROM tbUserInfo";
                da.SelectCommand = new SqlCommand(sql, conn);
              //为 DataAdapter 自动生成更新命令
                SqlCommandBuilder scb = new SqlCommandBuilder(da);
                DataSet ds = new DataSet();
                da.Fill(ds);
                DataRow newRow = ds.Tables[0].NewRow();//向 DataSet 第一个表对象添加新行
                newRow["userName"] = "2330200101"; //采用行列单元格进行赋值
                newRow["userPwd"] = "123123";
                newRow["userSex"] = "男";
                newRow["userBirthday"] = "2000/09/30";
                newRow["userEducation"] = "硕士";
                newRow["userPhone"] = "13712340967";
                newRow["userAddress"] = "湖北黄石";
                newRow["userType"] = "学员";
                ds.Tables[0].Rows.Add(newRow);//将新建的行加到 DataSet 第一个表对象中
                da.Update(ds);//将 DataSet 中数据变化提交到数据库，更新数据库
            }
        }
    }
}
```

(3) 运行程序。在 InserttbUserInfo.aspx 页面上右击，执行“在浏览器中查看”命令，程序运行效果如图 7.16 所示；在图 7.16 中单击“添加”按钮，将指定的数据记录添加到数据库中，同时刷新页面显示的用户信息，如图 7.17 所示。

注意：

使用 SqlCommandBuilder 对象自动生成 DataAdapter 对象的更新命令(InsertCommand、UpdateCommand、DeleteCommand)时，填充到 DataSet 中的 DataTable 对象只能映射到单个数据表上或从单个数据表生成，而且数据表必须有主键，且主键是自增的，不会重复。

7.8.5 修改记录

通过 DataSet 修改现有数据表记录的步骤是：首先，创建一个 DataRow 对象，从数据表对象中获得需要修改的行并赋给新建行的 DataRow 对象；其次，根据需要修改各列的值(为各字段赋新值)；最后，调用 DataAdapter 对象的 Update 方法将更新提交到数据库。

【例题 7.10】运用 DataSet 对象完成数据库 SIMSDB 中数据表 tbUserInfo 指定记录的修改，修改记录结果提交到数据库中完成数据库修改操作，运行程序后修改的结果如图 7.18 所示。

例题 7.10

用户的基本信息

id	userName	userPwd	userSex	userBirthday	userEducation	userPhone	userAddress	userType
1	张伟	123456	男	1975/08/23	本科	13886193308	湖北武汉	管理员
2	李伟	123456	男	2000/01/30	硕士	13982349812	湖北武汉	学员
16	王伟	123123	女	2001/09/20	硕士	13638908732	湖北宜昌	学员
17	陈伟	111111	女	1978/08/12	博士	13627191908	湖北武汉	学员
18	刘梦园	123123	男	1979/03/08	博士	13178901234	湖北黄石	学员
19	刘琼	233020	女	2021/10/01	硕士	13986780123	湖北武汉	学员
20	2330200101	123123	男	2000/09/30	硕士	13712340967	湖北黄石	学员
21	2330200101	123123	男	2000/09/30	硕士	13712340967	湖北黄石	学员

修改

用户的基本信息

id	userName	userPwd	userSex	userBirthday	userEducation	userPhone	userAddress	userType
1	张伟	123456	男	1975/08/23	本科	13886193308	湖北武汉	管理员
2	李伟	123456	男	2000/01/30	硕士	13982349812	湖北武汉	学员
16	王伟	123123	女	2001/09/20	硕士	13638908732	湖北宜昌	学员
17	陈伟	111111	女	1978/08/12	博士	13627191908	湖北武汉	学员
18	刘梦园	123123	男	1979/03/08	博士	13178901234	湖北黄石	学员
19	刘琼	233020	女	2021/10/01	硕士	13986780123	湖北武汉	学员
20	2330200101	123123	男	2000/09/30	硕士	13712340967	湖北黄石	学员
21	刘宇飞	233020	女	2021/10/01	硕士	13986780123	湖北武汉	学员

修改

图 7.18　运行程序后修改的结果

实验步骤：

(1) 前台页面设计。启动 Visual Studio 2013，创建解决方案 Capter7_10，添加 ModifytbUserInfo.aspx 页面。在页面的 DIV 层中设计一个 GridView 数据表格控件、一个 Button 按钮控件，同时设计样式，前台页面设计代码如下。

```
<body>
    <form id="form1" runat="server">
    <div style="width:800px;margin :auto ;margin-top :20px;font-family :隶书;font-size:18px">
        <asp:GridView ID="gvtbUserInfoModify" runat="server"></asp:GridView><br />
        <asp:Button ID="btnModify" runat="server" Text="修改"   Width ="160px" Font-Names ="隶书"
            Font-Size ="18px" OnClick="btnModify_Click" />
    </div>
    </form>
</body>
```

(2) 后台逻辑功能代码设计。在项目根目录的配置文件中定义数据库连接字符串；在 ModifytbUserInfo.aspx 页面后台的所有事件外读取配置文件中数据库连接字符串；自定义加载 tbUserInfo 数据表信息的方法 BindDatatbUserInfo；在页面加载事件中调用 BindDatatbUserInfo 方法实现运行程序显示所有用户数据信息。BindDatatbUserInfo 方法代码设计如下。

```
public void BindDatatbUserInfo() //定义加载 tbUserInfo 数据表信息的方法
{
    //运行程序，加载 SIMSDB 数据库中数据表 tbUserInfo 的数据信息
    using (SqlConnection conn = new SqlConnection(connStr))
```

```
        {
            SqlDataAdapter da = new SqlDataAdapter();
            string sql = "SELECT *FROM tbUserInfo";
            da.SelectCommand = new SqlCommand(sql, conn);
            DataSet ds = new DataSet();
            da.Fill(ds);
            gvtbUserInfoModify.Caption = "用户的基本信息" + "<br/><br/>";
            gvtbUserInfoModify.DataSource = ds;
            gvtbUserInfoModify.DataBind();
        }
    }
```

在 ModifytbUserInfo.aspx 页面设计视图中，单击“修改”按钮，进入“修改”事件后台代码设计区，“修改”按钮事件代码设计如下。

```
protected void btnModify_Click(object sender, EventArgs e)
        {
            using (SqlConnection conn = new SqlConnection(connStr))
            {
                SqlDataAdapter da = new SqlDataAdapter();//创建 DataAdapter 对象
                string sql = "SELECT *FROM tbUserInfo where id="+21;//获得要修改的记录
                da.SelectCommand = new SqlCommand(sql, conn);
                SqlCommandBuilder scb = new SqlCommandBuilder(da);//创建 DataAdapter 自动更新命令
                DataSet ds = new DataSet(); //创建数据集对象
                da.Fill(ds);//将要修改记录填充到 DataSet 对象中
                DataRow mdyRow = ds.Tables[0].Rows[0];//从 DataSet 中得到要修改的行
                mdyRow[1] = "刘宇飞"; //对指定行中各字段重新赋新值，即修改
                mdyRow[2] = "233020";
                mdyRow[3] = "女";
                mdyRow[4] = "2021/10/01";
                mdyRow[5] = "硕士";
                mdyRow[6] = "13986780123";
                mdyRow[7] = "湖北武汉";
                mdyRow[8] = "学员";
                da.Update(ds);
                BindDatatbUserInfo();//修改后，调用加载数据表方法显示修改后的数据信息
            }
        }
```

(3) 运行程序。在 ModifytbUserInfo.aspx 页面右击，执行“在浏览器中查看”命令，单击“修改”按钮，按设定程序修改数据库中指定的记录，程序运行效果如图 7.18 所示。【例题 7.10】指定修改 id 为 21 的数据表记录；【例题 7.9】只能添加指定数据记录。

7.8.6 删除记录

使用 DataSet 对象从填充表对象中删除行时，需要创建一个 DataRow 对象，并将要删除的行赋值给该对象，然后调用 DataRow 对象的 Delete 方法将该行删除。此时的删除仅针

对 DataSet 对象，如果需要从数据库中删除该行，还需调用 DataAdapter 对象的 Update 方法将删除操作提交到数据库中。

【例题 7.11】运用 DataSet 对象删除数据库 SIMSDB 中 tbUserInfo 表指定的行记录。删除数据表前和删除数据表后的用户信息如图 7.19 所示。

用户的基本信息

id	userName	userPwd	userSex	userBirthday	userEducation	userPhone	userAddress	userType
1	张伟	123456	男	1975/08/23	本科	13886193308	湖北武汉	管理员
2	李伟	123456	男	2000/01/30	硕士	13982349812	湖北武汉	学员
16	王伟	123123	女	2001/09/20	硕士	13638908732	湖北宜昌	学员
17	陈伟	111111	女	1978/08/12	博士	13627191908	湖北武汉	学员
18	刘梦园	123123	男	1979/03/08	博士	13178901234	湖北黄石	学员
19	刘琼	233020	女	2021/10/01	硕士	13986780123	湖北武汉	学员
20	2330200101	123123	男	2000/09/30	硕士	13712340967	湖北黄石	学员
21	刘宇飞	233020	女	2021/10/01	硕士	13986780123	湖北武汉	学员

删除

删除前数据表的信息

用户的基本信息

id	userName	userPwd	userSex	userBirthday	userEducation	userPhone	userAddress	userType
1	张伟	123456	男	1975/08/23	本科	13886193308	湖北武汉	管理员
2	李伟	123456	男	2000/01/30	硕士	13982349812	湖北武汉	学员
16	王伟	123123	女	2001/09/20	硕士	13638908732	湖北宜昌	学员
17	陈伟	111111	女	1978/08/12	博士	13627191908	湖北武汉	学员
18	刘梦园	123123	男	1979/03/08	博士	13178901234	湖北黄石	学员
19	刘琼	233020	女	2021/10/01	硕士	13986780123	湖北武汉	学员
21	刘宇飞	233020	女	2021/10/01	硕士	13986780123	湖北武汉	学员

删除

删除后数据表的信息

图 7.19　删除数据表前和删除数据表后的用户信息

实现步骤：

(1) 前台页面设计。启动 Visual Studio 2013，创建 Capter7_11 解决方案，添加 DeletetbUserInfo.aspx 页面，在页面上设计 GridView 数据表格控件、Button 按钮控件，同时设计相关样式，页面设计代码如下。

```
<body>
    <form id="form1" runat="server">
    <div style="width:800px;margin :auto ;margin-top :20px;font-family :隶书;font-size:18px">
        <asp:GridView ID="gvtbUserInfoDelete" runat="server"></asp:GridView><br />
        <asp:Button ID="btnDelete" runat="server" Text="删除"   Width ="160px" Font-Names ="隶书"
            Font-Size ="18px" OnClick="btnDelete_Click"   />
    </div>
    </form>
</body>
```

(2) 后台逻辑功能代码设计。在项目根目录下的配置文件中定义数据库连接字符串；在 DeletetbUserInfo.aspx 后台页面读取配置文件的数据库连接字符串；自定义加载 tbUserInfo 用户信息表的方法 BindDatatbUserInfo 并在页面加载事件中调用此方法，显示用户信息数据。自定义加载用户信息表 BindDatatbUserInfo 方法代码设计如下。

```
public void BindDatatbUserInfo() //定义加载 tbUserInfo 数据表信息的方法
{
```

```
        //运行程序，加载 SIMSDB 数据库中数据表 tbUserInfo 的数据信息
        using (SqlConnection conn = new SqlConnection(connStr))
        {
            SqlDataAdapter da = new SqlDataAdapter();
            string sql = "SELECT *FROM tbUserInfo";
            da.SelectCommand = new SqlCommand(sql, conn);
            DataSet ds = new DataSet();
            da.Fill(ds);
            gvtbUserInfoDelete.Caption = "用户的基本信息" + "<br/><br/>";
            gvtbUserInfoDelete.DataSource = ds;
            gvtbUserInfoDelete.DataBind();
        }
    }
```

在 DeletetbUserInfo.aspx 的页面设计视图中单击“删除”按钮，进入“删除”按钮事件代码设计区，“删除”按钮代码设计如下。

```
protected void btnDelete_Click(object sender, EventArgs e)
        {
            using (SqlConnection conn = new SqlConnection(connStr))
            {
                SqlDataAdapter da = new SqlDataAdapter();//创建 DataAdapter 对象
                //返回要删除的行
                string sqlDel = "SELECT *FROM tbUserInfo where id=20";
                da.SelectCommand = new SqlCommand(sqlDel, conn);
                SqlCommandBuilder scb = new SqlCommandBuilder(da);//为 DataAdapter 自动生成更
                                                                    新命令
                DataSet ds = new DataSet();
                da.Fill(ds); //将要删除的记录填充到 DataSet 对象集中
                DataRow delRow = ds.Tables[0].Rows[0]; //得到要删除的行
                delRow.Delete();//调用 DataRow 对象 delRow 的 Delete()方法，从数据表中删除行
                da.Update(ds); //更新数据库
                BindDatatbUserInfo();// 重新加载显示删除指定记录后数据表信息
            }
        }
```

(3) 运行程序。在 DeletetbUserInfo.aspx 的源视图页面右击，执行“在浏览器中查看”命令，在打开的页面中单击“删除”按钮，程序运行的效果如图 7.19 所示。

说明：

【例题 7.10】【例题 7.11】两个程序中都存在一个较严重的问题，即如果没有找到要修改和删除的记录，则程序运行会出错。读者思考如何解决此问题。

7.9 DataTable 对象

DataTable 表示一个内存中的关系数据表，可以独立创建和使用，也可以由其他.NET

Framework 对象使用，最常见的情况是作为 DataSet 数据集的成员使用。DataTable 对象由 DataColumns 列集合和 DataRows 行集合组成。

7.9.1 DataTable 对象常用属性及方法

DataTable 对象的常用属性及基本功能如表 7.13 所示。

表 7.13 DataTable 对象的常用属性及基本功能

属性	基本功能
Columns	获取属于该表列的集合
DataSet	获取此表所属的 DataSet
Rows	获取属于该表的行的集合
PrimaryKey	获取或设置充当数据主键的列的数组
DefaultView	获取可能包含筛选视图游标位置的表的自定义视图
Constraints	获取由该表维护的约束的集合

DataTable 对象的常用方法及基本功能如表 7.14 所示。

表 7.14 DataTable 对象的常用方法及基本功能

方法	基本功能
AcceptChanges	提交上次调用 AcceptChanges 以来对该表进行的所有更改
Clear	清除所有数据的 DataTable
NewRow	创建与该表具有相同架构的新数据行

7.9.2 DataTable 成员对象

DataTable 成员指的是 DataRow 行集合、DataColumn 列集合。

1. DataTable 成员 DataRow 对象

DataTable 是由一个个的 DataRow 行集合组合而成的，例如，DataTable.Rows[i]表示其中的第 i 行。

DataRow 有一个十分重要的状态：RowState，它是一个枚举类型，包括 Added(添加)、Modified(修改)、Unchanged(无变化)、Deleted(删除)、Detached(从表中脱离)，在调用这些方法或进行某些操作后，这些状态可以相互转化。如果不做任何判断就开始操作 DataRow，则有可能导致某些状态为 Deleted 的行也同时被操作，即有可能导致无效数据的产生。RowState 状态值及说明如表 7.15 所示。

表 7.15 RowState 状态值及说明

RowState 状态值	说明
Unchanged	自上次调用 AcceptChanges，或者自 DataAdapter.Fill 创建行之后，未做过任何更改

(续表)

RowState 状态值	说明
Added	已将行添加到表中，但尚未调用 AcceptChanges
Modified	已更改行中的某个元素
Deleted	已将该行从表中删除，并且尚未调用 AcceptChanges
Detached	该行不属于任何 DataRowCollection，新建行 RowState 设置为 Detached，通过调用 Add 方法将新的 DataRow 添加到 DataRowCollection 之后，RowState 属性的值设置为 Added；对于已经使用 Remove 方法(或是在使用 Delete 方法之后使用了 AcceptChanges 方法)从 DataRowCollection 中移除的行，也设置 Detached

2. DataTable 成员 DataColumn 对象

DataColumn 对象表示 DataTable 中列的架构，即字段对象。DataColumn 对象的常用属性及功能说明如表 7.16 所示。

表 7.16　DataColumn 对象的常用属性及功能说明

属性	功能说明
AllowDBNull	DataColumn 对象是否接受 Null 值
AutoIncrement	加入 DataRow 时，是否自动增加字段
Caption	DataColumn 对象的标题
ColumnName	DataColumn 集合对象中的字段名称
DataType	DataColumn 对象数据类型
DefaultValue	DataColumn 对象的默认值
ReadOnly	DataColumn 对象是否只读
Table	DataColumn 对象所属的 DataTable 对象
Unique	设置 DataColumn 对象是否不允许重复的数据
Count	DataColumn 对象中的字段数

7.9.3　创建 DataTable 对象

DataTable 对象是内存中一个关系数据库，可以独立创建，也可以由 DataAdapter 来填充，创建一个 DataTable 对象的语法格式如下。

```
DataTable dt=new DataTable();
```

一个 DataTable 对象创建后，通常需要调用 DataAdapter 对象的 Fill 方法对其进行填充，使 DataTable 对象获得具体的数据集，而不是一个空表对象。

使用 DataTable 对象的基本步骤如下：①创建数据库连接；②创建 Select 查询语句或 Command 对象；③创建 DataAdapter 对象；④创建 DataTable 对象；⑤调用 DataAdapter 对象的 Fill 方法填充 DataTable 对象。

注意：

在创建 DataTable 对象时需要引用 System.Data 命名空间。

【例题 7.12】运用 DataTable 对象浏览数据库 SIMSDB 中 tbUserInfo 表的数据信息，程序运行效果如图 7.20 所示。

例题 7.12

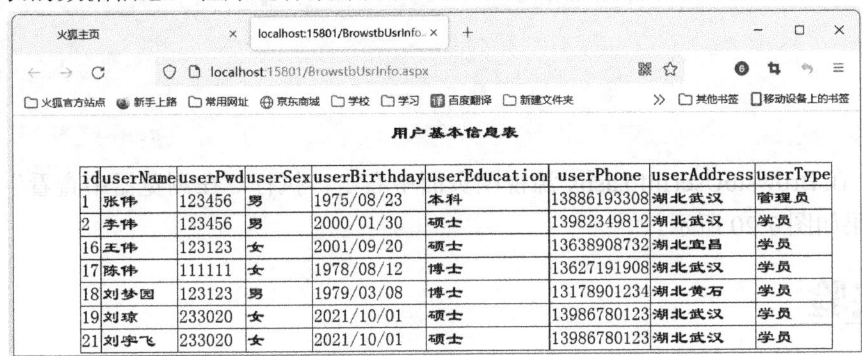

用户基本信息表

id	userName	userPwd	userSex	userBirthday	userEducation	userPhone	userAddress	userType
1	张伟	123456	男	1975/08/23	本科	13886193308	湖北武汉	管理员
2	李伟	123456	男	2000/01/30	硕士	13982349812	湖北武汉	学员
16	王伟	123123	女	2001/09/20	硕士	13638908732	湖北宜昌	学员
17	陈伟	111111	女	1978/08/12	博士	13627191908	湖北武汉	学员
18	刘梦园	123123	男	1979/03/08	博士	13178901234	湖北黄石	学员
19	刘琼	233020	女	2021/10/01	硕士	13986780123	湖北武汉	学员
21	刘宇飞	233020	女	2021/10/01	硕士	13986780123	湖北武汉	学员

图 7.20　程序运行效果

实现步骤：

(1) 前台页面设计。启动 Visual Studio 2013，创建 Capter7_12 解决方案，添加 BrowstbUserInfo.aspx 页面，在 DIV 层中设计 GridView 数据控件，同时设计其样式，前台页面设计代码如下。

```
<body>
    <form id="form1" runat="server">
    <div style ="width:800px;margin :auto ;margin-top :10px;font-family :隶书;font-size :20px">
        <asp:GridView ID="gvBrowstbuserInfo" runat="server"></asp:GridView>
    </div>
    </form>
</body>
```

(2) 后台逻辑功能代码设计。在项目根目录的配置文件中定义数据库连接字符串；在 BrowstbUserInfo.aspx 后台页面中读取配置文件的数据库连接字符串；在 BrowstbUserInfo.aspx 后台页面的加载事件中创建数据库连接对象；创建数据适配器 DataAdapter 对象；创建 DataTable 对象并填充；设置 GridView 数据控件的数据源并绑定，页面加载事件的后台代码设计如下。

```
namespace Capter7_12
{
    public partial class BrowstbUserInfo : System.Web.UI.Page
    {
        static readonly string connStr = ConfigurationManager.ConnectionStrings["connString"].ToString();
        protected void Page_Load(object sender, EventArgs e)
        {
            using (SqlConnection conn = new SqlConnection(connStr))
            {
                string sql = "select *from tbuserInfo";
```

```
                SqlDataAdapter da = new SqlDataAdapter(sql,conn);
                DataTable dt = new DataTable();
                da.Fill(dt);
                gvBrowstbuserInfo.Caption = "<b>用户基本信息表</b>"+"<br/><br/>";
                gvBrowstbuserInfo.DataSource = dt;
                gvBrowstbuserInfo.DataBind();
            }
        }
    }
}
```

(3) 运行程序。在 BrowstbUserInfo.aspx 源视图页面中右击，执行“在浏览器中查看”命令，程序运行效果如图 7.20 所示。

7.10 上机实验

1. 实验目的

通过上机实验进一步掌握母版页技术、用户控件技术在项目开发中的应用；掌握服务器控件在页面设计中的应用；掌握 ADO.NET 技术访问数据库的基本方法；掌握数据库连接对象 Connection、命令对象 Command、数据适配器对象 DataAdapter、数据集对象 DataSet 在数据库应用程序设计中的相互关系及各对象的创建和使用方法、步骤。理解创建具有基本数据库管理功能的对数据记录进行查询、添加、修改和删除的应用程序的常用方法和技巧。

2. 实验内容

使用 DataAdapter 对象的 Command 属性执行 SQL 语句，实现对数据库记录的查询、添加、修改和删除操作。实验基本内容如下。

(1) 在 SQL Server 数据库环境下创建数据库 SCSMDB(学生课程成绩管理数据库)的 tbStudentScore 学生成绩数据表。学生成绩数据表结构如表 7.17 所示。

表 7.17　学生成绩数据表结构

字段名	数据类型(长度)	是否为空	说明
id	int	否	主键，关键字，自动增长 1
stuNo	nvarchar(50)	否	学号
stuName	nvarchar(50)	否	姓名
stuSex	nvarchar(2)	否	性别
stuClass	nvarchar(50)	否	班级
stuC#	int	否	C#语言程序设计
stuJava	int	否	Java 语言程序设计
stuASPNETWeb	int	否	ASP.NET Web 开发技术
stuJavaWeb	int	否	Java Web 开发技术

(2) 浏览数据库数据表。

程序运行时显示学生课程成绩主页面信息如图7.21 所示。其中 GridView 控件显示数据库 SCSMDB 中 tbStudentScore 学生成绩数据表中的所有记录。

学生课程成绩一览表

序号	学号	姓名	性别	班级	C#语言程序设计	Java语言程序设计	ASPNETWeb开发技术	JavaWeb开发技术
1	2330200101	陈咏涛	男	20计科本1	86	89	90	86
2	2330200102	綦正	男	20计科本1	96	89	98	86
3	2330190101	张伟	女	19计科本1	90	85	86	87
4	2330190201	李梦林	女	19计科本2	90	85	86	87

插入记录　修改记录　删除记录

图 7.21　学生课程成绩主页面信息

(3) 插入记录。

在学生课程成绩主页面中单击“插入记录”链接按钮，进入“添加新记录”页面，如图 7.22 所示。用户输入新记录和各项数据后，单击“提交”按钮，程序将把用户输入的数据提交到数据库，并弹出“添加一条新记录成功！”信息提示框，单击“添加新记录”页面中的“返回”按钮，回到学生课程成绩主页面。

(4) 修改数据。

在学生课程成绩主页面中单击“修改数据”链接按钮，进入“修改记录”页面，如图 7.23 所示。用户可通过下拉列表框选择要修改记录的“学号”字段值，文本框中将显示对应的成绩数据，用户在修改了一个或多个数据之后，单击“提交”按钮，程序将把修改后的数据更新到数据库，并弹出“修改一条记录成功！”信息提示框，单击“修改记录”页面中的“返回”按钮，回到学生课程成绩主页面。

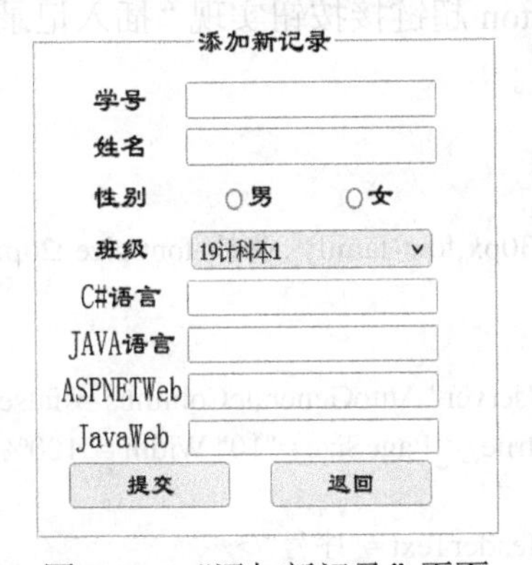

图 7.22　“添加新记录”页面

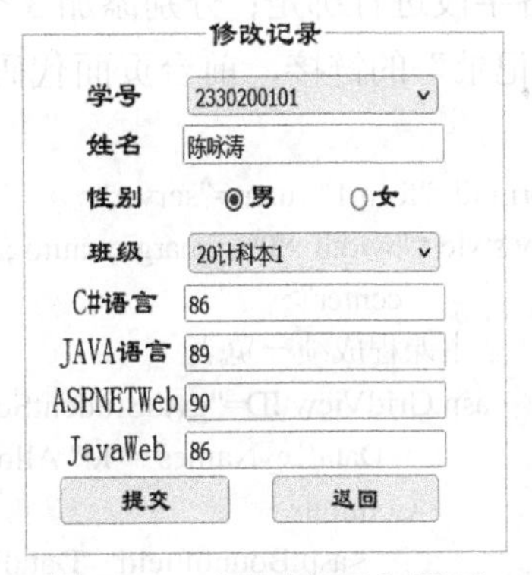

图 7.23　“修改记录”页面

(5) 删除记录。

在学生课程成绩主页面中单击“删除数据”链接按钮，进入“删除记录”页面，如图 7.24 所示。用户可通过下拉列表框选择要删除记录的“学号”字段值，下方表格将显示对应删除的数据，确认无误后可单击“确定”按钮，程序从数据库中删除指定记录并弹出“删除一条记录成功！”信息提示框，单击“删除记录”页面中的“返回”按钮，回到学生课程成绩主页面。

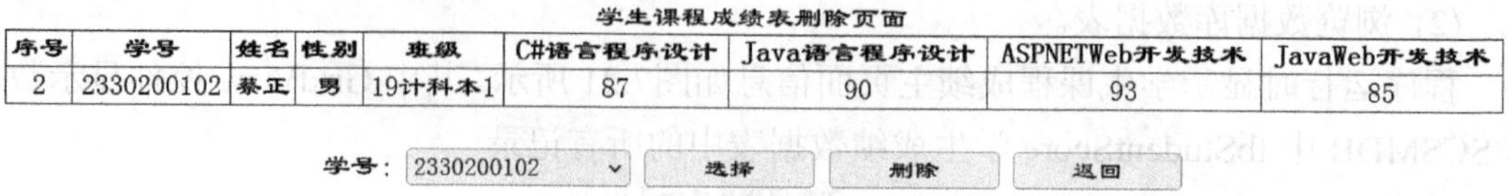

学生课程成绩表删除页面

序号	学号	姓名	性别	班级	C#语言程序设计	Java语言程序设计	ASPNETWeb开发技术	JavaWeb开发技术
2	2330200102	恭正	男	19计科本1	87	90	93	85

学号：2330200102 选择 删除 返回

图 7.24 “删除记录”页面

3. 实验提示

为实现程序设计内容，将网站规划为 4 个页面，分别用以实现学生课程成绩浏览、学生课程成绩添加、学生课程成绩修改、学生课程成绩删除数据库操作。

(1) 在配置文件中定义数据库连接字符。

(2) 定义数据库操作帮助类 SQLHelper，在该类中读取配置文件的数据库连接字符串；定义操作数据库的系列方法，如返回一个数据集的方法；返回一行受影响的增加、修改、删除的方法。

(3) 创建 Experiment7 网站，在该网站下分别添加 StudentCourseScoreMain.aspx 学生课程成绩浏览主页面(起始页)、StudentCourseScoreAdd.aspx 学生课程成绩添加页面、StudentCourseScoreUpdate.aspx 学生课程成绩修改页面、StudentCourseScoreDelete.aspx 学生成绩删除页面。

(4) 学生课程成绩浏览功能的实现。

① 前台页面代码设计。在创建网站根目录下，添加 StudentCourseScoreMain.aspx 学生课程成绩浏览主页面。在页面上添加 GridView 控件，通过<asp:BoundField/>数据绑定列对数据库中各字段进行绑定；分别添加 3 个 LinkButton 超链接按钮实现“插入记录”“修改记录”“删除记录”的链接，前台页面代码设计如下。

```
<body>
    <form id="form1" runat="server">
    <div style ="width :80%; margin :auto ;margin-top :30px;font-family :隶书; font-size :20px;text-align :
            center">
        学生课程成绩一览表
        <asp:GridView ID="gvtbStudentScore" runat="server" AutoGenerateColumns ="false"
                DataKeyNames ="Id" AllowPaging ="true"   PageSize ="10" Width ="100%">
            <Columns>
                <asp:BoundField   DataField ="Id" HeaderText ="序号"/>
                <asp:BoundField   DataField ="stuNo" HeaderText ="学号"/>
                <asp:BoundField   DataField ="stuName" HeaderText ="姓名"/>
                <asp:BoundField   DataField ="stuSex" HeaderText ="性别"/>
                <asp:BoundField   DataField ="stuClass" HeaderText ="班级"/>
                <asp:BoundField   DataField ="stuC#" HeaderText ="C#语言程序设计"/>
                <asp:BoundField   DataField ="stuJava" HeaderText ="Java语言程序设计"/>
              <asp:BoundField   DataField ="stuASPNETWeb" HeaderText ="ASPNETWeb 开发技术"/>
                <asp:BoundField   DataField ="stuJavaWeb" HeaderText ="JavaWeb开发技术"/>
            </Columns>
```

```
            </asp:GridView>
        </div>
            <div style ="width :80%; margin :auto ;margin-top :30px;font-family :隶书;     font-size :20px">
                <asp:LinkButton ID="lkbAdd" runat="server" OnClick="lkbAdd_Click">插入记录
                        </asp:LinkButton> 
                <asp:LinkButton ID="lkbUpdate" runat="server" OnClick="lkbUpdate_Click">     修改记
                        录</asp:LinkButton> 
                <asp:LinkButton ID="lkbDelete" runat="server" OnClick="lkbDelete_Click">     删除记录
                        </asp:LinkButton> 
            </div>
        </form>
    </body>
```

② 后台逻辑功能代码设计。定义数据源绑定到 GridView 控件的方法，本实验通过调用 SQLHelper 类中的定义返回结果是数据集的 BindDataTable 方法实现数据绑定；分别设计“插入记录”“修改记录”“删除记录”超链接按钮的单击事件实现跳转到相应的页面，后台逻辑功能代码设计如下。

```
namespace Experiment7
{
    public partial class StudentCourseScoreMain : System.Web.UI.Page
    {
        protected void Page_Load(object sender, EventArgs e)
        {
            if (!IsPostBack)
            {
                BindgvtbStudentScore();
            }

        }
        //定义调用返回数据集结果绑定到 GridView 控件的方法
        public void BindgvtbStudentScore()
        {
            SQLHelper student = new SQLHelper();
            string sql = "select *from tbStudentScore ";
            gvtbStudentScore.DataSource = student.BindDataTable(sql);
            gvtbStudentScore.DataBind();
        }

        protected void lkbAdd_Click(object sender, EventArgs e)
        { //在学生课程成绩主页面中单击“插入记录”超链接按钮，跳转到添加记录页面
            Response.Redirect("StudentCourseScoreAdd.aspx");
        }

        protected void lkbUpdate_Click(object sender, EventArgs e)
        { //在学生课程成绩主页面中单击“修改记录”超链接按钮，跳转到修改记录页面
```

```
                Response.Redirect("StudentCourseScoreUpdate.aspx");
            }

            protected void lkbDelete_Click(object sender, EventArgs e)
            {//在学生课程成绩主页面中单击“删除记录”超链接按钮，跳转到删除记录页面
                Response.Redirect("StudentCourseScoreDelete.aspx");
            }
        }
    }
```

(5) 学生课程成绩插入新记录功能实现。在创建网站的根目录下，添加 StudentCourse ScoreAdd.aspx 学生课程成绩添加页面。

① 前台页面代码设计如下。

```
<body>
    <form id="form1" runat="server">
        <div style="width: 350px; margin: auto; margin-top: 30px; font-family: 隶书; font-size: 20px;
                text-align: center">
            <fieldset>
                <legend align="center">添加新记录</legend>
                <table>
                    <tr>
                        <td>学号</td>
                        <td>
                            <asp:TextBox ID="txtNo" runat="server" Width="180px">
                                </asp:TextBox></td>
                    </tr>
                    <tr>
                        <td>姓名</td>
                        <td>
                            <asp:TextBox ID="txtName" runat="server" Width="180px">
                                </asp:TextBox></td>
                    </tr>
                    <tr>
                        <td>性别</td>
                        <td>
                            <asp:RadioButtonList ID="rblSex" runat="server" Width="180px"
                                    RepeatDirection="Horizontal">
                                <asp:ListItem>男</asp:ListItem>
                                <asp:ListItem>女</asp:ListItem>
                            </asp:RadioButtonList></td>
                    </tr>
                    <tr>
                        <td>班级</td>
                        <td>
                            <asp:DropDownList ID="ddlClass" runat="server" Width="180px">
                                <asp:ListItem>19 计科本 1</asp:ListItem>
```

```
                        <asp:ListItem>19 计科本 2</asp:ListItem>
                        <asp:ListItem>20 计科本 1</asp:ListItem>
                        <asp:ListItem>20 计科本 2</asp:ListItem>
                        <asp:ListItem>20 计科本 3</asp:ListItem>
                        <asp:ListItem>20 计科本 4</asp:ListItem>
                        <asp:ListItem>20 计科本 5</asp:ListItem>
                        <asp:ListItem>20 计科本 6</asp:ListItem>
                        <asp:ListItem>19 计科本 3</asp:ListItem>
                        <asp:ListItem>19 计科本 4</asp:ListItem>
                        <asp:ListItem>19 计科本 5</asp:ListItem>
                    </asp:DropDownList></td>
                </tr>
                 <tr><td>C#语言</td><td>
                    <asp:TextBox ID="txtCshap" runat="server" Width="180px">
                        </asp:TextBox></td></tr>
                <tr><td>JAVA 语言</td><td>
                    <asp:TextBox ID="txtJava" runat="server" Width="180px">
                        </asp:TextBox></td></tr>
                <tr><td>ASPNETWeb</td><td>
                    <asp:TextBox ID="txtASPNETWeb" runat="server" Width="180px">
                        </asp:TextBox></td></tr>
                <tr><td>JavaWeb</td> <td>
                    <asp:TextBox ID="txtJavaWeb" runat="server" Width="180px">
                        </asp:TextBox></td></tr>
                <tr><td colspan ="2">
                    <asp:Button ID="btnSubmit" runat="server" Text="提交" Width="120px"
                                Font-Names ="隶书" Font-Size ="18px" OnClick="btnSubmit_
                                Click"/>   <asp:Button ID="btnBack" runat=
                                "server" Text="返回" Width="120px"     Font-Names ="隶书
                                " Font-Size ="18px" OnClick="btnBack_Click" /> </td></tr>
            </table>
        </fieldset>
    </div>
  </form>
</body>
```

② 后台逻辑功能代码设计。前台页面“提交”按钮的代码设计，调用数据库操作帮助类 SQLHelper 类中的定义返回结果是受影响的行数的 BindAddUpdataDelete 方法实现添加功能；“返回”按钮的代码设计，实现页面跳转回学生课程成绩浏览主页面，后台逻辑功能代码设计如下。

```
namespace Experiment7
{
    public partial class StudentCourseScoreAdd : System.Web.UI.Page
    {
        protected void Page_Load(object sender, EventArgs e)
        {
```

```
        }

        protected void btnSubmit_Click(object sender, EventArgs e)
        { //插入记录的"提交"事件
            SQLHelper student = new SQLHelper();
            string sql = "insert into tbStudentScore (stuNo ,stuName ,stuSex ,stuClass ,stuC# ,stuJava ,
                        stuASPNETWeb ,stuJavaWeb ) values(@myNo,@myName,@mySex,@myClass,
                        @myC#,@myJava,@myASPNETWeb,@myJavaWeb) ";
            SqlParameter[] pm = new SqlParameter[]{
                    new SqlParameter ("@myNo",txtNo.Text ),
                    new SqlParameter ("@myName",txtName.Text ),
                    new SqlParameter ("@mySex",rblSex .SelectedValue.ToString ()),
                    new SqlParameter ("@myClass",ddlClass .SelectedValue .ToString ()),
                    new SqlParameter ("@myC#",txtCshap.Text    ),
                    new SqlParameter ("@myJava",txtJava .Text ),
                    new SqlParameter ("@myASPNETWeb",txtASPNETWeb .Text ),
                    new SqlParameter ("@myJavaWeb",txtJavaWeb .Text )
            };
            if (student.BindAddUpdataDelete(sql, pm) > 0)
            {
                Response.Write("<script>alert('添加一条记录成功！')</script>");
            }
        }

        protected void btnBack_Click(object sender, EventArgs e)
        {//插入记录的"返回"事件
            Response.Redirect("StudentCourseScoreMain.aspx");
        }
    }
}
```

(6) 学生课程成绩修改记录功能实现。

在网站的根目录下，添加 StudentCourseScoreUpdate.aspx 学生课程成绩修改页面。使用下拉列表框将数据库中数据表 tbStudentScore 的学号字段的值绑定到下拉列表框中；用户通过学号下拉列表框选择某一"学号"值时，修改页面中各文本框对象、单选按钮、班级下拉列表框中各数据自动随之改变；单击"提交"按钮，程序将把修改后的数据保存到数据库的数据表中，并在屏幕上弹出"修改一条记录成功！"信息提示框；单击"返回"按钮，跳转到学生课程成绩主页面。

① 前台代码设计如下。

```
<body>
    <form id="form1" runat="server">
    <div style="width: 350px; margin: auto; margin-top: 30px; font-family: 隶书; font-size: 20px;
            text-align: center">
        <fieldset>
```

```
        <legend align="center">修改记录</legend>
        <table>
            <tr>
                <td>学号</td>
                <td>
                    <asp:DropDownList ID="ddlStuNo" runat="server" AutoPostBack
                        ="true" Width="180px"   OnSelectedIndexChanged="ddlStuNo_
                        SelectedIndexChanged">
                    </asp:DropDownList></td>
            </tr>
            <tr>
                <td>姓名</td>
                <td>
                    <asp:TextBox ID="txtName" runat="server" Width="180px">
                        </asp:TextBox></td>
            </tr>
            <tr>
                <td>性别</td>
                <td>
                    <asp:RadioButtonList ID="rblSex" runat="server" Width="180px"
                        RepeatDirection="Horizontal">
                        <asp:ListItem>男</asp:ListItem>
                        <asp:ListItem>女</asp:ListItem>
                    </asp:RadioButtonList></td>
            </tr>
            <tr>
                <td>班级</td>
                <td>
                    <asp:DropDownList ID="ddlClass" runat="server" Width="180px">
                    </asp:DropDownList></td>
            </tr>
             <tr><td>C#语言</td><td>
                <asp:TextBox ID="txtCshap" runat="server" Width="180px">
                    </asp:TextBox></td></tr>
            <tr><td>JAVA 语言</td><td>
                <asp:TextBox ID="txtJava" runat="server" Width="180px">
                    </asp:TextBox></td></tr>
            <tr><td>ASPNETWeb</td><td>
                <asp:TextBox ID="txtASPNETWeb" runat="server" Width="180px">
                    </asp:TextBox></td></tr>
            <tr><td>JavaWeb</td> <td>
                <asp:TextBox ID="txtJavaWeb" runat="server" Width="180px">
                    </asp:TextBox></td></tr>
            <tr><td colspan ="2">
```

```
                                <asp:Button ID="btnSubmit" runat="server" Text="提交" Width="120px"
                                        Font-Names ="隶书" Font-Size ="18px" OnClick="btnSubmit_
                                        Click"/>   <asp:Button ID="btnBack" runat=
                                        "server" Text="返回" Width="120px" Font-Names ="隶书"
                                        Font-Size ="18px" OnClick="btnBack_Click" /> </td></tr>
                        </table>
                    </fieldset>
                </div>
            </form>
        </body>
```

② 后台逻辑功能代码设计。定义将数据表各字段绑定到修改页面的下拉列表框、单选按钮、文本框对象的方法；设计“学号”字段的改变，修改页面各对象的数据信息随之改变的事件；设计“提交”按钮完成修改功能；设计“返回”按钮完成页面跳转功能，后台逻辑功能代码设计如下。

```
namespace Experiment7
{
    public partial class StudentCourseScoreUpdate : System.Web.UI.Page
    {
        protected void Page_Load(object sender, EventArgs e)
        {
            if (!IsPostBack)
            {
                BindtbStudentField();
            }
        }

        //定义将数据表中各字段绑定到修改记录页面中下拉列表框、单选按钮及文本框的方法
        public void BindtbStudentField()
        {
            DataTable dt = new DataTable();
            SQLHelper student = new SQLHelper();
            string sql = "select *from tbStudentScore";
            dt= student.BindTable (sql);
            ddlStuNo.DataTextField = "stuNo";
            ddlStuNo.DataSource = dt;
            ddlStuNo.DataBind();
            DataRow row = dt.Rows[0];
            txtName.Text = row["stuName"].ToString();
            if (row["stuSex"].ToString() == "男")
            {
                rblSex.SelectedValue = "男";
            }
            else
            {
                rblSex.SelectedValue = "女";
            }
            ddlClass.DataTextField = "stuClass";
```

```
        ddlClass.DataSource = dt;
        ddlClass.DataBind();
        txtCshap.Text = row["stuC#"].ToString();
        txtJava.Text = row["stuJava"].ToString();
        txtASPNETWeb.Text = row["stuASPNETWeb"].ToString();
        txtJavaWeb.Text = row["stuJavaWeb"].ToString();

    }
    protected void ddlStuNo_SelectedIndexChanged(object sender, EventArgs e)
    { //学号字段下拉列表框的索引改变事件
        DataTable dt = new DataTable();
        SQLHelper student = new SQLHelper();
        string sql = "select *from tbStudentScore where stuNo='"+ddlStuNo .Text +"'";
        dt = student.BindTable(sql);
        DataRow row = dt.Rows[0];
        txtName.Text = row["stuName"].ToString();
        if (row["stuSex"].ToString() == "男")
        {
            rblSex.SelectedValue = "男";
        }
        else
        {
            rblSex.SelectedValue = "女";
        }
        ddlClass.SelectedValue = row["stuClass"].ToString();
        txtCshap.Text = row["stuC#"].ToString();
        txtJava.Text = row["stuJava"].ToString();
        txtASPNETWeb.Text = row["stuASPNETWeb"].ToString();
        txtJavaWeb.Text = row["stuJavaWeb"].ToString();
    }
    protected void btnSubmit_Click(object sender, EventArgs e)
    { //提交按钮完成修改操作
        string conString=ConfigurationManager .ConnectionStrings ["conStr"].ToString ();
        SqlConnection conn=new SqlConnection (conString);
        conn.Open();
        DataTable dt = new DataTable();
        string sql = "select *from tbStudentScore where stuNo='" + ddlStuNo.Text + "'";
        SqlDataAdapter da = new SqlDataAdapter(sql, conn);// UpdateCommand 命令执行
        da.Fill(dt);
        DataRow row = dt.Rows[0];
        row[2] = txtName.Text;
        row[3] = rblSex.SelectedValue.ToString();
        row[4] = ddlClass.SelectedValue.ToString();
        row[5] = Convert.ToInt32(txtCshap.Text);
        row[6] =Convert .ToInt32 ( txtJava.Text);
        row[7] = Convert .ToInt32 ( txtASPNETWeb.Text);
        row[8] =Convert .ToInt32 ( txtJavaWeb.Text);
        da.Update(dt); //调用 DataAdapter 对象方法将修改提交到数据
        Response.Write("<script>alert('修改一条记录成功！')</script>");
        conn.Close();
```

```
        }

        protected void btnBack_Click(object sender, EventArgs e)
        {//返回按钮事件
            Response.Redirect("StudentCourseScoreMain.aspx");
        }

    }
}
```

(7) 学生课程成绩删除记录功能实现。

在网站的根目录下，添加 StudentCourseScoreDelete.aspx 学生课程成绩删除页面。使用下拉列表框将数据库中数据表 tbStudentScore 的学号字段的值绑定到下拉列表框中；用户通过学号下拉列表框选择某一“学号”值时，将该学号对应的记录信息在 GridView 控件中显示出来；用户单击“选择”按钮，将学号下拉框中对应的值的记录在 GridView 控件中显示，单击“删除”按钮，弹出“删除一条记录成功！”信息提示框。

① 前台页面代码设计如下。

```
<body>
    <form id="form1" runat="server">
    <div style="width: 70%; margin: auto; margin-top: 30px; font-family: 隶书; font-size: 20px; text-align:
            center">
        学生课程成绩表
        <asp:GridView ID="gvtbStudentScore" runat="server" AutoGenerateColumns ="false"
            DataKeyNames ="Id" AllowPaging ="true"   PageSize ="10" Width ="100%" >
            <Columns>
                <asp:BoundField   DataField ="Id" HeaderText ="序号"/>
                <asp:BoundField   DataField ="stuNo" HeaderText ="学号"/>
                <asp:BoundField   DataField ="stuName" HeaderText ="姓名"/>
                <asp:BoundField   DataField ="stuSex" HeaderText ="性别"/>
                <asp:BoundField   DataField ="stuClass" HeaderText ="班级"/>
                <asp:BoundField   DataField ="stuC#" HeaderText ="C#语言程序设计"/>
                <asp:BoundField   DataField ="stuJava" HeaderText ="Java 语言程序设计"/>
              <asp:BoundField   DataField ="stuASPNETWeb" HeaderText ="ASPNETWeb 开发技术"/>
                <asp:BoundField   DataField ="stuJavaWeb" HeaderText ="JavaWeb 开发技术"/>
            </Columns>
        </asp:GridView>
    </div>
        <div style="width: 70%; margin: auto; margin-top: 30px; font-family: 隶书; font-size: 20px;
                text-align :center "> 学号：<asp:DropDownList ID="ddlStuNo" runat="server" Width
                ="160px" Font-Names ="隶书" Font-Size ="18px" OnSelectedIndexChanged=
                "ddlStuNo_SelectedIndexChanged">
                </asp:DropDownList>
            <asp:Button ID="tbnSelect" runat="server" Text="选择" Width ="120px" Font-Names ="隶
                书" Font-Size ="18px" OnClick="tbnSelect_Click"/>
            <asp:Button ID="btnDelete" runat="server" Text="删除" Width ="120px" Font-Names ="隶
                书" Font-Size ="18px" OnClick="btnDelete_Click"/>
            <asp:Button ID="btnBack" runat="server" Text="返回" Width ="120px"
                Font-Names ="隶书" Font-Size ="18px" OnClick="btnBack_Click" />
```

```
        </div>
    </form>
</body>
```

② 后台逻辑功能代码设计如下。

```
namespace Experiment7
{
    public partial class StudentCourseScoreDelete : System.Web.UI.Page
    {
        protected void Page_Load(object sender, EventArgs e)
        {
            if (!IsPostBack)
            {
                BindgvtbStudentScore();
                BindstuNoFieldToddlstuNo();
            }
        }
        //定义将数据库的数据表 tbStudentScore 的数据信息绑定到 GridView 中的方法
        public void BindgvtbStudentScore()
        {
            SQLHelper student = new SQLHelper();
            string sql = "select *from tbStudentScore ";
            gvtbStudentScore.DataSource = student.BindDataTable(sql);
            gvtbStudentScore.DataBind();
        }
        //定义将数据库数据表 tbStudentScore 的学号字段绑定到删除页面的学号下拉列表框中的方法
        public void BindstuNoFieldToddlstuNo()
        {
            DataTable dt = new DataTable();
            SQLHelper student = new SQLHelper();
            string sql = "select *from tbStudentScore";
            dt = student.BindTable(sql);
            ddlStuNo.DataTextField = "stuNo";
            ddlStuNo.DataSource = dt;
            ddlStuNo.DataBind();
        }
        protected void ddlStuNo_SelectedIndexChanged(object sender, EventArgs e)
        {
            //学号下拉列表框选择的“学号”值发生改变，则 GridView 控件仅显示对应的学号记录
            SQLHelper student = new SQLHelper();
            string sql = "select *from tbStudentScore where stuNo='" + ddlStuNo.Text + "'";
            gvtbStudentScore.DataSource = student.BindTable(sql);
            gvtbStudentScore.DataBind();
        }
        protected void tbnSelect_Click(object sender, EventArgs e)
        {//选择按钮确认显示要删除的学生课程成绩记录
            SQLHelper student = new SQLHelper();
            string sql = "select *from tbStudentScore where stuNo='" + ddlStuNo.Text + "'";
            gvtbStudentScore.DataSource = student.BindTable(sql);
            gvtbStudentScore.DataBind();
```

```
        }
        protected void btnDelete_Click(object sender, EventArgs e)
        { //删除按钮的单击事件，实现从数据库中删除该记录
            SQLHelper student = new SQLHelper();
            string sql = "delete from tbStudentScore where stuNo='" + ddlStuNo.Text + "'";
            SqlParameter [] pm=new SqlParameter []{};
            student.BindAddUpdataDelete(sql, pm);
            Response.Write("<script>alert('删除一条记录成功！')</script>");
        }

        protected void btnBack_Click(object sender, EventArgs e)
        {//返回按钮的单击事件，返回到学生课程成绩主页面
            Response.Redirect("StudentCourseScoreMain.aspx");
        }
    }
}
```

第 8 章 数据绑定与数据绑定控件

ASP.NET 具有强大的数据绑定(data binding)功能，数据绑定是将数据与控件相互结合的一种方式。在 ASP.NET 中，开发人员可以选择将简单的变量、表达式、方法、字段或复杂的集合、DataSet 等数据绑定到相应的控件中。

ASP.NET 提供了丰富的数据绑定控件，如 GridView 控件、DetailsView 控件、FormView 控件等。

8.1 数据绑定概述

数据绑定是一种把数据绑定到数据显示控件上的技术，使服务器控件可以与数据源直接交互。在显示数据时，如果不采用数据绑定方法，则程序员需要自己编写大量的用于显示数据的代码，非常烦琐。而数据绑定可以将所有的这些步骤封装到一些组件中，其中的一些代码可以封装到数据绑定控件中。数据绑定可以很简单地将数据挂接到能显示和编辑数据的控件上。

使用 ASP.NET 数据绑定，可以在任何服务器控件中绑定简单的属性、集合、表达式和方法。当在数据库中或通过其他方法使用数据时，使用数据绑定具有更大的灵活性。

本章使用的数据库是 SIMSDB 中的 tbUserInfo 数据表，该数据表的字段有用户名、密码、性别、出生年月、学历、联系方式、家庭地址、用户类型(用户级别)。数据库的脚本文件名是 SIMSDB 数据脚本文件。在使用过程中可以通过脚本文件来生成数据库，也可在数据库开发环境中自己创建。

8.1.1 简单数据绑定和复杂数据绑定

数据绑定有简单数据绑定和复杂数据绑定。

1. 简单数据绑定

简单数据绑定就是将用户界面控件的属性绑定到数据源中的某个属性上，该单个值在运行时确定。简单数据绑定包括数据绑定表达式和 DataBind 方法两部分。

例如，将用户信息表 tbUserInfo 对象中的 userName 属性绑定到一个 TextBox 的 Text 属性上，绑定后，对 TextBox 的 Text 属性的更改将传递到 tbUserInfo 的 userName 属性中，同时，对 tbUserInfo 的 userName 属性的更改同样会传递到 TextBox 的 Text 属性中。

2．复杂数据绑定

复杂数据绑定是把一个基于列表的控件(如 DropDownList、GridView)绑定到一个数据实例列表(如 DataTable)的方法上，这类控件通常称为数据绑定控件。数据绑定控件分为列表控件和迭代控件两类。列表控件主要有 CheckBoxList、RadioButtonList、ListBox 和 DropDownList；迭代控件主要有 Repeater、DataList 和 GridView。

复杂数据绑定是在用户界面控件发生改变时传递到数据列表上的，在数据列表发生改变时又传递回用户控件上。

8.1.2 采用数据绑定表达式实现数据绑定

一般数据表达式常放在模板中循环显示数据。例如，Repeater、DataList、FormView 等控件必须使用模板，如果不使用模板，这些控件将无法显示数据；GridView、DetailsView、Menu 等控件也支持模板，但显示数据时不是必需的；TreeView 控件不支持模板。

注意：

在一般情况下，数据绑定表达式不会自动计算它的值，除非它所在的页或控件显示调用 DataBind 方法。DataBind 方法能够将数据源绑定到被调用的服务器控件及其所有子控件上，同时分析并计算数据绑定表达式的值。

1．数据绑定语法

1) 数据绑定的语法格式

使用数据绑定语法，可以将控件属性值绑定到数据中，并指定值以便对数据进行检索、更新、删除和插入操作。

数据绑定表达式包含在“<%#”和“%>”分隔符中，并使用 Eval 方法和 Bind 方法。Eval 方法用于定义单向(只读)绑定；Bind 方法用于定义双向(更新)绑定。Eval 方法和 Bind 方法的基本语法格式如下。

```
<%# Eval("字段名") %>
<%# Bind("字段名") %>
```

另外，还可以调用“<%# ”和“%>”分隔符中任何公共范围内的代码，以便在页面处理过程中执行该代码并返回一个值。其语法格式如下。

```
<%# 绑定表达式 %>
```

数据绑定表达式作为一种独立的数据绑定方式，可以绑定简单属性、集合、表达式，甚至从方法调用返回的结果，还可以与其他数据绑定方式配合，以更灵活地显示数据。

调用控件或 Page 类的 DataBind 方法时，会对数据绑定表达式进行解析，例如，GridView、DetailsView 和 FormView 控件会在控件的 PreRender 事件期间自动解析数据绑定表达式，不需要显示调用 DataBind 方法。

2) 数据绑定表达式出现的位置

数据绑定表达式可以包含在服务器控件或普通的 HTML 元素的开始标记中，作为属性名和属性值对应的值，语法格式如下。

```
<asp:Label ID="lblMesName" runat="server" Text="<% # myName %>"></asp:Label>
```

数据绑定表达式可以包含在页面的任何位置，语法格式如下。

```
<% # Eval(userName) %>
```

如果此时的数据绑定表达式是<% # Eval(userName) %>等，那么必须把这个绑定表达式放在 GridView、DataList 等控件的模板中。

数据绑定表达式可以包含在 JavaScript 代码中，从而实现在 JavaScript 中调用 C#的方法。

3) 数据绑定表达式的类型

(1) 绑定变量：变量可以作为数据源来提供数据。注意，该变量必须为公有字段或受保护字段，即访问修饰符为 Public 或 Protected。

(2) 绑定服务器控件的属性值：数据绑定表达式可以是服务器控件的属性值。

```
<asp:Label ID="lblMesName" runat="server" Text="<% # TextBox1.Text %>"></asp:Label>
```

(3) 绑定方法：有返回值的方法可以作为数据源提供的数据。例如，GetResult(ddlOperat .SelectedValue)是已经定义好的返回运算结果且带有参数的方法，代码如下。

```
<% # GetResult(ddlOperat .SelectedValue) %>"
```

(4) 绑定数组对象：数组对象可以作为数据源提供的数据。例如，Array 是数组名，代码如下。

```
<% # Array %>"
```

(5) 绑定集合或列表：列表控件、GridView 等服务器控件可用集合作为数据源，这些控件只能绑定到支持 IEnumerable、ICollection或 IListSource接口集合上，常见的有 ArrayList、DataView 和 DataReader。其中，ArrayList 是数组集合，代码如下。

```
<% # ArrayList %>"
```

【例题 8.1】应用数据绑定表达方式，将用户登录的用户名、密码、时间绑定到标签控件中，并在页面上显示。数据绑定信息显示效果如图 8.1 所示。

例题 8.1

图 8.1　数据绑定信息显示效果

实现步骤：

(1) 页面设计。启动 Visual Studio 2013，创建 Capter8_1 网站，添加 BindLoginMessage.aspx 页面，在页面上绑定该页面后台定义的公共变量 myName、myPwd、myLoginTime。页面样式及页面设计代码如下。

```
<body>
    <form id="form1" runat="server">
    <div style ="width:300px;margin :auto ;margin-top:10px;font-family :隶书;font-size=20px">
    <table >
        <tr><th colspan ="2">用户登录</th></tr>
        <tr><td>用户名：</td>
            <td>
                <asp:TextBox ID="txtName" runat="server"></asp:TextBox></td>
        </tr>
        <tr><td>密  码：</td><td>
            <asp:TextBox ID="txtPwd" runat="server" TextMode ="Password"></asp:TextBox></td></tr>
        <tr><td colspan ="2">
            <asp:Button ID="btnLogin" runat="server" Text="登录"  Width="220px" Font-Names ="隶
                        书"  Font-Size ="18px" OnClick="btnLogin_Click"/></td></tr>
    </table>
      <asp:Label ID="lblMesName" runat="server" Text="<% # myName %>"></asp:Label><br />
      <asp:Label ID="lblMesPwd" runat="server" Text="<% # myPwd %>"></asp:Label><br />
      <asp:Label ID="lblMesTime" runat="server" Text="<% # myLoginTime%>"></asp:Label><br />
    </div>
    </form>
</body>
```

(2) 后台代码设计。在 BindLoginMessage.aspx 的后台页面所有事件外分别定义需要绑定的访问修饰符为公共类型变量 myName、myPwd、myLoginTime。在“登录”按钮事件中对变量 myName、myPwd、myLoginTime 进行动态赋值，调用页面 Page 的 DataBind 方法。页面后台代码设计如下。

```
namespace Capter8_1
{
    public partial class BindLoginMessage : System.Web.UI.Page
    {
        public string myName;     //定义页面需要绑定的变量
        public string myPwd;
        public string myLoginTime;
        protected void Page_Load(object sender, EventArgs e)
        {

        }
        protected void btnLogin_Click(object sender, EventArgs e)
        {
            myName = "登录的用户名：" + txtName.Text;
```

```
                myPwd = "登录的密码：" + txtPwd.Text;
                myLoginTime = "登录的时间：" + DateTime.Now.ToLongDateString();
                Page.DataBind();
            }
        }
    }
```

(3) 运行程序。在 BindLoginMessage.aspx 源代码视图页面中右击，执行“在浏览器中查看”命令，在页面的用户名、密码框中输入数据信息，单击“登录”按钮，程序运行效果如图 8.1 所示。

【例题 8.2】应用数据绑定方法实现求任意两个数的四则运算(加、减、乘、除)。求任意两个数四则运算效果如图 8.2 所示。

例题 8.2

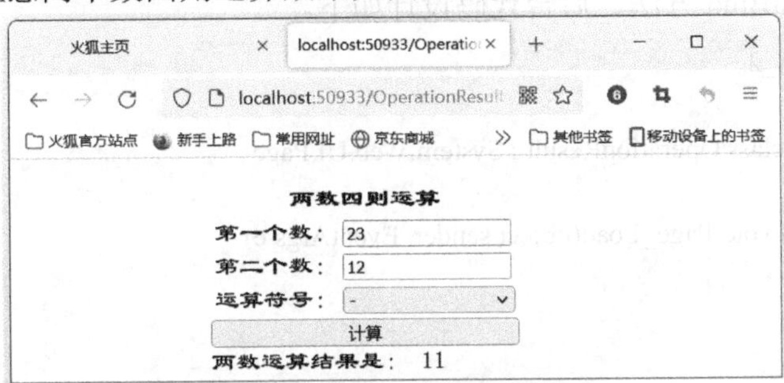

图 8.2　求任意两个数四则运算效果

实现步骤：

(1) 页面设计。创建 Capter8_2 项目，添加 OperationResult.aspx 页面，在页面上设计两个 TextBox.Text 控件、一个 DropDownList 控件、一个 Button 控件、一个 Label 控件，在 Label 控件的属性 Text 中绑定计算这两个数的方法，同时设置页面样式。页面设计代码如下。

```
<body>
    <form id="form1" runat="server">
    <div style ="width:300px; margin :auto ;margin-top:20px;font-family :隶书; font-size:20px">
        <table >
        <tr><th colspan ="2">两数四则运算</th></tr>
        <tr><td> 第一个数：</td>
            <td><asp:TextBox ID="txtNum1" runat="server" Width ="130px"></asp:TextBox></td>
        </tr>
        <tr><td> 第二个数：</td>
            <td><asp:TextBox ID="txtNum2" runat="server" Width ="130px"></asp:TextBox></td>
        </tr>
        <tr><td>运算符号：</td><td>
            <asp:DropDownList ID="ddlOperat" runat="server" Width ="140px">
                <asp:ListItem >+</asp:ListItem>
                <asp:ListItem>-</asp:ListItem>
                <asp:ListItem>*</asp:ListItem>
                <asp:ListItem>/</asp:ListItem>
            </asp:DropDownList></td>
```

```
            </tr>
        </table>
        <asp:Button ID="btnResult" runat="server" Text="计算" Width ="250px" OnClick="btnResult_Click"
                    /><br />两数运算结果是:
        <asp:Label ID="lblResult" runat="server" Text="<% # GetResult(ddlOperat .SelectedValue)%>">
                    </asp:Label>
    </div>
    </form>
    </body>
```

(2) 后台代码设计。在 OperationResult.aspx 设计视图页面中单击“计算”按钮，进入后台页面代码设计界面，定义求任意两个数四则运算的方法 GetResult，在“计算”事件中调用 page 类的 DataBind 方法。后台代码设计如下。

```
namespace Capter8_2
{
    public partial class OperationResult : System.Web.UI.Page
    {
        protected void Page_Load(object sender, EventArgs e)
        {

        }

        protected void btnResult_Click(object sender, EventArgs e) //计算按钮单击事件
        {
            Page.DataBind();
        }
        //定义求任意两个数四则运算的方法，运算符作为参数
        public string GetResult(string operation)
        {
            double num1 = Convert.ToDouble(txtNum1.Text);
            double num2 = Convert.ToDouble(txtNum2.Text);
            double result = 0;
            switch (operation)
            {
                case "+":
                    result = num1 + num2;
                    break;
                case "-":
                    result = num1 - num2;
                    break;
                case "*":
                    result = num1 * num2;
                    break;
                case "/":
                    if (num2 != 0) { result = num1 / num2; }
                    break;
```

```
            }
            return result.ToString();
        }
    }
}
```

(3) 运行程序。在 OperationResult.aspx 源视图页面中右击，执行“在浏览器中查看”命令，在打开的页面中分别输入 23、12，选择“-”运算符，单击“计算”按钮，程序运行结果如图 8.2 所示，其他运算如加、乘、除，读者自己进行测试并验证结果是否合理。

2. 使用 Eval 方法

Eval 方法可以分析和计算数据表达式的值，并返回计算的结果，也可以计算数据绑定控件(如 GridView、DetailsView 和 FormView 控件)模板中的后期绑定数据表达式。在运行时，调用 DataBinder 对象的 Eval 方法，同时引用命名容器的当前数据项。命名容器通常是包含完整记录的数据绑定控件的最小组成部分，如 GridView 控件中的一行，因此，只能对数据绑定控件的模板内的绑定使用 Eval 方法。

Eval 方法以数据字段的名称作为参数，第一个参数从数据源的当前记录返回一个包含该字段的字符串；第二个参数用来指定返回字符串的格式，该参数是可选参数。其语法格式如下。

```
Eval(string Expression,string Format)
```

Eval 方法只能显示数据，而 Bind 方法不但可以显示数据，而且还能够修改数据，这是 Eval 方法与 Bind 方法的最大区别。例如下面的代码，将 DateTime 字段的值以“年-月-日”格式呈现在浏览器上。

```
<asp:Label ID="Label1" runat="server" Text='<%#Eval("DateTime","(0:yyyy-mm-dd)") %>'></asp:Label>
```

3. 使用 Bind 方法

Bind 方法用于定义双向绑定。Bind 方法可以把数据绑定到控件上，也可以把数据更新提交到数据库中。因此，Bind 方法既可以显示数据又可以修改数据，其语法格式如下。

```
<asp:TextBox ID="txtName" runat="server" Text ='<%# Bind("txtName") %>'></asp:TextBox>
```

上述代码将 txtName 字段的值绑定到 TextBox 控件的 Text 属性上。

Eval 方法和 Bind 方法的应用将在数据绑定控件中详细介绍。

8.1.3　调用 DataBind 方法实现数据绑定

在为 ASP.NET 页面对象设置了特定数据源之后，要求将数据绑定到这些数据源上，可以使用“Page.DataBind()”和“控件名.DataBind()”方法将数据绑定到数据源上。

调用“Page.DataBind()”方法，所有数据源都将绑定到它们的服务器控件上，通常可以在页面 Page_Load 加载事件中调用；Web 服务器控件的 DataBind 方法，在调用页面的“Page.DataBind()”方法之前，不会有任何数据呈现给控件。

DataBind 方法能够将数据源绑定到被调用的服务器控件及其所有子控件上，同时分析并计算数据绑定表达式的值。通常使用 DataSource 属性进行数据源绑定的控件为列表控件。列表控件主要有 CheckBoxList、DropDownList、ListBox、RadioButtonList、GridView、DataList、Repeater 等。

把列表控件同一个 DataSet 绑定在一起，必须设置以下属性。

- DataSource：指定包含数据的 DataSet。
- DataMember：由于 DataSet 中可能有多个数据表，所以需要指定要显示的 DataTable 表名。
- DataTextField：指定将在列表中显示的 DataTable 字段。
- DataValueField：指定 DataTable 中某个字段，此字段将成为列表中被选中的值。

使用 DataSource 数据源后，还需要显示调用列表控件的 DataBind 方法来连接 DataSet、DataReader 等数据源，如 DropDownList1.DataBind()，从而实现数据绑定和解析数据绑定表达式。

1. 与 DataSet 数据源绑定

【例题 8.3】连接数据库 SIMSDB，读取 tbUserInfo 数据信息存入 DataSet 中，将数据表的用户名字段绑定到 ListBox 控件中。数据表绑定到 ListBox 控件效果如图 8.3 所示。

例题 8.3

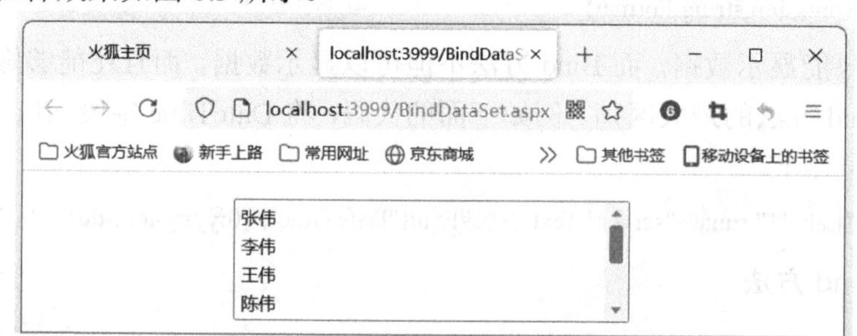

图 8.3　数据表绑定到 ListBox 控件效果

实现步骤：

(1) 前台页面设计。启动 Visual Studio 2013，创建 Capter8_3 解决方案，在网站根目录下添加绑定 DataSet 页面的 BindDataSet.aspx 网页，在该页面中设计 ListBox 服务器控件对象，同时设计其在页面中显示的样式。前台页面设计代码如下。

```
<body>
    <form id="form1" runat="server">
    <div style ="width:300px;margin :auto;margin-top :20px;font-family:隶书;font-size :20px">
        <asp:ListBox ID="lbtbUserInfo" runat="server" Width="300px"></asp:ListBox>
    </div>
    </form>
</body>
```

(2) 后台逻辑功能设计。在配置文件 Web.config 中，定义数据库连接字符串；在 BindDataSet.aspx.cs 后台页面的所有事件外定义读取配置文件中数据库字符串；在页面的加载事件中完成创建数据库连接字符串、完成数据源与ListBox服务器控件对象的“姓名”字段的绑定。后台逻辑设计代码如下。

```
namespace Capter8_3
{
    public partial class BindDataSet : System.Web.UI.Page
    {
        static readonly string connStr = ConfigurationManager.ConnectionStrings["coonString"].ToString();
        protected void Page_Load(object sender, EventArgs e)
        {
            if (!IsPostBack)
            {
                using (SqlConnection conn = new SqlConnection(connStr))
                {
                    conn.Open();
                    string sql="select *from tbUserInfo";
                    DataSet ds = new DataSet();
                    SqlDataAdapter da = new SqlDataAdapter(sql, conn);
                    da.Fill(ds, "Table");
                    lbtbUserInfo.DataSource = ds;
                    lbtbUserInfo.DataMember = "Table";
                    lbtbUserInfo.DataTextField = "userName";
                    lbtbUserInfo.DataBind();
                    Response.Write(lbtbUserInfo.SelectedValue);
                }
            }
        }
    }
}
```

(3) 运行程序。按 F5 功能键，程序运行效果如图 8.3 所示。

注意：

程序中用到的 DataSet 对象、SqlConnection 对象需要导入相应的命名空间。

2. 与 DataReader 数据源绑定

【例题 8.4】连接数据库 SIMSDB，读取 tbUserInfo 数据表信息到 DataReader 对象 reader 中，将数据表的出生年月字段绑定到 ListBox 控件中。出生年、月绑定到 ListBox 控件的效果如图 8.4 所示。

例题 8.4

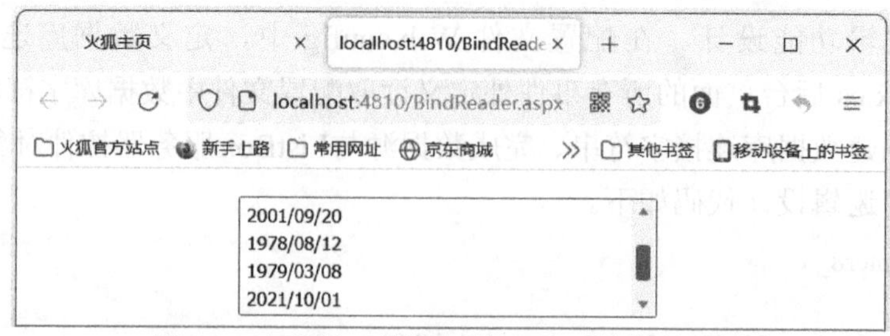

图 8.4　出生年、月绑定到 ListBox 控件的效果

实现步骤：

(1) 前台页面设计。启动 Visual Studio 2013，创建 Capter8_4 解决方案，添加 BindReader.aspx 页面，在页面上设计 ListBox 服务器控件，同时设计页面样式。前台页面设计代码如下。

```
<body>
    <form id="form1" runat="server">
    <div style ="width:300px;margin :auto;margin-top :20px;font-family:隶书;font-size :20px">
        <asp:ListBox ID="lbtbUserInfo" runat="server" Width="300px"></asp:ListBox>
    </div>
    </form>
</body>
```

(2) 后台逻辑代码设计。在配置文件 Web.config 中，定义数据库连接字符串；在 BindReader.aspx.cs 后台页面的所有事件外定义读取配置文件中的数据库字符串；在页面的加载事件中完成创建数据库连接字符串，完成数据源与 ListBox 服务器控件对象的“出生年月”字段的绑定。后台逻辑代码设计如下。

```
namespace Capter8_4
{
    public partial class BindReader : System.Web.UI.Page
    {
        static readonly string connStr = ConfigurationManager.ConnectionStrings["coonString"].ToString();
        protected void Page_Load(object sender, EventArgs e)
        {
            if(!IsPostBack ) //防止重复绑定
            {
                using (SqlConnection   conn= new SqlConnection(connStr))
                {
                    conn.Open();
                    string sqlStr = "select *from tbUserInfo";
                    SqlCommand comm = new SqlCommand(sqlStr, conn);
                    SqlDataReader reader = comm.ExecuteReader();
                    lbtbUserInfo.DataSource = reader;
                    lbtbUserInfo.DataTextField = "userBirthday";
                    lbtbUserInfo.DataValueField = "userPwd";
                    lbtbUserInfo.DataBind();
                    reader.Close(); //绑定完成后需要关闭 DataReader 对象和连接对象
```

```
                }
                Response.Write(lbtbUserInfo.SelectedValue);
            }
        }
    }
}
```

(3) 运行程序。按 F5 功能键，程序运行效果如图 8.4 所示。

8.2 简单常用控件的数据绑定

简单常用控件的数据绑定主要介绍 DropDownList 控件的数据绑定方法和 RadioButtonList 控件的数据绑定方法。

8.2.1 DropDownList 控件的数据绑定

DropDownList 控件的数据绑定在客户端被解释成的 HTML 标记是<select></select>，也就是说只能有一个选项处于选中状态。DropDownList 控件的常用属性及功能说明如表 8.1 所示。

表 8.1　DropDownList 控件的常用属性及功能说明

属性	功能说明
AutoPostBack	用来设置当下拉列表项发生变化时是否主动向服务器提交整个表单，默认是 false，即不主动提交，若是 true，则以编写它的 SelectedIndexChanged 事件处理代码，注意当属性值为 false 时，即使编写了 SelectedIndexChanged 事件处理代码也不起作用
DataTextField	设置列表项的可见部分的文字
DataValueField	设置列表项的值的部分
SelectedIndex	设置或获取 DropDownList 控件中的选定项的索引
SelectedItem	设置或获取列表控件中索引最小的选定项
SelectedValue	设置或获取选定项的值，或者选择列表控件中包含指定值的项

【例题 8.5】将数据库 SIMSDB 中的 tbUserInfo 表的用户名字段、用户类型字段分别绑定到用户登录界面的用户名 DropDownList 控件、用户类型 DropDownList 控件下拉列表框中。DropDownList 控件数据绑定效果如图 8.5 所示。

例题 8.5

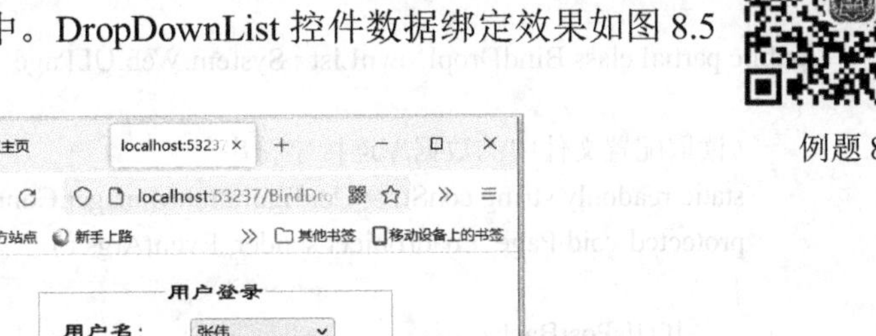

图 8.5　DropDownList 控件数据绑定效果

实现步骤：

(1) 前台页面设计。启动 Visual Studio 2013，创建 Capter8_5 解决方案，在网站根目录下添加 BindDropDownList.aspx 页面。前台页面设计代码如下。

```
<body>
    <form id="form1" runat="server">
    <div style ="width :300px;margin :auto ;margin-top:20px;font-family :隶书;font-size :20px">
     <fieldset >
         <legend   align="center">用户登录</legend>
         <table >
             <tr><td>用户名：</td><td>
                 <asp:DropDownList ID="ddlName" runat="server"   Width ="120px">
                 </asp:DropDownList></td></tr>
             <tr><td>密码：</td><td>
                 <asp:TextBox ID="txtPwd" runat="server" TextMode ="Password" Width
                     ="120px"></asp:TextBox></td></tr>
             <tr><td>用户类型：</td><td>
                 <asp:DropDownList ID="ddlType" runat="server" Width ="120px">
                 </asp:DropDownList></td></tr>
             <tr><td colspan ="2">
                 <asp:Button ID="btnLogin" runat="server" Text="登录" Width ="240px"
                     OnClick="btnLogin_Click" /></td></tr>
         </table>
     </fieldset>
    </div>
    </form>
</body>
```

(2) 后台逻辑代码设计。首先，在配置文件中定义数据库连接字符串；其次，在 BindDropDownList后台页面中读取配置文件中的数据库连接字符串，同时设计绑定用户名、用户类型方法实现 DropDownList 服务器控件的数据绑定；最后，在后台页面加载事件中调用这两种方法。后台逻辑代码设计如下。

```
namespace Capter8_5
{
    public partial class BindDropDownList : System.Web.UI.Page
    {
        //读取配置文件中的数据库连接字符串
        static readonly string conStr = ConfigurationManager.ConnectionStrings["coonString"].ToString();
        protected void Page_Load(object sender, EventArgs e)
        {
            if (!IsPostBack)
            {
                BindUserList();
                BindUserType();
            }
```

```
        }
        //定义将数据库 SIMSDB 的用户名绑定到前台用户名列表控件 DropDownList 的方法
        private void BindUserList()
        {
            using (SqlConnection conn = new SqlConnection(conStr))
            {
                string sql = "select *from tbUserInfo";
                SqlCommand comm = new SqlCommand(sql, conn);
                SqlDataAdapter data = new SqlDataAdapter(comm);
                DataTable dt = new DataTable();
                data.Fill(dt);
                ddlName.DataTextField = "userName";
                ddlName.DataSource = dt;
                ddlName.DataBind();
            }
        }
        //定义将数据库 SIMSDB 的用户类型绑定到前台用户名列表控件 DropDownList 的方法
        private void BindUserType()
        {
            using (SqlConnection conn = new SqlConnection(conStr))
            {
                string sql = "select *from tbUserInfo";
                SqlCommand comm = new SqlCommand(sql, conn);
                SqlDataAdapter data = new SqlDataAdapter(comm);
                DataTable dt = new DataTable();
                data.Fill(dt);
                ddlType.DataTextField = "userType";
                ddlType.DataSource = dt;
                ddlType.DataBind();
            }
        }
        protected void btnLogin_Click(object sender, EventArgs e)    //登录按钮单击事件
        {

        }
    }
}
```

(3) 运行程序。按 F5 功能键，程序运行效果如图 8.5 所示。

8.2.2 RadioButtonList 控件的数据绑定

RadioButtonList 控件的常用属性和事件及功能说明如表 8.2 所示。

表 8.2　RadioButtonList 控件的常用属性和事件及功能说明

属性和事件	功能说明
AutoPostBack	指示当前用户更改列表中的选定内容是否自动产生向服务器回发

(续表)

属性和事件	功能说明
DataTextField	为列表项提供文本内容的数据源字段
DataValueField	为各列表项提供值的数据源字段
SelectedIndex	选定项的索引
SelectedItem	获取列表控件中的选定项
SelectedValue	获取列表控件中选定项的值
SelectedIndexChanged 事件	当前列表控件的选定项在信息发往服务器之间变化时触发

【例题 8.6】将数据库 SIMSDB 中 tbUserInfo 表的用户名绑定到登录页面的用户名的 RadioButtonLsit 服务器控件上，RadioButtonLsit 服务器控件数据绑定效果如图 8.6 所示。

例题 8.6

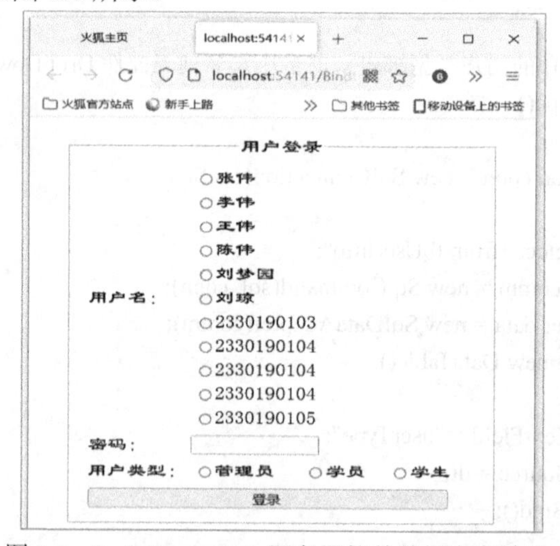

图 8.6　RadioButtonLsit 服务器控件数据绑定效果

实现步骤：

(1) 前台页面设计。启动 Visual Studio 2013，创建 Capter8_6 解决方案，在解决方案下添加网页名为 BindRadioButtonList.aspx。前台页面设计代码如下。

```
<body>
    <form id="form1" runat="server">
    <div style ="width :430px;margin :auto ;margin-top:20px;font-family :隶书;font-size :20px">
     <fieldset >
          <legend align="center">用户登录</legend>
          <table >
               <tr><td>用户名：</td><td>
                    <asp:RadioButtonList ID="rblName" runat="server" Width ="140px">
                    </asp:RadioButtonList></td></tr>
               <tr><td>密码：</td><td>
                    <asp:TextBox ID="txtPwd" runat="server" TextMode ="Password" Width
                              ="120px"></asp:TextBox></td></tr>
```

```
                <tr><td>用户类型：</td><td>
                    <asp:RadioButtonList ID="rblType" runat="server"  Width="280px" RepeatDirection=
                        "Horizontal">
                        <asp:ListItem>管理员</asp:ListItem>
                        <asp:ListItem>学员</asp:ListItem>
                        <asp:ListItem>学生</asp:ListItem>
                    </asp:RadioButtonList> </td></tr>
                <tr><td colspan ="2">
                    <asp:Button ID="btnLogin" runat="server" Text="登录" Width ="360px" /></td></tr>
            </table>
        </fieldset>
    </div>
    </form>
</body>
```

(2) 后台逻辑代码设计。在配置文件中定义数据库连接字符串，在后台页面文件中读取配置文件的数据库连接字符串，定义数据库用户名字段绑定到 RadioButtonList 服务器控件的方法，在页面加载事件中调用该方法实现数据绑定。后台逻辑代码设计如下。

```
namespace Capter8_6
{
    public partial class BindRadioButtonList : System.Web.UI.Page
    {
        static readonly string conStr = ConfigurationManager.ConnectionStrings["coonString"].ToString();

        protected void Page_Load(object sender, EventArgs e)
        {
            if (!IsPostBack)
            {
                BindType();
            }
        }
        //定义将数据库 SIMSDB 中表 tbUserInfo 的用户名字段绑定到 RadioButtonList 控件上的方法
        private void BindType()
        {
            using (SqlConnection conn = new SqlConnection(conStr))
            {
                conn.Open();
                string sql = "select *from tbUserInfo";
                SqlCommand comm = new SqlCommand(sql, conn);
                SqlDataAdapter data = new SqlDataAdapter(comm);
                DataTable dt = new DataTable();
                data.Fill(dt);
                rblName.DataTextField = "userName";
                rblName.DataSource = dt;
                rblName.DataBind();
                conn.Close();
            }
```

```
            }
            protected void btnLogin_Click(object sender, EventArgs e)
            {
            }
        }
}
```

(3) 运行程序。按 F5 功能键，程序运行效果如图 8.6 所示。

8.3 数据控件的数据绑定

ASP.NET 的数据控件主要有 Repeater 控件、DataList 控件、GridView 控件、DetailView 控件、FormView 控件。

8.3.1 Repeater 控件

Repeater 控件使数据源返回一组记录呈现只读列表。Repeater 控件不具备任何内置布局或样式，因此，必须在控件的模板中明确声明 HTML 布局标记、格式标记和样式标记。模板(template)就是预先定义的显示好的格式。当页面运行时，Repeater 控件依次通过显示数据源的记录，并按照预先定义好的模板，为每条记录呈现一个选项。

1. Repeater 控件的基本语法

Repeater 控件的基本语法格式如下。

```
<asp:Repeater ID="Repeater1" runat="server">
    <HeaderTemplate >页眉模板</HeaderTemplate>
    <ItemTemplate>奇数行数据模板</ItemTemplate>
    <AlternatingItemTemplate>偶数行数据模板</AlternatingItemTemplate>
    <SeparatorTemplate>分隔模板</SeparatorTemplate>
    <FooterTemplate >页脚模板</FooterTemplate>
</asp:Repeater>
```

2. Repeater 控件的模板属性

Repeater 控件的模板属性及功能说明如表 8.3 所示。

表 8.3　Repeater 控件的模板属性及功能说明

模板属性	功能说明
ItemTemplate	对每个数据项进行格式设置
AlternatingItemTemplate	对交替数据项进行格式设置
HeaderTemplate	对页眉数据项进行格式设置
SeparatorTemplate	对分隔符进行格式设置，典型的示例是一条直线(使用 hr)
FooterTemplate	对页脚数据项进行格式设置

如果 Repeater 控件没有指定数据源，它将不显示。当数据源有记录时，每取一条记录，

Repeater 控件都按照 ItemTemplate 或 AlternatingItemTemplate 模板定义的格式显示。如果指定的数据源中没有数据，那么页眉、页脚将继续显示。注意，Repeater 控件必须使用 ItemTemplate，其他类型的模板按需要进行添加。

3. Repeater 控件事件处理

Repeater 控件事件处理主要有 DataBinding、ItemCommand、ItemCreated、ItemDataBound。Repeater 控件的事件处理及功能说明如表 8.4 所示。

表 8.4　Repeater 控件的事件处理及功能说明

事件处理	功能说明
DataBinding	Repeater 控件绑定到数据源时触发。若想为 Repeater 控件生成 HTML 代码，并将其添加到输出流中以显示到最终的浏览器中，则必须调用 DataBind 方法
ItemCommand	Repeater 控件中的子控件触发事件时触发。该事件是 Repeater 控件中最常用的一个事件，单击 Repeater 控件中的按钮(button)时触发该事件
ItemCreated	创建 Repeater 控件每个项目时触发。在创建一个 Repeater 项时触发该事件，DataItem 属性总是返回 NULL
ItemDataBound	Repeater 控件的每个项目绑定数据时触发。将 Repeater 控件中的某个项绑定基层数据后触发该事件，ItemTemplate 和 AlternatingItemTemplate 绑定项的 DataItem 属性不为 NULL

【例题 8.7】使用 Repeater 控件显示 SIMSDB 数据库 tbUserInfo 表的记录，显示的列包括用户名、密码、性别、出生年月、学历、联系电话、家庭地址、用户类型字段信息，以标签形式显示记录。Repeater 控件显示数据表信息效果如图 8.7 所示。

例题 8.7

张伟

密码：123456
性别：男
出生年月：1975/08/23
学历：本科
联系电话：13886193308
家庭地址：湖北武汉
用户类型：管理员

李伟

密码：123456
性别：男
出生年月：2000/01/30
学历：硕士
联系电话：13982349812
家庭地址：湖北武汉
用户类型：学员

图 8.7　Repeater 控件显示数据表信息效果

实现步骤：

(1) 前台页面设计。启动 Visual Studio 2013，创建 Capter8_7 解决方案，添加 Display

Records.aspx 页面。在页面的 DIV 中设计一个 Repeater 控件对象，在该对象中创建 ItemTemplate 模板，在模板中设置用户名标题的 DIV，并通过 Eval 页面显示字段与数据表 tbUserInfo 字段进行绑定。前台页面设计代码如下。

```
<body>
    <form id="form1" runat="server">
        <div style="width: 600px; margin: auto; margin-top: 20px; font-family: 隶书; font-size: 20px">
            <asp:Repeater ID="rptUserInfo" runat="server">
                <ItemTemplate>
                    <div>
                        <h1><%#Eval("userName") %></h1>
                    </div>
                        <b>密码：</b><%#Eval ("userPwd") %><br />
                        <b>性别：</b><%#Eval ("userSex") %><br />
                        <b>出生年月：</b><%#Eval ("userBirthday") %><br />
                        <b>学历：</b><%#Eval ("userEducation") %><br />
                        <b>联系电话：</b><%#Eval ("userPhone") %><br />
                        <b>家庭地址：</b><%#Eval ("userAddress") %><br />
                        <b>用户类型：</b><%#Eval ("userType") %><br />
                </ItemTemplate>
            </asp:Repeater>
        </div>
    </form>
</body>
```

(2) 后台逻辑代码设计。在配置文件中定义数据库连接字符串，在 DisplayRecords.aspx.cs 页面中，读取配置文件中定义的数据库连接字符串，定义绑定数据库 SIMSDB 表 tbUserInfo 的数据字段的方法，在页面加载事件中调用该方法实现数据绑定。后台逻辑代码设计如下。

```
namespace Capter8_7
{
    public partial class DisplayRecords : System.Web.UI.Page
    {
        static readonly string conStr = ConfigurationManager.ConnectionStrings["coonString"].ToString();
        protected void Page_Load(object sender, EventArgs e)
        {
            if (!IsPostBack)
            {
                DataBindtbUserInfo();
            }
        }
        //定义绑定数据库 SIMSDB 表 tbUserInfo 的数据字段的方法
        public void DataBindtbUserInfo()
        {
            using (SqlConnection conn = new SqlConnection(conStr))
            {
                DataSet ds = new DataSet();
```

```
                //定义查询数据表的 SQL 语句
                string sql = "select   userName,userPwd,userSex,userBirthday, userEducation,userPhone,
                             userAddress,userType from tbUserInfo";
                SqlDataAdapter da = new SqlDataAdapter(sql, conn);
                da.Fill(ds);
                rptUserInfo.DataSource = ds.Tables[0].DefaultView; //设置数据源
                rptUserInfo.DataBind(); //绑定数据
            }
        }
    }
}
```

(3) 运行程序。按 F5 功能键，运行程序效果如图 8.7 所示。

例题 8.8

【例题 8.8】使用 Repeater 控件显示 SIMSDB 数据库 tbUserInfo 表的记录，显示的列包括用户名、密码、性别、出生年月、学历、联系电话、家庭地址、用户类型字段信息，以二维表格形式显示记录。Repeater 控件以表格形式显示数据表信息效果如图 8.8 所示。

用户基本信息表

用户名	密码	性别	出生年月	学历	联系方式	家庭地址	用户类型
张伟	123456	男	1975/08/23	本科	13886193308	湖北武汉	管理员
李伟	123456	男	2000/01/30	硕士	13982349812	湖北武汉	学员
王伟	123123	女	2001/09/20	硕士	13638908732	湖北宜昌	学员
陈伟	111111	女	1978/08/12	博士	13627191908	湖北武汉	学员
刘梦园	123123	男	1979/03/08	博士	13178901234	湖北黄石	学员
刘琼	233020	女	2021/10/01	硕士	13986780123	湖北武汉	学员
2330190103	123456	女	2000/08/08	硕士	12345678901	湖北宜昌	学生
2330190104	123123	女	2000/08/08	本科	13986193308	湖北宜昌	学生
2330190104	123	女	2000/08/08	专科	12345678901	123	学生
2330190104	123	男	2000/10/10	专科	12345678901	湖北宜昌	学生
2330190105	12345678	男	2000/10/10	专科	13986193308	湖北宜昌	学生

每页显示20条记录

图 8.8　Repeater 控件以表格形式显示数据表信息效果

实现步骤：

(1) 前台页面设计。启动 Visual Studio 2013，创建 Capter8_8 解决方案，在该解决方案下添加页面 DisplayRecords.aspx，在该页面先设计Repeater 控件对象。在 Repeater 控件对象中用 Table 的形式显示数据的方法是：首先在 HeaderTemplate 模板中定义表头<table>，然后在 ItemTemplate 模板或 AlternatingItemTemplate 模板中定义数据的每条数据显示方式，最后在 FooterTemplate 模板中定义表的结束标记</table>。通过 Eval 方法绑定数据库中数据表各字段，前台页面设计代码如下。

```
<html xmlns="http://www.w3.org/1999/xhtml">
<head runat="server">
<meta http-equiv="Content-Type" content="text/html; charset=utf-8"/>
    <title></title>
    <style type="text/css" >
        html{
            background-color:white;
        }
        .content{
            width:900px;
            margin :auto;
            border:solid 1px black;
            background-color:white ;
        }
        .movies{
            border-collapse:collapse;
        }
        .movies th,movies td{
            padding :10px;
            border-bottom :1px solid   black;
        }
        .alternating{
            background-color :#eeeeee;
        }
    </style>
</head>
<body>
    <form id="form1" runat="server">
        <div style="width: 900px; margin: auto; margin-top: 20px; font-family: 隶书; font-size: 20px">
            <asp:Repeater ID="rptUserInfo" runat="server">
                <HeaderTemplate>  <!-- 显示头部开始-->
                    <table class ="movies" border ="1" cellpading="3">
                        <tr><td colspan ="8" style ="text-align :center "> 用户基本信息表</td></tr>
                        <tr>
                            <th>用户名</th>
                            <th>密码</th>
                            <th>性别</th>
                            <th>出生年月</th>
                            <th>学历</th>
                            <th>联系方式</th>
                            <th>家庭地址</th>
                            <th>用户类型</th>
                        </tr>
                </HeaderTemplate>
                <ItemTemplate> <!-- 数据行开始-->
                    <tr class ="alternating">
```

```
                        <td><%#Eval ("userName")%></td>
                        <td><%#Eval ("userPwd")%></td>
                        <td><%#Eval ("userSex")%></td>
                        <td><%#Eval ("userBirthday")%></td>
                        <td><%#Eval ("userEducation")%></td>
                        <td><%#Eval ("userPhone")%></td>
                        <td><%#Eval ("userAddress")%></td>
                        <td><%#Eval ("userType")%></td>
                    </tr>
                </ItemTemplate>
                <AlternatingItemTemplate> <!-- 交错数据行开始-->
                    <tr>
                        <td><%#Eval ("userName")%></td>
                        <td><%#Eval ("userPwd")%></td>
                        <td><%#Eval ("userSex")%></td>
                        <td><%#Eval ("userBirthday")%></td>
                        <td><%#Eval ("userEducation")%></td>
                        <td><%#Eval ("userPhone")%></td>
                        <td><%#Eval ("userAddress")%></td>
                        <td><%#Eval ("userType")%></td>
                    </tr>
                </AlternatingItemTemplate>
                <FooterTemplate > <!-- 页脚开始-->
                    <tr><td colspan ="8" style="text-align :center "> 每页显示 20 条记录</td></tr>
                 </table>
                </FooterTemplate>
            </asp:Repeater>
        </div>
        </form>
</body>
</html>
```

(2) 后台逻辑代码设计。在配置文件中定义数据库连接字符串，在 DisplayRecords.aspx.cs 页面中，读取配置文件中定义的数据库连接字符串，定义绑定数据库 SIMSDB 表 tbUserInfo 的数据字段的方法，在页面加载事件中调用该方法实现数据绑定。后台逻辑代码设计如下。

```
namespace Capter8_8
{
    public partial class DisplayRecords : System.Web.UI.Page
    {
        static readonly string conStr = ConfigurationManager.ConnectionStrings["coonString"].ToString();
        protected void Page_Load(object sender, EventArgs e)
        {
            if (!IsPostBack)
            {
                DataBindtbUserInfo();
            }
```

```
            }
            //定义绑定数据库 SIMSDB 表 tbUserInfo 的数据字段的方法
            public void DataBindtbUserInfo()
            {
                using (SqlConnection conn = new SqlConnection(conStr))
                {
                    DataSet ds = new DataSet();
                    //定义查询数据表的 SQL 语句
                    string sql = "select  userName,userPwd,userSex,userBirthday, userEducation,userPhone,
                             userAddress,userType from tbUserInfo";
                    SqlDataAdapter da = new SqlDataAdapter(sql, conn);
                    da.Fill(ds);
                    rptUserInfo.DataSource = ds.Tables[0].DefaultView; //设置数据源
                    rptUserInfo.DataBind();
                }
            }
        }
    }
```

(3) 运行程序。按 F5 功能键，运行程序的效果如图 8.8 所示。

8.3.2 DataList 控件

DataList 控件是以表的形式呈现数据，通过该控件，可以使用不同的布局来显示数据记录，如将数据记录排成列或行的形式。可以对 DataList 控件进行配置，通过编写代码实现编辑或删除表中记录的功能。DataList 控件与 Repeater 控件的不同之处在于：DataList 控件将数据源中的记录输出为 HTML 表格，而且 DataList 控件可以在一行中显示多条记录。

1. DataList 控件的基本语法

DataList 控件的语法格式如下。

```
<asp:DataList ID="DataList1" runat="server">
    <HeaderTemplate>页眉模板</HeaderTemplate>
    <ItemTemplate>奇数行数据模板</ItemTemplate>
    <AlternatingItemTemplate>偶数行数据模板</AlternatingItemTemplate>
    <EditItemTemplate>编辑状态时的模板</EditItemTemplate>
    <SelectedItemTemplate>选中状态时的模板</SelectedItemTemplate>
    <SeparatorTemplate>分隔模板</SeparatorTemplate>
    <FooterTemplate>页脚模板</FooterTemplate>
</asp:DataList>
```

2. DataList 控件支持的模板属性

DataList 控件是具有模板的数据绑定列表，可以通过修改模板来自定义 DataList 控件。DataList 控件支持的模板属性及功能说明如表 8.5 所示。

表 8.5　DataList 控件支持的模板属性及功能说明

模板属性	功能说明
ItemTemplate	对每个数据项进行格式设置
AlternatingItemTemplate	对交替数据项进行格式设置
HeaderTemplate	对页眉数据项进行格式设置
SeparatorTemplate	对分隔符进行格式设置，典型的示例是一条直线(使用 hr)
FooterTemplate	对页脚数据项进行格式设置
EditItemTemplate	对数据项设置为编辑状态
SelectedItemTemplate	对数据项设置为选中状态

DataList 控件有两个重要属性，分别是 RepeatColumns 属性和 RepeatDirection 属性。

- RepeatColumns 属性：DataList 控件中要显示的列数，默认值为 0，即按照 Repeat Direction 的设置单行或单列显示数据。
- RepeatDirection 属性：DataList 控件的显示方式，该属性是一个枚举值，主要有水平 Horizontal 和垂直 Vertical 两个值。

在使用 DataList 控件时经常会嵌套绑定，即在一个数据绑定控件中嵌套另一个数据绑定控件。

【例题 8.9】使用 DataList 控件显示数据库 SIMSDB 中 tbUserInfo 数据表的信息，设置每行显示两条数据记录。DataList 控件显示数据表信息效果如图 8.9 所示。

例题 8.9

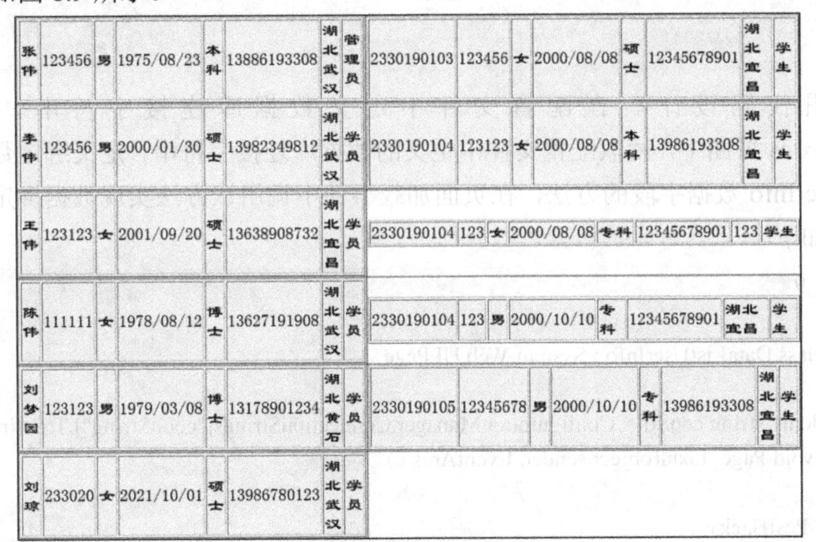

张伟	123456	男	1975/08/23	本科	13886193308	湖北武汉	管理员	2330190103	123456	女	2000/08/08	硕士	12345678901	湖北宜昌	学生
李伟	123456	男	2000/01/30	硕士	13982349812	湖北武汉	学员	2330190104	123123	女	2000/08/08	本科	13986193308	湖北宜昌	学生
王伟	123123	女	2001/09/20	硕士	13638908732	湖北宜昌	学员	2330190104	123	女	2000/08/08	专科	12345678901	123	学生
陈伟	111111	女	1978/08/12	博士	13627191908	湖北武汉	学员	2330190104	123	男	2000/10/10	专科	12345678901	湖北宜昌	学生
刘梦园	123123	男	1979/03/08	博士	13178901234	湖北黄石	学员	2330190105	12345678	男	2000/10/10	专科	13986193308	湖北宜昌	学生
刘琼	233020	女	2021/10/01	硕士	13986780123	湖北武汉	学员								

图 8.9　DataList 控件显示数据表信息效果

实现步骤：

(1) 前台页面设计。启动 Visual Studio 2013，创建 Capter8_9 解决方案，添加 DataList UserInfo.aspx 页面，在该页面 DIV 层中设计 DataList 控件并设置该控件的属性分别是

RepeatColumns ="2" RepeatDirection="Horizontal"、BorderWidth="2px"、GridLines ="Both"；设计模板属性 ItemTemplate 并设计表格绑定数据表 tbUserInfo 的字段。前台页面设计代码如下。

```
<body>
    <form id="form1" runat="server">
    <div style ="width :800px;margin :auto;margin-top:20px;font-family :隶书; font-size :20px">
        <asp:DataList ID="dlUserInfo" runat="server" RepeatColumns ="2" RepeatDirection="Vertical"
             BorderWidth="2px" GridLines ="Both">
           <ItemTemplate>
               <table bgcolor="Yellow" border ="1"    >
                   <tr >
                       <td><%#Eval ("userName")%></td>
                       <td><%#Eval ("userPwd")%></td>
                       <td><%#Eval ("userSex")%></td>
                       <td><%#Eval ("userBirthday")%></td>
                       <td><%#Eval ("userEducation")%></td>
                       <td><%#Eval ("userPhone")%></td>
                       <td><%#Eval ("userAddress")%></td>
                       <td><%#Eval ("userType")%></td>
                   </tr>
               </table>
           </ItemTemplate>
        </asp:DataList>
    </div>
    </form>
</body>
```

(2) 后台逻辑代码设计。在配置文件中定义数据库连接字符串，在 DataListUserInfo.aspx.cs 页面中，读取配置文件中定义的数据库连接字符串，定义绑定数据库 SIMSDB 表 tbUserInfo 数据字段的方法，在页面加载事件中调用该方法实现数据绑定。后台逻辑代码设计如下。

```
namespace Capter8_9
{
    public partial class DataListUserInfo : System.Web.UI.Page
    {
        static readonly string conStr = ConfigurationManager.ConnectionStrings["coonString"].ToString();
        protected void Page_Load(object sender, EventArgs e)
        {
            if (!IsPostBack)
            {
                DataBindtbUserInfo();
            }
        }
        //定义绑定数据库 SIMSDB 表 tbUserInfo 数据字段的方法
        public void DataBindtbUserInfo()
```

```
            {
                using (SqlConnection conn = new SqlConnection(conStr))
                {
                    DataSet ds = new DataSet();
                    //定义查询数据表的 SQL 语句
                    string sql = "select  userName,userPwd,userSex,userBirthday, userEducation,userPhone,
                           userAddress,userType from tbUserInfo";
                    SqlDataAdapter da = new SqlDataAdapter(sql, conn);
                    da.Fill(ds);
                    dlUserInfo.DataSource = ds;
                    dlUserInfo.DataBind();
                }
            }
        }
    }
```

(3) 运行程序。按 F5 功能键，运行程序效果如图 8.9 所示。

8.3.3　GridView 控件

GridView 控件以表格形式显示数据源中的数据，其中每列表示一个字段，每行表示数据源中数据表的一条记录，并提供排序、分页、编辑、删除单条记录功能。

1. GridView 控件的语法

GridView 控件具有强大的功能：绑定到数据源控件和显示数据功能；内置行选择、排序、分页、编辑和删除功能；可通过主题和样式自定义 GridView 控件的外观，以编程方式访问 GridView 对象模型，以动态设置属性和处理事件等；多个键字段，用于超链接列的多个数据字段，可通过主题和样式自定义外观，可实现多种样式的数据显示。GridView 控件的基本语法格式如下。

```
<asp:GridView ID="GridView1" runat="server" AutoGenerateColumns ="false" DataKeyNames = 主键名"
        DataSource ="sqlDataSourcet"
AutoGenerateDeleteButton ="true"
AutoGenerateEditButton="true"
AutoGenerateSelectButton="true"
ShowHeader="false">
        <Columns >
            <asp:BoundField DataField="数据表中字段 1"   HeaderText ="列标题 1"
                ReadOnly ="true" SortExpression="排序表达式 1"/>
            <asp:BoundField DataField="数据表中字段 2"   HeaderText ="列标题 2"
                ReadOnly ="true" SortExpression="排序表达式 2"/>
            <asp:TemplateField>
                <ItemTemplate>
                    绑定其他控件
                    <%#Eval ("绑定表达式") %>
                </ItemTemplate>
            </asp:TemplateField>
        </Columns>
    </asp:GridView>
```

GridView 控件可以采用两种方式绑定数据源：一种是使用 DataSourceID 属性，直接把 GridView 控件绑定到数据源控件上，利用数据源控件的功能实现编辑、删除、排序和分页等功能；另一种是使用 DataSource 属性，采用 ADO.NET 数据集和数据读取器对象，通过编写后台代码实现与数据源的绑定，本书主要讲解这种方式。

2. GridView 控件的常用属性

GridView 控件属性可分为数据、行为、样式、分页几大类。

- 数据：设置控件的数据源。
- 行为：主要进行一些功能设置，如是否排序、是否自动产生列、是否自动产生选择删除修改按钮等。
- 样式：设置 GridView 控件的外观，包括选择行的样式、用于交替行的样式、编辑行的样式、分页界面的样式、脚注样式、标题样式等。
- 分页：设置是否分页、分页标签的显示样式、页的大小等。

GridView 控件的常用属性及功能说明如表 8.6 所示。

表 8.6　GridView 控件的常用属性及功能说明

属性	功能说明
AllowPaging	设置是否启用分页功能
AllowSorting	设置是否启用排序功能
AutoGenerateColumns	设置是否为数据源中的每个字段自动创建绑定字段，默认值为 true，但在实际开发过程中很少自动创建绑定列，总是根据实际情况让某列不显示，如用户登录列表不显示登录密码，而是通过编程进行手动绑定
AutoGenerateDeleteButton	指示每个数据行是否添加“删除”按钮
AutoGenerateEditButton	指示每个数据行是否添加“编辑”按钮
AutoGenerateSelectButton	指示每个数据行是否添加“选择”按钮
DataKeyNames	获取或设置 GridView 控件中的主键字段的名称，多个主键字段间以逗号隔开
DataKeys	用来获取 GridView 控件中使用 DataKeyNames 设置的每一行主键值的对象集合
EditIndex	获取或设置要编辑行的索引
DataSource	获取或设置对象，数据绑定控件从该对象中检索其数据项列表
Columns	获取 GridView 控件中列字段的集合
PageCount	获取在 GridView 控件中显示数据源记录所需的页数
PageIndex	设置或获取当前页的索引
PageSeting	设置 GridView 控件的分页样式
PageSize	设置 GridView 控件每次显示的最大记录条数

3. GridView 控件的数据绑定列

GridView 控件可以通过设置 AutoGenerateColumns 属性为 true 自动创建列，也可以通过模板列来创建自定义列。GridView 控件数据绑定列字段类型及功能说明如表 8.7 所示。Field 声明在 GridView 中是被包含在<Columns>…</Columns>标记之间的。

表 8.7　GridView 控件数据绑定列字段类型及功能说明

字段类型	功能说明
BoundField	绑定字段列，表示在数据绑定控件中，将数据源中的字段值以字符形式显示，属于应用最多的类型。属性 DataFormatString 可设置显示字段的格式，注意，只有当 HtmlCode 属性设置为 false 时，DataFormatString 才有效
CheckBoxField	复选框字段列，表示在数据绑定控件中，将数据源中的 Bit 型字段值以复选框的形式显示，根据值的 true 或 false 显示选中或没选中
HyperLinkField	超链接字段列，表示在数据绑定中，将数据源中的字段值以超链接形式显示，可指定另外的 NavigateUrl 超链接，单击超链接，浏览器导航到指定的 URL。 DataNavigateUrlFormatString 属性值为“ShowUser.aspx?UserId={0}”，若 DataNavigateUrlFormatString 属性值为“UserId”，显示每行数据时，会将该行对应的“UserId”字段的值替换成{0}，类似于 String.Format("ShowUser.aspx?UserId={0}","UserId")的值。 属性 DataNavigateUrlFields 绑定数据库字段，如果为多个字段，则用“，”分隔，如 DataNavigateUrlFields="userName,userAddress,userPhone"。属性 DataNavigateUrl FormatString="页面地址"，超链接到页面
ImageField	图片字段列，表示在数据绑定控件中，将数据源中的字段值作为图片路径绑定，并把图片显示出来。在数据绑定控件中，作为一个<img>HTML 标记的 src 属性显示一个字段的值，绑定字段的内容应该是图片的 URL
CommandField	表示一个命令列，在数据绑定控件中，显示含有命令的按钮，常用的有编辑、更新、取消、选择、删除，自动生成命令，无须手写
ButtonField	按钮字段列，表示在数据绑定控件中，字段的值以命令按钮方式显示，可以选择链接按钮或按钮样式
TemplateField	模板字段列，表示在数据绑定控件中，显示用户自定义的模板内容。在 GridView 控件的 TemplateField 字段中可以定义 5 种不同类型的模板。当需要创建一个定制的列字段时，还可以使用本类型。模板可以包含任意多个数据字段，也可以结合文件、图像及其他控件，还可以使用 HTML 控件或 Web 服务器控件。 DataKeyNames 属性用来设置 GridView 对应的数据源的主键列，只有设置这个属性，在删除时才会把要删除的主键传递给数据源执行删除功能

GridView 控件的列属性 Columns 表示列字段的集合，每个列字段类型定义了一个定制的属性集，用以定义和配置所绑定的字段。GridView 控件的列属性及功能说明如表 8.8 所示。

表 8.8　GridView 控件的列属性及功能说明

属性	功能说明
AccessibleHeaderText	表示 AssistiveTechnology 设备的屏幕阅读器读取的缩写文本的文本
FooterStyle	设置该列的页脚的样式对象
FooterText	设置该列的页脚的文本

(续表)

属性	功能说明
HeaderImageUrl	设置该列的标题中的图像的 URL
HeaderStyle	设置该列的标题样式对象
HeaderText	设置该列标题的文本
InsertVisible	指示当前父数据绑定控件处于插入模式时，该字段是否可见，该属性适用于 GridView 控件
ItemStyle	设置各列单元的样式对象
ShowHeader	指示是否生成该列的标题
SortExpression	设置该列的标题被单击时用来排序表格内容的表达式。通常，该字符串属性被设置为所绑定的数据字段的名称

4. GridView 控件的事件

GridView 控件的事件非常丰富，在 GridView 控件上操作时就会产生相应的事件，可将要实现的功能代码写在相应的事件中。GridView 控件的常用事件及功能说明如表 8.9 所示。

表 8.9 GridView 控件的常用事件及功能说明

事件	功能说明
PageIndexChanging	当前索引正在改变时触发
RowCancelingEdit	当放弃修改数据时触发。在一个处于编辑模式的行的 Cancel 按钮被单击时触发，但是在该行退出编辑模式之前发生
RowDeleting	当删除数据时触发，在一行的 Delete 按钮被单击时发生
RowEditing	当要编辑数据时触发，当一行的 Edit 按钮被单击时，但是在该控件进入编辑模式之前发生
RowUpdating	当保存修改的数据时触发，在一行的 Update 按钮被单击时发生，更新该行之前激发
SelectedIndexChanging	在选择新行时触发，在一行的 Selecte 按钮被单击时发生，处理选择操作之前激发
Sorting	当操作排序列，进行排序时触发，在对一列进行排序的超链接被单击时发生，在 GridView 控件处理排序操作之前激发
RowCreated	在创建一行时触发

5. GridView 控件常用方法

GridView 控件的常用方法及功能说明如表 8.10 所示。

表 8.10 GridView 控件的常用方法及功能说明

方法	功能说明
DataBind	将数据源绑定到 GridView 控件
FindControl	在当前命令容器中查找指定的服务器控件
DeleteRow	从数据源中删除位于指定索引位置的记录

(续表)

方法	功能说明
Sort	根据指定的排序表达式和方向对 GridView 控件进行排序
UpdateRow	使用行的字段值更新，位于指定行索引位置的记录

8.3.4 GridView 控件绑定数据源

使用 GridView 控件绑定数据源的方法有两种：一是使用数据源控件，通过设置 GridView 控件的 DataSourceID 属性将数据源控件绑定到控件上，但该方法灵活性不够，在实际项目中很少使用；二是采用编程方式对 GridView 控件进行数据绑定，需要指定其 DataSource 属性，并且使用 DataBind 方法完成数据绑定，实际项目开发中应用的是该方法。

1. 分页功能显示数据表记录

GridView 控件的主要功能是以表的形式显示数据源中的数据信息，可采用自动套用格式，也可自己定义格式。

例题 8.10

【例题 8.10】运用 GridView 控件分页功能，显示数据库 SIMSDB 中 tbUserInfo 数据表的数据信息，每页显示 5 条数据信息，且采用自动套用格式中的传统型。程序运行的效果如图 8.10 所示。

用户基本信息表

序号	用户名	用户密码	性别	出生年月	学历	联系方式	家庭地址	用户类型
1	2330200101	2330200101	男	2000/08/08	本科	13691234890	湖北武汉	学生
2	2330200102	2330200102	女	2002/08/08	本科	13991234890	湖北武汉	学生
3	2330200103	2330200103	女	2001/06/08	本科	13891234890	湖北宜昌	学生
4	2330200104	2330200104	男	2001/06/13	本科	13791234890	湖北黄石	学生
5	2330200201	2330200201	男	2003/06/13	本科	13791234890	湖北黄石	学生

1 2 3

图 8.10　程序运行的效果

实现步骤：

(1) 前台页面设计。启动 Visual Studio 2013，创建 Capter8_10 并添加 GridViewUserInfo.aspx 页面，在页面 DIV 中设计 GridView 对象，设计 DIV 的样式和 GridView 的属性 AllowPaging、PageSize 等。在设计视图中，在 GridView 控件的右上角单击>按钮，在任务面板中单击“自动套用格式”完成套用格式设置。前台页面设计代码如下(注意，有较多代码是自动套用格式自动生成的)。

```
<body>
    <form id="form1" runat="server">
    <div style ="width:60%;margin :auto;margin-top:20px;font-family :隶书; font-size :20px">
        <asp:GridView ID="gvtbUserInfo" runat="server" AllowPaging="True" PageSize ="5" CellPadding
                ="4" ForeColor="#333333" GridLines="None" OnPageIndexChanging="gvtbUserInfo_
                PageIndexChanging">
            <AlternatingRowStyle BackColor="White" ForeColor="#284775" />
            <EditRowStyle BackColor="#999999" />
```

```
            <FooterStyle BackColor="#5D7B9D" Font-Bold="True" ForeColor="White" />
            <HeaderStyle BackColor="#5D7B9D" Font-Bold="True" ForeColor="White" />
            <PagerStyle BackColor="#284775" ForeColor="White" HorizontalAlign="Center" />
            <RowStyle BackColor="#F7F6F3" ForeColor="#333333" />
            <SelectedRowStyle BackColor="#E2DED6" Font-Bold="True" ForeColor="#333333" />
            <SortedAscendingCellStyle BackColor="#E9E7E2" />
            <SortedAscendingHeaderStyle BackColor="#506C8C" />
            <SortedDescendingCellStyle BackColor="#FFFDF8" />
            <SortedDescendingHeaderStyle BackColor="#6F8DAE" />
        </asp:GridView>
    </div>
    </form>
</body>
```

(2) 后台逻辑功能代码设计。在 Web.config 配置文件中定义数据库连接字符串，在 GridViewUserInfo.aspx.cs 页面中读取配置文件的数据库连接字符串、定义显示用户信息绑定到 GridView 控件的 DisplayAllUserInfo 方法。后台代码设计如下。

```
private void DisplayAllUserInfo()
        {
            using (SqlConnection conn = new SqlConnection(conStr))
            {
                conn.Open();
                string sql = "select id as '序号',userName as '用户名',userPwd as '用户密码',userSex as '
                        性别',userBirthday as '出生年月',userEducation as '学历',userPhone as '联系方
                        式',userAddress as '家庭地址',userType as '用户类型' from tbUserInfo ";
                SqlDataAdapter da = new SqlDataAdapter(sql, conn);
                DataSet ds = new DataSet();
                da.Fill(ds);
                gvtbUserInfo.DataSource = ds;
                gvtbUserInfo.AllowPaging = true;
                gvtbUserInfo.PageSize = 5;
                gvtbUserInfo.Caption = "用户基本信息表";
                gvtbUserInfo.DataBind();
            }
```

在 GridView 控件的“属性”窗口中单击“事件”按钮切换到事件列表，在事件列表中双击 PageIndexChanging，添加 GridView 控件的 PageIndexChanging 事件编辑区，设计代码如下。

```
protected void gvtbUserInfo_PageIndexChanging(object sender, GridViewPageEventArgs e)
    {
        gvtbUserInfo.PageIndex = e.NewPageIndex;//当前页的索引
        DisplayAllUserInfo();//重新绑定 GridView 的过程
    }
```

在 GridViewUserInfo.aspx.cs 页面的加载事件中调用 DisplayAllUserInfo 方法，显示数据表 tbUserInfo 的数据信息，设计代码如下。

```
protected void Page_Load(object sender, EventArgs e)
        {
            if (!IsPostBack)   //防止重复绑定
            {
                DisplayAllUserInfo();//显示所有记录
            }
        }
```

(3) 运行程序。按 F5 功能键，运行程序效果如图 8.10 所示。

说明：

分页功能显示数据源时，不能使用 DataReader 作为数据源，而要使用 DataSet 作为数据源。【例题 8.10】采用了 GridView 自带的分页，这种分页每次翻页时都会从数据源中把数据全部查询出来，然后根据当前页索引和每页要显示的记录条数决定要显示哪些记录，而其他数据会被丢掉，在数据量比较大时会导致性能低下。当数据源中有大量数据时，应该自己编写分页功能程序代码，可每次只从数据库表中取出需要显示的数据，并且根据当前页索引显示页面跳转导航链接。

当数据源中没有记录时，GridView 默认只显示表头而不显示记录，可以设计 GridView 中没有记录时的提示信息，设计方法为：在<asp:GridView>…</asp:GridView>中添加 EmptyDataTemplate 模板，设计代码格式如下。

```
<EmptyDataTemplate>提示！当前没有任何记录！</EmptyDataTemplate>
```

2. 自动排序记录

自动排序在 GridView 控件的属性窗口中设置 AllowSorting 的属性值为 true，同时添加列 Columns，通过 BoundField 绑定数据源中各列并设置 DataField 的属性值为数据表中各字段名、HeaderText 的属性值为中文显示的列标题、SortExpression 排序属性的值为某列的数据表中字段名即排序的关键字。当某个字段为排序关键字时，则该字段的列名变为超链接样式，单击超链接实现排序功能。

【例题 8.11】运用 GridView 控件自动排序功能，对数据库 SIMSDB 中 tbUserInfo 数据表的数据信息按用户名或性别进行排序。按性别字段排序运行程序效果如图 8.11 所示。

例题 8.11

实现步骤：

(1) 前台页面设计。启动 Visual Studio 2013，创建 Capter8_11 解决方案，同时添加 GridViewSorttbUserInfo.aspx 页面。设置页面 DIV 的样式，在 DIV 层中设计 GridView 控件并设置相关属性，添加 GridView 控件的列集合 Columns，在列集合采用 BoundField 绑定数据源的各列。前台页面设计代码如下。

```
<body>
    <form id="form1" runat="server">
    <div style="width:60%;margin :auto;margin-top:20px;font-family :隶书; font-size :20px">
```

```
        <asp:GridView ID="gvtbUserInfo" runat="server" AutoGenerateColumns="False" Width ="90%"
            AllowSorting="True" OnSorting="gvtbUserInfo_Sorting">
            <Columns>
                <asp:BoundField DataField="userName" HeaderText="用户名" SortExpression=
                    "userName" />
                <asp:BoundField DataField="userPwd" HeaderText="密码" />
                <asp:BoundField DataField ="userSex" HeaderText ="性别" SortExpression="userSex" />
                <asp:BoundField DataField ="userBirthday" HeaderText ="出生年月" />
                <asp:BoundField DataField ="userEducation" HeaderText ="学历" />
                <asp:BoundField DataField ="userPhone" HeaderText ="联系电话" />
                <asp:BoundField DataField ="userAddress" HeaderText ="家庭地址"   />
                <asp:BoundField DataField ="userType" HeaderText ="用户类型"   />
            </Columns>
        </asp:GridView>
    </div>
    </form>
</body>
```

用户名	密码	性别	出生年月	学历	联系电话	家庭地址	用户类型
2330200101	2330200101	男	2000/08/08	本科	13691234890	湖北武汉	学生
2330200102	2330200102	女	2002/08/08	本科	13991234890	湖北武汉	学生
2330200103	2330200103	女	2001/06/08	本科	13891234890	湖北宜昌	学生
2330200104	2330200104	男	2001/06/13	本科	13791234890	湖北黄石	学生
2330200201	2330200201	男	2003/06/13	本科	13791234890	湖北黄石	学生
2330200202		男	2003/06/13	本科	13791234898	湖北黄石	学生
2330200203	2330200203	女	2004/06/06	本科	13691234898	湖北荆门	学生
2330200108	2330200108	男	2004/06/06	本科	13691234898	湖北荆门	学生
2330200109	2330200109	男	2003/06/06	本科	13691234898	湖北宜昌	学生
2330200105	2330200105	女	2003/06/06	本科	13691234898	湖北宜昌	学生
2330200106	2330200106	女	2001/06/06	本科	13591234898	湖北宜昌	学生
2330200107	2330200107	女	2001/06/06	本科	13591234898	湖北宜昌	学生

排序结果

用户名	密码	性别	出生年月	学历	联系电话	家庭地址	用户类型
2330200101	2330200101	男	2000/08/08	本科	13691234890	湖北武汉	学生
2330200104	2330200104	男	2001/06/13	本科	13791234890	湖北黄石	学生
2330200201	2330200201	男	2003/06/13	本科	13791234890	湖北黄石	学生
2330200202		男	2003/06/13	本科	13791234898	湖北黄石	学生
2330200108	2330200108	男	2004/06/06	本科	13691234898	湖北荆门	学生
2330200109	2330200109	男	2003/06/06	本科	13691234898	湖北宜昌	学生
2330200102	2330200102	女	2002/08/08	本科	13991234890	湖北武汉	学生
2330200103	2330200103	女	2001/06/08	本科	13891234890	湖北宜昌	学生
2330200203	2330200203	女	2004/06/06	本科	13691234898	湖北荆门	学生
2330200105	2330200105	女	2003/06/06	本科	13691234898	湖北宜昌	学生
2330200106	2330200106	女	2001/06/06	本科	13591234898	湖北宜昌	学生
2330200107	2330200107	女	2001/06/06	本科	13591234898	湖北宜昌	学生

图 8.11 按性别字段排序的运行程序效果

(2) 后台逻辑代码设计。在 Web.Config 配置页面中定义数据库连接字符串，在后台页面 GridViewSorttbUserInfo.aspx.cs 中添加对 SQL Sever 数据库命名空间的引用及读取配置文件 ConfigurationManager 类的命名空间引用。设计 GridView 控件的 Sorting 事件代码如下。

```
protected void gvtbUserInfo_Sorting(object sender, GridViewSortEventArgs e)
{
```

```
        //GridView 控件的排序事件
        string sortExpression = e.SortExpression.ToString(); //从事件参数中获取排序数据列
        string sortDirection = "ASC ";//设置排序方向为从小到大的正序排序
        //默认排序 ASC 与事件参数获取的排序方向进行比较，然后修改 GridView 排序方向参数
        if (sortExpression == this.gvtbUserInfo.Attributes["SortExpression"])
         {
            sortDirection = (this.gvtbUserInfo.Attributes["SortDirection"].ToString() == sortDirection?
                  "DESC":"ASC");//获得下一次的排序状态
            DisplaytbUserInfo(); //绑定 GridView 的过程
         }
         //重新设置 GridView 排序数据列及排序方向
         gvtbUserInfo.Attributes["SortExpression"] = sortExpression;
         gvtbUserInfo.Attributes[" SortDirection"] = sortDirection;
         //绑定 GridView 数据
         DisplaytbUserInfo();
    }
```

设计绑定 GridView 控件数据源的方法 DisplaytbUserInfo 的代码如下。

```
private void DisplaytbUserInfo()
    {
        using (SqlConnection conn = new SqlConnection(conStr))
        {
            conn.Open();
            string sql = "select *from tbUserInfo";
            SqlDataAdapter da = new SqlDataAdapter(sql, conn);
            DataTable dt = new DataTable();
            da.Fill(dt);
            //获取 GridView 排序数据列及排序方向
            string sortExpression = this.gvtbUserInfo.Attributes["SortExpression"];
            string sortDirection = this.gvtbUserInfo.Attributes["SortDirection"];
            //根据 GridView 排序数据列及排序方向设置显示的默认数据视图
            if ((!string.IsNullOrEmpty(sortExpression))&& (!string.IsNullOrEmpty(sortDirection)))
            {
                dt.DefaultView.Sort = string.Format("{0} {1}",sortExpression,sortDirection);
            }
            //数据源绑定 GridView 控件上
            gvtbUserInfo.DataSource = dt;
            gvtbUserInfo.DataBind();
            conn.Close();
        }
    }
```

GridViewSorttbUserInfo.aspx.cs 页面的加载事件代码设计如下。

```
        protected void Page_Load(object sender, EventArgs e)
        {
            if (!IsPostBack)
            {
                gvtbUserInfo.Attributes.Add("SortExpression ", "userName");
```

```
                gvtbUserInfo.Attributes.Add("SortDirection", "ASC");
                DisplaytbUserInfo();
            }
        }
```

(3) 运行程序。按F5功能键，在打开的浏览器窗口中单击列标题“性别”，运行程序的效果如图 8.11 所示。

3. GridView 控件编辑和删除记录

GridView控件的按钮列中包括“编辑”“更新”“取消”按钮，这3个按钮分别触发 GridView 控件的 RowEditing、RowUpdating、RowCancelingEdit 事件，从而可以实现对指定项的编辑、更新和取消操作。通过 GridView 控件中的“选择”列，可自动实现选中某一行数据的功能；通过 GridView 控件中的“删除”列，同时结合 RowDeleting 事件，可以实现删除某条(行)记录的功能。

GridView 是一个二维表格，由多个 GridViewRow(行)组成，而 GridViewRow 又是由一个个单元格式组成。GridView 的 GridViewRow 是一个行集合，可以通过 GridView1.Rows[Index] 获得一个 GridViewRow 对象；同理 GridViewRow 中的单元格式也是一个列集合，可以通过 GridView1.Rows[Index].Cells[0].Text 获得二维表格中 Index+1 行第 1 列的数据。由此可见，通过 GridView 中的行和列获取单元数据的语法如下。

```
GridView1.Rows [rowIndex].Cells [ColumnsIndex].Text
```

【例题 8.12】运用 GridView 控件对数据库 SIMSDB 中 tbUserInfo 数据表记录实现编辑、更新、取消编辑操作和记录删除操作。单击用户基本信息操作表中的某行“编辑”按钮，则该行变成“更新、取消”且各列单元格变成可编辑的文本框，本例中只实现更新“密码”单元格的修改；单击用户基本信息操作表中的某行“删除”按钮，则弹出“删除一条记录成功”信息提示框，同时刷新数据表。程序运行编辑和删除效果如图 8.12 所示。

例题 8.12

用户基本信息操作

序号	用户名	密码	性别	出生年月	学历	联系电话	家庭地址	用户类型	编辑	删除
1	2330200101	2330200101	男	2000/08/08	本科	13691234890	湖北武汉	学生	编辑	删除
2	2330200102	2330200102	女	2002/08/08	本科	13991234890	湖北武汉	学生	编辑	删除
3	2330200103	2330200103	女	2001/06/08	本科	13891234890	湖北宜昌	学生	编辑	删除
4	2330200104	2330200104	男	2001/06/13	本科	13791234890	湖北黄石	学生	编辑	删除
5	2330200201	2330200201	男	2003/06/13	本科	13791234890	湖北黄石	学生	编辑	删除
6	2330200202	12345678	男	2003/06/13	本科	13791234898	湖北黄石	学生	更新 取消	删除
7	2330200203	2330200203	女	2004/06/06	本科	13691234898	湖北荆门	学生	编辑	删除
8	2330200108	2330200108	男	2004/06/06	本科	13691234898	湖北荆门	学生	编辑	删除
9	2330200109	2330200109	男	2003/06/06	本科	13691234898	湖北宜昌	学生	编辑	删除
10	2330200105	2330200105	女	2003/06/06	本科	13691234898	湖北宜昌	学生	编辑	删除
11	2330200106	2330200106	女	2001/06/06	本科	13591234898	湖北宜昌	学生	编辑	删除

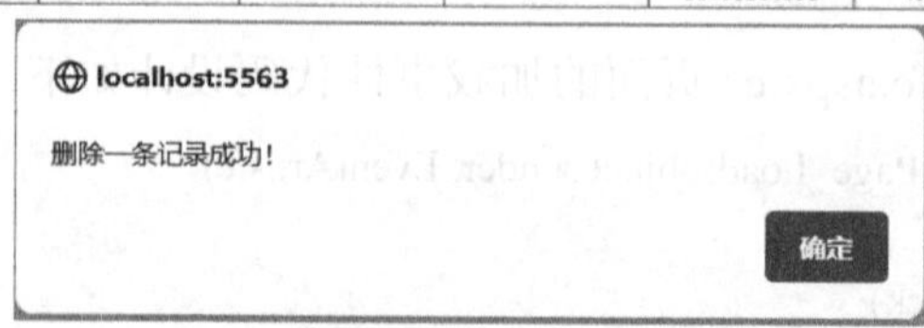

图 8.12　程序运行编辑和删除效果

实现步骤：

(1) 前台页面设计。启动 Visual Studio 2013，创建 Capter8_12 解决方案，在网站根目录下添加 GridViewEditModefyDelete.aspx 页面。设置 DIV 层的样式，在 DIV 层中添加 GridView 控件的同时设置该控件的相关属性，在 GridView 控件中添加列字段集合，通过 BoundField 绑定数据表 tbUserInfo 的各字段，设置各字段的 DataField 属性、HeaderText 属性，其中 id 字段具有只读属性；通过 CommandField 命令列绑定编辑，同时设置 ShowEditButton 属性为 true、HeaderText 属性值为“编辑”；通过 ButtonField 按钮列绑定删除，同时设置 ButtonType 属性值为 Button、CommandName 属性值为 delete、Text 属性值为删除、HeaderText 属性值为删除。前台页面设计代码如下。

```
<body>
    <form id="form1" runat="server">
        <div style="width: 60%; margin: auto; margin-top: 20px; font-family: 隶书; font-size: 18px;
            text-align :center">
            <h2>用户基本信息操作</h2>
            <asp:GridView ID="gvtbUserInfo" runat="server" AutoGenerateColumns="False"
                          DataKeyNames ="Id" Width="100%" OnRowCancelingEdit="gvtbUserInfo_
                          RowCancelingEdit" OnRowDeleting="gvtbUserInfo_RowDeleting"
                          OnRowEditing="gvtbUserInfo_RowEditing" OnRowUpdating
                          ="gvtbUserInfo_RowUpdating" >
                <Columns>
                    <asp:BoundField DataField="Id" HeaderText="序号" ReadOnly="true" />
                    <asp:BoundField DataField="userName" HeaderText="用户名" />
                    <asp:BoundField DataField="userPwd" HeaderText="密码" />
                    <asp:BoundField DataField="userSex" HeaderText="性别" />
                    <asp:BoundField DataField="userBirthday" HeaderText="出生年月" />
                    <asp:BoundField DataField="userEducation" HeaderText="学历" />
                    <asp:BoundField DataField="userPhone" HeaderText="联系电话" />
                    <asp:BoundField DataField="userAddress" HeaderText="家庭地址" />
                    <asp:BoundField DataField="userType" HeaderText="用户类型" />
                    <asp:CommandField InsertVisible ="false" ShowEditButton="true" HeaderText ="
                                      编辑" />
                    <asp:ButtonField   ButtonType ="Button" CommandName ="delete" Text ="删除"
                                      HeaderText ="删除"/>
                </Columns>
            </asp:GridView>
        </div>
    </form>
</body>
```

(2) 后台逻辑功能设计。在 Capter8_12 网站根目录的配置文件中定义数据库连接字符串，在 GridViewEditModefyDelete.aspx.cs 后台页面文件中添加对 SQL Server 数据库命名空间的引用，在该页面的所有方法外定义静态的、只读的读取配置文件中数据库连接字符串。

① 在 GridViewEditModefyDelete.aspx.cs 后台页面中定义将数据源绑定到 GridView 的方法 DisplaytbUserInfo，在该页面的加载事件中调用此方法，代码设计如下。

```
protected void Page_Load(object sender, EventArgs e)
        {
            if (!IsPostBack)    //防止重复绑定
            {
                DisplaytbUserInfo();
            }
        }
private void DisplaytbUserInfo()   //数据源绑定到 GridView 控件的方法
        {
            using (SqlConnection conn = new SqlConnection(conStr))
            {
                conn.Open();
                string sql = "select *from tbUserInfo";
                SqlDataAdapter da = new SqlDataAdapter(sql, conn);
                DataSet ds = new DataSet();
                da.Fill(ds);
                gvtbUserInfo.DataSource = ds;
                gvtbUserInfo.DataBind();
            }
        }
```

② 在 GridViewEditModefyDelete.aspx.cs 后台页面中，分别设计 GridView 控件的行编辑事件(RowEditing)、行更新事件(RowUpdating)、编辑取消事件(RowCancelingEdit)。要求 GridView 控件属性中将 DataKeyNames 的值设置数据库中数据表的主键。对数据表记录编辑、更新、取消功能代码设计如下。

```
protected void gvtbUserInfo_RowEditing(object sender, GridViewEditEventArgs e)
        { //编辑操作的编辑事件
            //GridView 控件中选定行索引为新编辑行的索引
            gvtbUserInfo.EditIndex = e.NewEditIndex;
             DisplaytbUserInfo();//重新刷新 GridView 表格中数据信息
        }

protected void gvtbUserInfo_RowUpdating(object sender, GridViewUpdateEventArgs e)
        {//编辑操作的更新事件
            //1. 获取修改行的关键字即数据表的主键
            int id = Convert.ToInt32(gvtbUserInfo.DataKeys[e.RowIndex].Value);
            //2. 获取 GridView 控件中各单元格的数据信息，本例中只修改密码
            string userPwd = ((TextBox)gvtbUserInfo.Rows[e.RowIndex].Cells[2].Controls[0]).Text;
            using (SqlConnection conn = new SqlConnection(conStr))
            {
                conn.Open();
                string sql = "update tbUserInfo set userPwd='"+userPwd +"' where id=" + id;
                SqlCommand comm = new SqlCommand(sql, conn);
                if (comm.ExecuteNonQuery() != 0)
                {
                    gvtbUserInfo.EditIndex = -1;
```

```
                Response.Write("<script>alert('修改一条记录成功！')</script>");
                DisplaytbUserInfo();//刷新数据表
            }
            else
            {
                //修改失败
                Response.Write("<script>alert('修改一条记录失败！')</script>");
            }
            conn.Close();
        }
    }

protected void gvtbUserInfo_RowCancelingEdit(object sender, GridViewCancelEditEventArgs e)
    {//编辑操作的取消编辑事件
        gvtbUserInfo.EditIndex = -1;
        DisplaytbUserInfo();//刷新数据表
    }
```

③ 删除按钮的删除事件。在 GridViewEditModefyDelete.aspx.cs 后台页面中，设计 GridView 控件 RowDeleting 删除事件代码如下。

```
protected void gvtbUserInfo_RowDeleting(object sender, GridViewDeleteEventArgs e)
    {//删除按钮的删除事件
        //获取删除行的关键字即数据表的主键
        int id = Convert.ToInt32(gvtbUserInfo.DataKeys[e.RowIndex].Value);
        using (SqlConnection conn = new SqlConnection(conStr))
        {
            conn.Open();
            string sql = "delete from tbUserInfo where id=" + id;
            SqlCommand comm = new SqlCommand(sql, conn);
            if (comm.ExecuteNonQuery() != 0)
            {
                Response.Write("<script>alert('删除一条记录成功！')</script>");
                DisplaytbUserInfo();//刷新数据表
            }
            else
            {
                Response.Write("<script>alert('删除一条记录失败！')</script>");
            }
        }
    }
```

(3) 运行程序。按 F5 功能键，运行程序在浏览器上显示“用户基本信息操作”页面，在页面中分别进行“编辑”“删除”操作。“编辑”操作实现选定行对用户密码“更新”功能、“删除”操作实现选定行“删除”功能，运行程序效果如图 8.12 所示。

思考：本例删除没有删除前的提示信息即是否放弃删除功能，如果要实现删除提示，那又如何实现呢？

8.3.5 GridView 控件模板列

用 GridView 控件显示数据表记录时，在默认情况下，GridView 控件根据字段列的类型采用相应的形式来显示。例如，字符类型、数值类型以文本的形式显示；bit 类型以复选框的形式显示，其选中状态取决于字段的值。如果希望把字段值以其他非默认的形式显示，就需要把字段列绑定上需要的类型(如 BoundField、ButtonField、CheckBoxField、CommandField、HyperLinkField、ImageField)，而且这些类型只能显示一个单独的数据字段。

如果需要使用除 CheckBox、Image、HyperLink 及 Button 之外的 Web 控件来显示数据，或者需要在一个 GridView 列中显示两个或多个数据字段值时，如何实现呢？为了实现这种情况的设计，GridView 提供了“模板列(TemplateField)”功能来实现。模板包括静态的 HTML、Web 控件及数据绑定的代码，TemplateField 还拥有各种用于不同情况的页面呈现的模板。例如，ItemTemplate 默认的是用于呈现每行中的单元格，EditItemTemplate 是用于呈现编辑数据时自定义的界面。

当需要使用一些 TemplateField 来自定义显示时，最有效的方法是：先创建一个仅包含 BoundField 的 GridView 控件，然后添加一些 TemplateField；也可以直接将某些自定义列 BoundField 转换为 TemplateField。注意：一旦转换成模板列，则不可再转换回去。

GridView 控件的 TemplateField 字段定义的模板及功能说明如表 8.11 所示。

表 8.11 TemplateField 字段定义的模板及功能说明

模板	功能说明
ItemTemplate	项模板，普通项中要显示的内容，如果指定 AlternatingItemTemplate 中的内容，则这里设置为奇数项的显示效果，可以进行数据绑定
AlternatingItemTemplate	交替项模板，即偶数项中显示的内容，可以进行数据绑定，也可以不设置 AlternatingItemTemplate，所有的数据项在非编辑模式下都按 ItemTemplate 中的设置显示
EditItemTemplate	编辑项模板，即单击“编辑”按钮后，该单元格处于编辑状态时要显示的内容，可以进行数据绑定
HeaderTemplate	头模板，即列表标题部分要显示的内容，不可以进行数据绑定
FooterTemplate	脚模板，即脚注部分要显示的内容，不可以进行数据绑定

对于 TemplateField 类型，需要先编辑模板来定义列中各项的显示样式，然后根据自定义模板绑定模板列，系统将根据模板中定义的样式显示数据源中的数据。

【例题 8.13】运用 GridView 控件对数据库 SIMSDB 中 tbUserInfo 数据表记录实现删除操作，对删除按钮采用模板列字段绑定。要求弹出是否真的删除确认网页对话框，单击对话框中的“确定”按钮，完成删除操作；单击对话框中的“取消”按钮放弃删除操作。删除用户基本信息表某行记录提示是否真的删除，如图 8.13 所示。

例题 8.13

用户基本信息操作

序号	用户名	密码	性别	出生年月	学历	联系电话	家庭地址	用户类型	删除
1	2330200101	2330200101	男	2000/08/08	本科	13691234890	湖北武汉	学生	删除
2	2330200102	2330200102	女	2002/08/08	本科	13991234890	湖北武汉	学生	删除
3	2330200103	2330200103	女	2001/06/08	本科	13891234890	湖北宜昌	学生	删除
4	2330200104	2330200104	男	2001/06/13	本科	13791234890	湖北黄石	学生	删除
5	2330200201	2330200201	男	2003/06/13	本科	13791234890	湖北黄石	学生	删除
6	2330200202		男	2003/06/13	本科	13791234898	湖北黄石	学生	删除
7	2330200203	2330200203	女	2004/06/06	本科	13691234898	湖北荆门	学生	删除
8	2330200108	2330200108	男	2004/06/06	本科	13691234898	湖北荆门	学生	删除
9	2330200109	2330200	[illegible]	[illegible]	[illegible]	[illegible]	湖北宜昌	学生	删除
10	2330200105	2330200	[illegible]	[illegible]	[illegible]	[illegible]	湖北宜昌	学生	删除
11	2330200106	2330200	[illegible]	[illegible]	[illegible]	[illegible]	湖北宜昌	学生	删除
12	2330200107	2330200	[illegible]	[illegible]	[illegible]	[illegible]	湖北宜昌	学生	删除

localhost:53050
你真的要删除选定行吗?
确定　取消

图 8.13　删除用户基本信息表某行记录提示是否真的删除

实现步骤：

(1) 前台页面设计。在 Visual Studio 2013 中创建 Capter8_13 解决方案，在解决方案下添加页面 GridViewTemplate.aspx。设置 DIV 层的样式，在 DIV 层中设计 GridView 控件，同时设置该控件的相关属性；在 GridView 控件中添加<Columns>…</Columns>列集合，在列集合中采用 BoundField 绑定数据源中数据表的各字段，同时添加 TemplateField 列，在 TemplateField 列中添加 ItemTemplate 项模板，在项模板中添加 LinkButton 服务器控件并设置相关属性，其中 OnClientClick="return confirm('你真的要删除选定行吗？') "实现弹出是否真的删除页面对话框。前台页面设计代码如下。

```
<body>
    <form id="form1" runat="server">
    <div style ="width:60%;margin :auto ;margin-top:20px;font-family :隶书; font-size :18px;text-align :
            center ">
        <h2>用户基本信息操作</h2>
            <asp:GridView ID="gvtbUserInfo" runat="server" AutoGenerateColumns="False"
                DataKeyNames ="Id" Width="100%" OnRowDeleting="gvtbUserInfo_RowDeleting">
                <Columns>
                    <asp:BoundField DataField="Id" HeaderText="序号" ReadOnly="true" />
                    <asp:BoundField DataField="userName" HeaderText="用户名" />
                    <asp:BoundField DataField="userPwd" HeaderText="密码" />
                    <asp:BoundField DataField="userSex" HeaderText="性别" />
                    <asp:BoundField DataField="userBirthday" HeaderText="出生年月" />
                    <asp:BoundField DataField="userEducation" HeaderText="学历" />
                    <asp:BoundField DataField="userPhone" HeaderText="联系电话" />
                    <asp:BoundField DataField="userAddress" HeaderText="家庭地址" />
                    <asp:BoundField DataField="userType" HeaderText="用户类型" />
                    <asp:TemplateField HeaderText="删除" ShowHeader="False">
                        <ItemTemplate>
                            <asp:LinkButton ID ="lbDelete" runat ="server" CausesValidation="false"
                                CommandName ="Delete" Text="删除" OnClientClick="return
                                confirm('你真的要删除选定行吗？')"> </asp:LinkButton>
                        </ItemTemplate>
                    </asp:TemplateField>
```

```
                </Columns>
            </asp:GridView>
    </div>
    </form>
</body>
```

(2) 后台逻辑功能设计。在 Capter8_12 网站根目录的配置文件中定义数据库连接字符串，在 GridViewTemplate.aspx.aspx.cs 后台页面文件中添加对 SQL Server 数据库命名空间的引用，在该页面的所有方法外定义静态的、只读的读取配置文件中数据库字符串。

① 在 GridViewTemplate.aspx.aspx.cs 后台页面中定义将数据源绑定到 GridView 的方法 DisplaytbUserInfo，在该页面的加载事件中调用此方法，代码设计如下。

```
protected void Page_Load(object sender, EventArgs e)
    {
        if (!IsPostBack)    //防止重复绑定
        {
            DisplaytbUserInfo();
        }
    }
private void DisplaytbUserInfo()   //数据源绑定到 GridView 控件的方法
    {
        using (SqlConnection conn = new SqlConnection(conStr))
        {
            conn.Open();
            string sql = "select *from tbUserInfo";
            SqlDataAdapter da = new SqlDataAdapter(sql, conn);
            DataSet ds = new DataSet();
            da.Fill(ds);
            gvtbUserInfo.DataSource = ds;
            gvtbUserInfo.DataBind();
        }
    }
```

② 在 GridViewTemplate.aspx.aspx.cs 后台页面中，设计 GridView 控件 RowDeleting 删除事件代码如下。

```
protected void gvtbUserInfo_RowDeleting(object sender, GridViewDeleteEventArgs e)
    {//删除按钮的删除事件
        //获取删除行的关键字即数据表的主键
        int id = Convert.ToInt32(gvtbUserInfo.DataKeys[e.RowIndex].Value);
        using (SqlConnection conn = new SqlConnection(conStr))
        {
            conn.Open();
            string sql = "delete from tbUserInfo where id=" + id;
            SqlCommand comm = new SqlCommand(sql, conn);
            if (comm.ExecuteNonQuery() != 0)
            {
```

```
                Response.Write("<script>alert('删除一条记录成功！')</script>");
                DisplaytbUserInfo();//刷新数据表
            }
            else
            {
                Response.Write("<script>alert('删除一条记录失败！')</script>");
            }
        }
    }
```

(3) 运行程序。按 F5 功能键，运行程序在浏览器上显示“用户基本信息操作”页面，在页面中单击“删除”按钮，弹出的页面对话框中询问用户是否真的要删除，若单击对话框中的“确定”按钮，则实现删除操作；若单击对话框中的“取消”按钮，则放弃当前删除操作，运行程序效果如图 8.13 所示。

8.3.6　DetailsView 控件

DetailsView 控件一次呈现一条表格形式的记录，并提供翻阅多条记录及插入、更新和删除记录的功能。DetailsView 控件经常在主控/详细方案中与 GridView 控件配合使用。用户使用 GridView 控件来选择行，用 DetailsView 控件来显示相应行的数据信息。

DetailsView 控件显示数据源的单行(行)记录，其中每个数据行表示记录中的一个字段，常与 GridView 控件一起使用，在主控件(GridView 控件)中选中行记录，在 DetailsView 控件中将显示详细记录。

使用 DetailsView 控件，可以从数据源中一次显示、编辑、插入或删除一条记录。显示内容包含两列：一列显示字段名称；另一列显示与该字段名称对应的字段值。在默认情况下，DetailsView 控件将记录的每个字段名称和字段值显示在一行中。

DetailsView 控件提供绑定数据源控件和显示数据，内置更新、插入和删除记录等功能；不支持排序；内置分页功能，同时自动创建导航按钮；一次显示一条记录；可通过主题和样式自定义控件的外观。

1. DetailsView 控件基本语法

DetailsView 控件的基本语法格式如下。

```
<asp:DetailsView ID="DetailsView1" runat="server" Height="50px" Width="125px"
AutoGenerateRows="false" DataKeyNames ="主键">
        <Fields>
            <asp:BoundField   DataField="字段名" HeaderText ="列标题"/>
            …      //其他字段
        </Fields>
</asp:DetailsView>
```

2. DetailsView 控件常用属性

DetailsView 控件的属性与 GridView 相似，不同的是 DetailsView 控件内置了添加记录功能，每次只能显示一条记录。DetailsView 控件的常用属性及功能说明如表 8.12 所示。

表 8.12　DetailsView 控件的常用属性及功能说明

属性	功能说明
AllowPaging	获取或设置一个值，该值指示是否启用分页功能
AutoGenerateRows	获取或设置一个值，该值指示对应于数据源中每个字段的行字段是否自动生成并在 DetailsView 控件中显示
AutoGenerateDeleteButton	获取或设置一个值，该值指示用来删除当前记录的内置控件是否在 DetailsView 控件中显示
AutoGenerateEditButton	获取或设置一个值，该值指示用来编辑当前记录的内置控件是否在 DetailsView 控件中显示
AutoGenerateInsertButton	获取或设置一个值，该值指示用来编辑(插入)当前记录的内置控件是否在 DetailsView 控件中显示
DataKey	获取一个 DataKey 值，该值表示所显示的记录的主键
HeaderText	获取或设置要在 DetailsView 控件的标题行中显示的文本
DefaultMode	DefaultMode 属性可控制默认的显示模式，有 3 种可选值如下。 DefaultMode.Edit：编辑模式，用户可以更新记录的值； DefaultMode.Insert：插入模式，用户可以向数据源中添加新记录； DefaultMode.ReadOnly：只读模式，默认显示模式

3. DetailsView 控件常用事件

DetailsView 控件的常用事件及功能说明如表 8.13 所示。

表 8.13　DetailsView 控件的常用事件及功能说明

事件	功能说明
ItemDeleting	在单击 DeatilsView 控件中的“删除”按钮时，但在删除操作之前发生
ItemInserting	在单击 DeatilsView 控件中的“插入”按钮时，但在插入操作之前发生
ItemUpdating	在单击 DeatilsView 控件中的“更新”按钮时，但在更新操作之前发生
ModeChanging	当 DeatilsView 控件尝试在编辑、插入、只读模式之间更改时，但在更新 CurentMode 属性之前发生
PageIndexChanging	当 PageIndex 属性的值在分页功能操作前更改时发生

DetailsView 控件支持大量可以自定义控件不同状态下外观的模板，在<Fields>元素中，用来定义控件出现的行，在<FooterTemplate><HeaderTemplate><PageTemplate>元素中，定义控件的下部和上部的外观。

4. DetailsView 控件的 DefaultMode 属性

DetailsView 控件对于只读、插入和编辑模式提供了不同的视图。启用编辑操作，需要将 AutoGenerateEditButton 属性值设置为 true。这时，除呈现数据字段外，DetailsView 控件还将呈现一个“编辑”按钮，单击“编辑”按钮，可使 DetailsView 控件进入编辑模式。在编辑模式下，DetailsView 控件的 CurrentMode 属性会从 ReadOnly 更改为 Edit，并且该控件的每个字段都会呈现其编辑用户界面，如文本框或复选框等。另外，可以使用样式、DataControlField 对象和模板自定义编辑用户界面。

将 DetailsView 控件设置为显示“删除”和“插入”按钮，以便可以从数据源删除相应的数据记录或插入一条新数据记录。

当显示为“插入”按钮时，要求将 AutoGenerateInsertButton 属性设置为 true，该控件将会呈现一个“新建”按钮。单击“新建”按钮，DetailsView 控件的 CurrentMode 属性会更改为 Insert。DetailsView 控件会为每个绑定字段呈现相应的用户输入界面，除非绑定字段的 InsertVisible 属性设置为 false。

当显示为“删除”按钮时，要求将 AutoGenerateDeleteButton 属性设置为 true，该控件就会呈现一个“删除”按钮。单击“删除”按钮，将删除当前显示的记录。

如果 DetailsView 控件指向数据源，则可以识别 DataKeyNames 属性。

【例题 8.14】运用 DetailsView 控件，分页功能显示数据库 SIMSDB 中数据表 tbUserInfo 的每行记录的详细数据信息，用户详细信息数据显示如图 8.14 所示。

例题 8.14

用户详细列表

序号	1
用户名	2330200101
密码	2330200101
性别	男
出生年月	2000/08/08
学历	本科
联系方式	13691234890
家庭地址	湖北武汉
用户类型	学生
12345678910...	

图 8.14 用户详细信息数据显示

实现步骤：

(1) 前台页面设计。创建 Capter8_14 网站根目录，添加 DetailsViewDisplay.aspx 页面。设置 DIV 在页面的样式，在 DIV 层中添加 DetailsView 控件，同时设置该控件的相关属性，如 AutoGenerateRows 属性值为 false、AllowPaging 属性值为 true 等。在 DetailsView 控件中添加<Fields>…</Fields>元素，在该元素中绑定数据库 SIMSDB 中数据表各字段。前台页面设计代码如下。

```
<body>
    <form id="form1" runat="server">
    <div style ="width :400px;margin :auto ;margin-top :20px;font-family :隶书; font-size :20px ;
            text-align :center" >
        <h2>用户详细列表</h2>
        <asp:DetailsView ID="dvtbUserInfo" runat="server"   Width="400px" AutoGenerateRows=
            "false" AllowPaging ="true"   OnPageIndexChanging="dvtbUserInfo_PageIndexChanging" >
            <Fields>
```

```
                <asp:BoundField DataField ="Id" HeaderText ="序号" ReadOnly ="false" />
                <asp:BoundField DataField ="userName" HeaderText ="用户名" />
                <asp:BoundField DataField ="userPwd" HeaderText ="密码" />
                <asp:BoundField DataField ="userSex" HeaderText ="性别" />
                <asp:BoundField DataField ="userBirthday" HeaderText ="出生年月" />
                <asp:BoundField DataField ="userEducation" HeaderText ="学历" />
                <asp:BoundField DataField ="userPhone" HeaderText ="联系方式" />
                <asp:BoundField DataField ="userAddress" HeaderText ="家庭地址" />
                <asp:BoundField DataField ="userType" HeaderText ="用户类型" />
            </Fields>
        </asp:DetailsView>
    </div>
    </form>
</body>
```

(2) 后台逻辑功能代码设计。在项目的配置文件中定义数据库连接字符串，在DetailsViewDisplay.aspx.cs页面中导入操作数据库SQL Server的命名空间，定义读取配置文件中的数据库字符串。定义将数据源绑定到DetailsView控件的方法；设计页面分页功能实现的事件；在页面的加载事件中调用数据源绑定到DetailsView控件的方法，后台逻辑功能代码设计如下。

```
namespace Capter8_14
{
    public partial class DetailsViewDisplay : System.Web.UI.Page
    {
        //定义读取配置文件数据库连接字符串
        static readonly string conStr = ConfigurationManager.ConnectionStrings["conString"].ToString();
        protected void Page_Load(object sender, EventArgs e)
        {
            if (!IsPostBack)    //防止重复绑定
            {
                DisplayTableInfo();
            }
        }
        //定义将数据源绑定到DetailsView控件的方法DisplayTableInfo
        private void DisplayTableInfo()
        {
            using (SqlConnection conn = new SqlConnection(conStr))
            {
                conn.Open();
                string sql = "select *from tbUserInfo ";
                SqlDataAdapter da = new SqlDataAdapter(sql, conn);
                DataTable dt = new DataTable();
                da.Fill(dt);
                dvtbUserInfo.DataSource = dt;
                dvtbUserInfo.DataBind();
                conn.Close();
```

```
            }
        }
protected void dvtbUserInfo_PageIndexChanging(object sender, DetailsViewPageEventArgs e)
        {//页面分页功能
            dvtbUserInfo.PageIndex = e.NewPageIndex;// 当前页面索引为选定页码的索引
            DisplayTableInfo();
        }
    }
}
```

(3) 运行程序。按 F5 功能键，运行程序进入浏览器页面，显示用户详细列表数据信息，单击列表底部的页码，分别显示数据表 tbUserInfo 的每行记录，运行程序效果如图 8.14 所示。

【例题 8.15】运用 DetailsView 控件，对数据库 SIMSDB 中数据表 tbUserInfo 的数据记录进行新建(添加)、编辑和删除操作。运行程序时，进入浏览器页面，在页面中分别单击“编辑”按钮，可以实现以某条数据详细信息进行更新或取消操作；单击“新建”按钮，可以实现向数据表中添加一条新记录的操作，且新增记录在所有记录的末尾；单击“删除”按钮，弹出是否删除提示框，在提示框中单击“确定”按钮，可实现删除功能，单击“取消”按钮，则放弃删除操作。DetailsView 控件实现编辑、新建和删除操作效果如图 8.15 所示。

例题 8.15

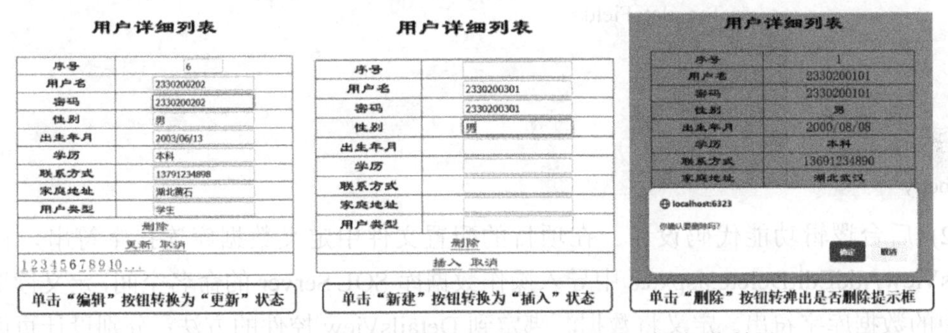

图 8.15　DetailsView 控件实现编辑、新建和删除操作效果

实现步骤：

(1) 前台页面设计。创建 Capter8_15，添加 DetailsViewAddEditDelete.aspx 页面。设置页面 DIV 的显示样式，在 DIV 层中添加 DetailsView 控件并设置相关的样式，设计编辑、新建、删除、模式更改事件。在 DetailsView 控件间添加字段<Fields>...</Fields>，在字段间绑定数据库 SIMSDB 中的数据表各字段，同时添加一模板列，实现删除时的提示信息。前台页面设计代码如下。

```
<body>
    <form id="form1" runat="server">
    <div style ="width :400px;margin :auto ;margin-top :20px;font-family :隶书; font-size :20px ;text-
            align :center" >
```

```
            <h2>用户详细列表</h2>
            <asp:DetailsView ID="dvtbUserInfo" runat="server" Width="400px" DataKeyNames ="Id"
                AutoGenerateRows="false" AllowPaging ="true" AutoGenerateDeleteButton ="False"
                AutoGenerateEditButton="true" AutoGenerateInsertButton="true" OnItemDeleting
                ="dvtbUserInfo_ItemDeleting" OnPageIndexChanging="dvtbUserInfo_PageIndexChanging"
                OnItemInserting="dvtbUserInfo_ItemInserting" OnItemUpdating="dvtbUserInfo_
                ItemUpdating" OnModeChanging="dvtbUserInfo_ModeChanging">
              <Fields>
                  <asp:BoundField DataField ="Id" HeaderText ="序号" ReadOnly ="false" />
                  <asp:BoundField   DataField ="userName" HeaderText ="用户名" />
                  <asp:BoundField   DataField ="userPwd" HeaderText ="密码" />
                  <asp:BoundField   DataField ="userSex" HeaderText ="性别" />
                  <asp:BoundField   DataField ="userBirthday" HeaderText ="出生年月" />
                  <asp:BoundField   DataField ="userEducation" HeaderText ="学历" />
                  <asp:BoundField   DataField ="userPhone" HeaderText ="联系方式" />
                  <asp:BoundField   DataField ="userAddress" HeaderText ="家庭地址" />
                  <asp:BoundField   DataField ="userType" HeaderText ="用户类型" />
                  <asp:TemplateField ShowHeader="False">
                      <ItemTemplate>
                          <asp:LinkButton ID="LinkButton1" runat="server" OnClientClick="
                              javascript:return confirm('你确认要删除吗？')" CausesValidation="False"
                              CommandName="Delete" Text="删除"></asp:LinkButton>
                      </ItemTemplate>
                  </asp:TemplateField>
              </Fields>
            </asp:DetailsView>
        </div>
        </form>
</body>
```

(2) 后台逻辑功能代码设计。在项目的配置文件中定义数据库连接字符串，在页面DetailsViewAddEditDelete.aspx.cs中导入操作数据库SQL Server的命名空间，定义读取配置文件中的数据库字符串。定义将数据源绑定到DetailsView控件的方法；分别设计页面分页功能事件、页面“编辑”功能事件、页面“新建”功能事件、页面“删除”功能事件及“编辑、新建、删除”之间模式转换事件。后台逻辑功能代码设计如下。

```
namespace Capter8_15
{
    public partial class DetailsViewAddEditDelete : System.Web.UI.Page
    {
        //定义读取配置文件数据库连接字符串
        static readonly string conStr = ConfigurationManager.ConnectionStrings["conString"].ToString();
        protected void Page_Load(object sender, EventArgs e)
        {
            if (!IsPostBack)
            {
```

```
            DisplayTableInfo();
        }
    }
    //定义将数据源绑定到 DetailsView 控件的方法 DisplayTableInfo
    private void DisplayTableInfo()
    {
        using (SqlConnection conn = new SqlConnection(conStr))
        {
            conn.Open();
            string sql = "select *from tbUserInfo ";
            SqlDataAdapter da = new SqlDataAdapter(sql, conn);
            DataTable dt = new DataTable();
            da.Fill(dt);
            dvtbUserInfo.DataSource = dt;
            dvtbUserInfo.DataBind();
            conn.Close();
        }
    }

    protected void dvtbUserInfo_PageIndexChanging(object sender, DetailsViewPageEventArgs e)
    {//页面分页功能
        dvtbUserInfo.PageIndex = e.NewPageIndex;// 当前页面索引为选定页码的索引
        DisplayTableInfo();

    }
    protected void dvtbUserInfo_ItemDeleting(object sender, DetailsViewDeleteEventArgs e)
    {//删除一条记录功能
        //按数据表的 Id 进行删除
        int id = Convert.ToInt32(dvtbUserInfo.DataKey[0].ToString());
        using (SqlConnection conn = new SqlConnection(conStr))
        {
            conn.Open();
            string sql = "delete from tbUserInfo where id=" + id;
            SqlCommand comm = new SqlCommand(sql, conn);
            if (comm.ExecuteNonQuery() != 0)
            {
                Response.Write("<script>alert('删除成功！')</script>");
                //刷新数据表
                DisplayTableInfo();
            }
            else
            {
                Response.Write("<script>alert('删除失败！')</script>");
            }
        }
    }
    protected void dvtbUserInfo_ItemInserting(object sender, DetailsViewInsertEventArgs e)
```

```
{//插入一条新记录，在 DetailsView 页面中单击“新建”按钮，原“新建”按钮转变为“插
    入”“取消”按钮，且原绑定字段数据转变为可输入的文本框状态
    string name = ((TextBox)dvtbUserInfo.Rows[1].Cells[1].Controls[0]).Text;
    string pwd = ((TextBox)dvtbUserInfo.Rows[2].Cells[1].Controls[0]).Text;
    string sex = ((TextBox)dvtbUserInfo.Rows[3].Cells[1].Controls[0]).Text;
    string birthday = ((TextBox)dvtbUserInfo.Rows[4].Cells[1].Controls[0]).Text;
    string education = ((TextBox)dvtbUserInfo.Rows[5].Cells[1].Controls[0]).Text;
    string phone = ((TextBox)dvtbUserInfo.Rows[6].Cells[1].Controls[0]).Text;
    string address = ((TextBox)dvtbUserInfo.Rows[7].Cells[1].Controls[0]).Text;
    string type = ((TextBox)dvtbUserInfo.Rows[8].Cells[1].Controls[0]).Text;
    using (SqlConnection conn = new SqlConnection(conStr))
    {
        conn.Open();
        string sql = "insert into tbUserInfo(userName ,userPwd,userSex,userBirthday,
              userEducation,userPhone,userAddress ,userType) values(@myName,@myPwd,
              @mySex,@myBirthday,@myEducation,@myPhone,@myAddress,@myType)";
              SqlCommand comm = new SqlCommand(sql, conn);
        //定义 SqlParameter 数组，将各个参数视为一个数组对象添加到该数组中
        SqlParameter[] part=new SqlParameter[]{
                        new SqlParameter ("@myName",name),
                        new SqlParameter ("@myPwd",pwd),
                        new SqlParameter ("@mySex",sex ),
                        new SqlParameter ("@myBirthday",birthday ),
                        new SqlParameter ("@myEducation",education ),
                        new SqlParameter ("@myPhone",phone ),
                        new SqlParameter ("@myAddress",address ),
                        new SqlParameter ("@myType",type )
        };
        //将 SqlParameter 数组中各元素对象添加到命令对象中
        comm.Parameters.AddRange(part);
        if ((Convert .ToInt32 ( comm.ExecuteNonQuery()))!= 0)
        {
            Response.Write("<script>alert('添加成功！！ ')</script>");
            DisplayTableInfo();
        }
        else
        {
            Response.Write("<script>alert('添加失败！！ ')</script>");
        }
        conn.Close();
    }
}
protected void dvtbUserInfo_ItemUpdating(object sender, DetailsViewUpdateEventArgs e)
{//修改记录，单击“编辑”按钮，由“编辑”按钮转变为“更新”“取消”按钮
    //按数据表的 Id 进行修改
    int id = Convert.ToInt32(dvtbUserInfo.DataKey[0].ToString());
    //拿到前台页面各文本框的值
```

```
            string name = ((TextBox)dvtbUserInfo.Rows[1].Cells[1].Controls[0]).Text;
            string pwd = ((TextBox)dvtbUserInfo.Rows[2].Cells[1].Controls[0]).Text;
            string sex = ((TextBox)dvtbUserInfo.Rows[3].Cells[1].Controls[0]).Text;
            string birthday = ((TextBox)dvtbUserInfo.Rows[4].Cells[1].Controls[0]).Text;
            string education = ((TextBox)dvtbUserInfo.Rows[5].Cells[1].Controls[0]).Text;
            string phone = ((TextBox)dvtbUserInfo.Rows[6].Cells[1].Controls[0]).Text;
            string address = ((TextBox)dvtbUserInfo.Rows[7].Cells[1].Controls[0]).Text;
            string type = ((TextBox)dvtbUserInfo.Rows[8].Cells[1].Controls[0]).Text;
            using (SqlConnection conn = new SqlConnection(conStr))
            {
                conn.Open();
                string sql = "update tbUserInfo set userName =@myName , userPwd =@myPwd,
                    userSex =@mySex,userBirthday=@myBirthday, userEducation =@myEducation,
                    userPhone=@myPhone, userAddress =@myAddress,userType =@myType
                    where id=" + id; SqlCommand comm = new SqlCommand(sql, conn);
                //定义 SqlParameter 数组，将各个参数视为一个数组对象添加到该数组中
                SqlParameter[] part = new SqlParameter[]{
                                new SqlParameter ("@myName",name),
                                new SqlParameter ("@myPwd",pwd),
                                new SqlParameter ("@mySex",sex ),
                                new SqlParameter ("@myBirthday",birthday ),
                                new SqlParameter ("@myEducation",education ),
                                new SqlParameter ("@myPhone",phone ),
                                new SqlParameter ("@myAddress",address ),
                                new SqlParameter ("@myType",type )
                };
                //将 SqlParameter 数组中各元素对象添加到命令对象中

                comm.Parameters.AddRange(part);
              if ((Convert.ToInt32(comm.ExecuteNonQuery())) != 0)
                {
                    Response.Write("<script>alert('修改成功！！ ')</script>");
                }
                else
                {
                    Response.Write("<script>alert('修改失败！！ ')</script>");
                }
                conn.Close();
            }
        }
        protected void dvtbUserInfo_ModeChanging(object sender, DetailsViewModeEventArgs e)
        { //自动更换编辑、删除、新建之间的模式切换
            dvtbUserInfo.ChangeMode(e.NewMode);
            DisplayTableInfo();
        }
    }
}
```

(3) 运行程序。按 F5 功能键，运行程序进入浏览器页面，在浏览器的用户详细列表页面中分别单击“编辑”按钮，页面转换为“更新”“取消”按钮，同时页面各字段也转换为可编辑的文本框，单击“更新”按钮，完成修改操作，单击“取消”按钮，放弃修改操作；单击“新建”按钮，页面转换为“插入”“取消”按钮，同时页面各字段转换为可输入数据信息的文本框，输入数据，单击“插入”按钮，将在数据表末尾插入一条新记录，单击“取消”按钮，放弃插入操作；单击“删除”按钮，弹出“是否删除”信息提示框，若单击提示框中的“确定”按钮，则删除一条记录，若单击“取消”按钮，则放弃删除操作，运行程序的效果如图 8.15 所示。

【例题 8.16】运用 GridView 控件在 DisplaytbUserInfo.aspx 页面上显示数据库 SIMSDB 中 tbUserInfo 数据表的信息，即“用户基本信息列表”。在“用户基本信息列表”页面中单击“编辑”列中的“选择”按钮，将选定行数据在 ModeifytbUserInfo.aspx，即“用户修改详细信息”页面的 DetailsView 控件中显示。在 ModeifytbUserInfo.aspx 页面中单击“编辑”按钮，则由“编辑”按钮转变为“更新”“取消”按钮，且页面中各字段转换为可编辑的文本框，在文本框中输入数据信息，若单击“更新”按钮，则完成修改操作，页面从“用户修改详细信息”跳转到“用户基本信息列表”页面；若单击“取消”按钮，则放弃修改操作，页面返回到“编辑”状态。浏览数据表信息和完成修改操作如图 8.16 所示。

例题 8.16

用户基本信息列表

序号	用户名	密码	性别	出生年月	学历	联系电话	家庭地址	用户类型	编辑
1	2330200101	2330200101	男	2000/08/08	本科	13691234890	湖北武汉	学生	选择
2	2330200102	2330200102	女	2002/08/08	本科	13991234890	湖北武汉	学生	选择
3	2330200103	2330200103	女	2001/06/08	本科	13891234890	湖北宜昌	学生	选择
4	2330200104	2330200104	男	2001/06/13	本科	13791234890	湖北黄石	学生	选择
5	2330200201	2330200201	男	2003/06/13	本科	13791234890	湖北黄石	学生	选择
6	2330200202	2330200202	男	2003/06/13	本科	13791234898	湖北黄石	学生	选择
7	2330200203	2330200203	女	2004/06/06	本科	13691234898	湖北荆门	学生	选择
8	2330200108	2330200108	男	2004/06/06	本科	13691234898	湖北荆门	学生	选择
9	2330200109	2330200109	男	2003/06/06	本科	13691234898	湖北宜昌	学生	选择
10	2330200105	2330200105	女	2003/06/06	本科	13691234898	湖北宜昌	学生	选择
11	2330200106	2330200106	女	2001/06/06	本科	13591234898	湖北宜昌	学生	选择
12	2330200107	2330200107	女	2000/10/10	本科	13591234898	湖北宜昌	学生	选择

用户修改详细信息

序号	12
用户名	2330200107
密码	2330200107
性别	女
出生年月	2000/10/10
学历	本科
联系方式	13591234898
家庭地址	湖北宜昌
用户类型	学生
编辑	

用户修改详细信息

序号	12
用户名	2330200107
密码	2330200107
性别	女
出生年月	2000/10/10
学历	硕士
联系方式	硕士
家庭地址	湖北宜昌
用户类型	学生
更新 取消	

图 8.16　浏览数据表信息和完成修改操作

实现步骤：

(1) 前台页面设计。创建 Capter8_16，分别添加 DisplaytbUserInfo.aspx 页面显示用户基本信息列表、添加 ModeifytbUserInfo.aspx 页面显示单条用户信息(用户修改详细信息)。

① DisplaytbUserInfo.aspx 页面设计。在 DIV 中设置页面显示的样式，在 DIV 层中设计 GridView 控件，同时设置该控件的相关属性，如 AutoGenerateColumns 属性值为 false、

DataKeyNames 属性值为数据表的主键及根据需要是否设置分页和排序等。在该控件中添加<Columns>…</Columns>列字段，在列字段中绑定数据表的各字段，其中添加 CommandField 命令字段，该字段的 3 个属性分别是 DeleteText ="编辑"、HeaderText ="编辑"、ShowSelectButton ="true"。

DisplaytbUserInfo.aspx 页面代码设计如下。

```
<body>
    <form id="form1" runat="server">
    <div style ="width :80%;margin :auto ;margin-top :20px;font-family :隶书; font-size :20px ;text-align :
            center">
        <h2>用户基本信息列表</h2>
        <asp:GridView ID="gvtbUserInfo" runat="server" AutoGenerateColumns="False" DataKeyNames
            ="Id" Width="100%" OnSelectedIndexChanging="gvtbUserInfo_SelectedIndexChanging" >
                <Columns>
                    <asp:BoundField DataField="Id" HeaderText="序号" ReadOnly="true" />
                    <asp:BoundField DataField="userName" HeaderText="用户名" />
                    <asp:BoundField DataField="userPwd" HeaderText="密码" />
                    <asp:BoundField DataField="userSex" HeaderText="性别" />
                    <asp:BoundField DataField="userBirthday" HeaderText="出生年月" />
                    <asp:BoundField DataField="userEducation" HeaderText="学历" />
                    <asp:BoundField DataField="userPhone" HeaderText="联系电话" />
                    <asp:BoundField DataField="userAddress" HeaderText="家庭地址" />
                    <asp:BoundField DataField="userType" HeaderText="用户类型" />
                    <asp:CommandField   DeleteText ="编辑" HeaderText ="编辑" ShowSelectButton
                                        ="true"/>

                </Columns>
        </asp:GridView>
    </div>
    </form>
</body>
```

② ModeifytbUserInfo.aspx 页面设计。在 DIV 中设置页面显示的样式，在 DIV 层中设计 DetailsView 控件，同时设置该控件的相关属性，如 AutoGenerateRows 的属性值为 false、DataKeyNames 的属性值为数据表的主键及根据需要是否设置分页和排序等。在该控件中添加<Fields >…</ Fields >列字段，在列行字段间绑定数据表的各字段。

ModeifytbUserInfo.aspx 页面代码设计如下。

```
<body>
    <form id="form1" runat="server">
    <div style ="width :400px;margin :auto ;margin-top :20px;font-family :隶书; font-size :20px ;
        text-align :center">
        <h2>用户修改详细信息</h2>
        <asp:DetailsView ID="dvtbUserInfo" runat="server" Height="50px" Width="400px"
            DataKeyNames ="Id" AutoGenerateRows ="false" AutoGenerateEditButton="true"
            OnItemUpdating="dvtbUserInfo_ItemUpdating" OnModeChanging="dvtbUserInfo_
            ModeChanging">
            <Fields>
```

```
                    <asp:BoundField DataField ="Id" HeaderText ="序号" ReadOnly ="true" />
                    <asp:BoundField   DataField ="userName" HeaderText ="用户名" />
                    <asp:BoundField   DataField ="userPwd" HeaderText ="密码" />
                    <asp:BoundField   DataField ="userSex" HeaderText ="性别" />
                    <asp:BoundField   DataField ="userBirthday" HeaderText ="出生年月" />
                    <asp:BoundField   DataField ="userEducation" HeaderText ="学历" />
                    <asp:BoundField   DataField ="userPhone" HeaderText ="联系方式" />
                    <asp:BoundField   DataField ="userAddress" HeaderText ="家庭地址" />
                    <asp:BoundField   DataField ="userType" HeaderText ="用户类型" />
                </Fields>
            </asp:DetailsView>
        </div>
        </form>
</body>
```

(2) 后台逻辑功能代码的设计。在项目的配置文件中定义数据库连接字符串，分别在用户基本信息列表页面、用户修改详细信息页面中读取配置文件的数据库连接字符串，以及导入 SQL Server 数据库应用程序的命名空间。

① DisplaytbUserInfo.aspx.cs 页面后台代码设计。定义将数据源绑定到 GridView 控件的方法 DisplayTableInfo、在页面加载事件中调用 DisplayTableInfo 方法、添加 SelectedIndex Changing 事件实现按选择行的 id 进行跨页面传值。后台逻辑功能代码设计如下。

```
namespace capter8_16
{
    public partial class DisplaytbUserInfo : System.Web.UI.Page
    {
        //定义读取配置文件数据库连接字符串
        static readonly string conStr = ConfigurationManager.ConnectionStrings["conString"].ToString();
        protected void Page_Load(object sender, EventArgs e)
        {
            if (!IsPostBack)   //防止重复绑定
            {
                DisplayTableInfo();
            }

        }
        //定义将数据源绑定到 GridView 控件的方法 DisplayTableInfo
        private void DisplayTableInfo()
        {
            using (SqlConnection conn = new SqlConnection(conStr))
            {
                conn.Open();
                string sql = "select *from tbUserInfo ";
                SqlDataAdapter da = new SqlDataAdapter(sql, conn);
                DataTable dt = new DataTable();
                da.Fill(dt);
                gvtbUserInfo.DataSource = dt;
```

```
                gvtbUserInfo.DataBind();
                conn.Close();
            }
        }

        protected void gvtbUserInfo_SelectedIndexChanging(object sender, GridViewSelectEventArgs e)
        {
            //获取 GridView 控件行 id
            int id = Convert.ToInt32(gvtbUserInfo.DataKeys[e.NewSelectedIndex].Value);
            //获取 GridView 控件的选择行索引
            gvtbUserInfo.PageIndex = e.NewSelectedIndex;
            //将选择行的 id 值作为查询字符串进行跨页传值
            Response.Redirect("ModeifytbUserInfo.aspx?id="+id);
        }
    }
}
```

② ModeifytbUserInfo.aspx.cs 页面后台逻辑代码设计。定义将数据源绑定到 DetailsView 控件的方法 DisplayTableInfo；在页面加载事件中调用 DisplayTableInfo 方法；添加 ItemUpdating 事件实现修改功能；添加 ModeChanging 事件实现“编辑、删除、新建”之间的模式转换。后台逻辑功能代码设计如下。

```
namespace capter8_16
{
    public partial class ModeifytbUserInfo : System.Web.UI.Page
    {
        //定义读取配置文件数据库连接字符串
        static readonly string conStr = ConfigurationManager.ConnectionStrings["conString"].ToString();
        protected void Page_Load(object sender, EventArgs e)
        {
            if (!IsPostBack)
            {
                DisplayTableInfo();
            }
        }
        //定义将数据源绑定到 DetailsView 控件的方法 DisplayTableInfo
        private void DisplayTableInfo()
        {
            using (SqlConnection conn = new SqlConnection(conStr))
            {
                //通过内置对象 Request 读取页面传递的字符串 id 值
                int id = Convert .ToInt32 ( Request.QueryString["id"].ToString());
                conn.Open();
                //按传递的字符串 id 值进行查询数据表记录
                string sql = "select *from tbUserInfo    where Id="+id;
                SqlDataAdapter da = new SqlDataAdapter(sql, conn);
                DataTable dt = new DataTable();
                da.Fill(dt);
```

```
            dvtbUserInfo.DataSource = dt;
            dvtbUserInfo.DataBind();
            conn.Close();
        }
    }
    protected void dvtbUserInfo_ItemUpdating(object sender, DetailsViewUpdateEventArgs e)
    {
        //修改记录，单击“编辑”按钮，由编辑按钮转变为“更新”“取消”按钮
        //按数据表的 Id 进行修改
        int id = Convert.ToInt32(dvtbUserInfo.DataKey[0].ToString());
        //拿到前台页面各文本框的值
        string name = ((TextBox)dvtbUserInfo.Rows[1].Cells[1].Controls[0]).Text;
        string pwd = ((TextBox)dvtbUserInfo.Rows[2].Cells[1].Controls[0]).Text;
        string sex = ((TextBox)dvtbUserInfo.Rows[3].Cells[1].Controls[0]).Text;
        string birthday = ((TextBox)dvtbUserInfo.Rows[4].Cells[1].Controls[0]).Text;
        string education = ((TextBox)dvtbUserInfo.Rows[5].Cells[1].Controls[0]).Text;
        string phone = ((TextBox)dvtbUserInfo.Rows[6].Cells[1].Controls[0]).Text;
        string address = ((TextBox)dvtbUserInfo.Rows[7].Cells[1].Controls[0]).Text;
        string type = ((TextBox)dvtbUserInfo.Rows[8].Cells[1].Controls[0]).Text;
        //更新数据表操作
        using (SqlConnection conn = new SqlConnection(conStr))
        {
            conn.Open();
            string sql = "update tbUserInfo set userName =@myName , userPwd =@myPwd,
                userSex =@mySex, userBirthday=@myBirthday, userEducation =@myEducation,
                userPhone=@myPhone,userAddress =@myAddress, userType =@myType where
                id=" + id;
            SqlCommand comm = new SqlCommand(sql, conn);
            //定义 SqlParameter 数组，将各个参数视为一个数组对象添加到该数组中
            SqlParameter[] part = new SqlParameter[]{
                new SqlParameter ("@myName",name), new SqlParameter ("@myPwd",pwd), new
                SqlParameter ("@mySex",sex ), new SqlParameter ("@myBirthday",birthday ), new
                SqlParameter ("@myEducation",education ), new SqlParameter ("@myPhone",phone ),
                new SqlParameter ("@myAddress",address ), new SqlParameter ("@myType",type )
            };
            comm.Parameters.AddRange(part); //将SqlParameter数组中各元素对象添加到命令对
                                            象中
            if ((Convert.ToInt32(comm.ExecuteNonQuery())) != 0)
            {
                Response.Redirect("DisplaytbUserInfo.aspx");//修改成功跳转到浏览页面
                Response.Write("<script>alert('修改成功!! ')</script>");
            }
            else
            {
                Response.Write("<script>alert('修改失败!! ')</script>");
            }
            conn.Close();
        }
```

```
        }

        protected void dvtbUserInfo_ModeChanging(object sender, DetailsViewModeEventArgs e)
        { // “编辑、删除、新建”模式间的转换
            dvtbUserInfo.ChangeMode(e.NewMode);//DetailsView 控件的模式转换为新的模式
            DisplayTableInfo();
        }
    }
}
```

(3) 运行程序。设置 DisplaytbUserInfo.aspx 页面为起始页，按 F5 功能键，进入浏览器显示用户基本信息列表，单击列表“编辑”列中需要修改行的“选择”按钮，选择行数据信息将在用户修改详细信息页中显示，单击“用户修改详细信息表”中的“编辑”按钮，“编辑”按钮将转换为“更新”“取消”按钮，且各行字段转换为可编辑的文本框，在各文本框中输入要修改的数据信息后，完成修改操作，运行程序的效果如图 8.16 所示。

8.3.7　FormView 控件

FormView 控件用于显示数据源中的一条记录，并提供翻阅多条记录及插入、更新和删除记录的功能。在使用 FormView控件时，可创建模板来显示和编辑绑定值。这些模板包含用于定义窗体的外观与功能的控件、绑定表达式和格式设置。FormView 控件通常与 GridView 控件一起用于主控/详细信息方案。

FormView 控件支持的功能有：绑定到数据源控件、内置插入、更新、删除、分页功能，以编程方式访问 FormView 控件对象，以动态设置属性和处理事件等。

用户通过定义模板，支持的模板类型有 EditItemTemplate、InsertItemTemplate、EmptyDataTemplate、HeaderTemplate、FooterTemplate、PagerTemplate、ItemTemplate。

FormView 控件通常用于更新和插入新记录，一般用于主控/详细方案，在该方案中，主控件的选定记录决定了要在 FormView 控件中显示的记录。

FormView 控件依赖于数据源控件的功能来执行，如更新、插入和删除记录的操作。即使 FormView 控件的数据源公开了多条记录，其一次也只能显示一条数据记录。

FormView 控件的基本语法格式如下。

```
<asp:FormView ID="FormView1" runat="server" AllowPaging ="true" DataKeyNames =
    "主键名">
    <EditItemTemplate>
        列名 1：
        <asp:Label ID="Label1" runat="server" Text='<%Eval("字段名 1") %>'> </asp:Label>
        <br />
        …//其他列
    </EditItemTemplate>
    <InsertItemTemplate> …</InsertItemTemplate>
    <HeaderTemplate>显示信息</HeaderTemplate>
    <ItemTemplate> …</ItemTemplate>
</asp:FormView>
```

自定义模板中可包含字段，利用数据绑定表达式可以把字段插入模板中。FormView 控件的属性、事件与 DetailsView 控件相同，FormView 控件与 DetailsView 控件的不同之处仅在于模板和相关的样式属性。

【例题 8.17】在 FormView 控件中显示数据库 SIMSDB 中 tbUserInfo 数据表中的记录。分页功能显示 tbUserInfo 数据表信息如图 8.17 所示。

例题 8.17

用户信息列表

序号	用户名	密码	性别	出生年月	学历	联系方式	家庭地址	用户类型
2	2330200102	2330200102	女	2002/08/08	本科	13991234890	湖北武汉	学生

12345678910...

图 8.17　分页功能显示 tbUserInfo 数据表信息

实现步骤：

(1) 前台页面设计。创建 Capter8_17 网站，添加 FormViewDisplay.aspx 页面。在该页面的 DIV 层中设置样式，添加 FormView 控件，设置分页属性值为 true，在该控件间添加 <ItemTemplate>元素模板，在元素模板间添加table，表格的第一行各列单元格设计为显示的标题，第二行的各列单元格绑定(采用 Eval 绑定)数据库各字段。前台页面设计代码如下。

```
<body>
    <form id="form1" runat="server">
    <div style ="width :800px;margin :auto ; margin-top :30px; font-family :隶书;font-size :20px;
        text-align :center">
        用户信息列表
        <asp:FormView ID="fvtbUserInfo" runat="server" AllowPaging ="true" width="100%"
            OnPageIndexChanging="fvtbUserInfo_PageIndexChanging">
        <ItemTemplate>
            <table border ="1">
                <tr>
                    <td>序号</td><td>用户名</td><td>密码</td> <td>性别</td><td>出生年月</td>
                        <td>学历</td> <td>联系方式</td><td>家庭地址</td><td>用户类型</td>
                </tr>
                <tr>
                    <td><%#Eval("Id") %></td>
                    <td><%#Eval("userName") %></td>
                    <td><%#Eval("userPwd") %></td>
                    <td><%#Eval("userSex") %></td>
                    <td><%#Eval("userBirthday") %></td>
                    <td><%#Eval("userEducation") %></td>
                    <td><%#Eval("userPhone") %></td>
                    <td><%#Eval("userAddress") %></td>
                    <td><%#Eval("userType") %></td>
                </tr>
            </table>
        </ItemTemplate>
        </asp:FormView>
```

```
        </div>
        </form>
    </body>
```

(2) 后台逻辑代码设计。在项目的配置文件中定义数据库连接字符串，在用户信息列表页面读取配置文件的数据库连接字符串，以及导入 SQL Server 数据库应用程序的命名空间。

在 FormViewDisplay.aspx.cs 页面中定义数据源绑定到 FormView 控件的方法，在该页面的加载事件中调用此方法完成数据的显示；设计FormView控件的分页功能。后台代码设计如下。

```
namespace Capter8_17
{
    public partial class FormViewDisplay : System.Web.UI.Page
    {
        //定义读取配置文件数据库连接字符串
        static readonly string conStr =ConfigurationManager.ConnectionStrings["conString"].ToString();
        protected void Page_Load(object sender, EventArgs e)
        {
            if (!IsPostBack)
            {
                DisplayTableInfo();
            }
        }
        //定义将数据源绑定到 GridView 控件的方法 DisplayTableInfo
        private void DisplayTableInfo()
        {
            using (SqlConnection conn = new SqlConnection(conStr))
            {
                conn.Open();
                string sql = "select *from tbUserInfo ";
                SqlDataAdapter da = new SqlDataAdapter(sql, conn);
                DataTable dt = new DataTable();
                da.Fill(dt);
                fvtbUserInfo.DataSource = dt;
                fvtbUserInfo.DataBind();
                conn.Close();
            }
        }

     protected void fvtbUserInfo_PageIndexChanging(object sender, FormViewPageEventArgs e)
        { //分页功能
            fvtbUserInfo.PageIndex = e.NewPageIndex;
            DisplayTableInfo();
        }
    }
}
```

(3) 运行程序。按 F5 功能键，进入浏览器页面单条显示用户基本信息，若单击分页号，则分别显示相应的用户信息。程序运行分页功能显示 tbUserInfo 数据表信息如图 8.17 所示。

8.4 上机实验

1. 实验目的

通过本实验要求学生掌握 DataSet 配合 DataAdapter 和 DataReader 对象完成数据库操作的基本步骤；掌握 ASP.NET 标准服务器控件的基本方法和常用属性的应用；掌握用户控件、母版页技术在项目开发的基本应用；掌握网站地图在项目开发的基本应用；掌握数据绑定 GridView、DetailsView 控件完成数据库的数据浏览、修改和删除操作；掌握数据库 SQL Server 常用的增、删、改、查语句在项目开发中的基本应用；掌握设计数据库操作帮助类中操作数据库方法的定义。

2. 实验内容

学生信息管理系统用户信息管理功能模块的设计，具体要求如下。

(1) 学生信息管理系统的功能菜单分一级菜单和二级菜单。一级菜单是：用户管理、专业管理、班级管理、学生管理、课程管理、成绩管理；二级菜单是：用户管理菜单下有用户浏览、用户添加、用户删除、用户修改，专业管理菜单下有专业浏览、专业添加、专业删除、专业修改，其他略。

(2) 学生信息管理系统功能菜单设计为 FunMenuControl1.ascx 用户控件。将用户控件嵌入学生信息管理系统的母版页中。

(3) 设计学生信息管理系统母版页面 SIMSMain.Master，各二级菜单对应的页面均由母版页面生成，以保持整个网站风格的一致性，二级菜单以外的页面可不由母版页生成。

(4) 设计站点地图，以指示当前操作的页面位置。

(5) 学生信息管理系统的首页面如图 8.18 所示。

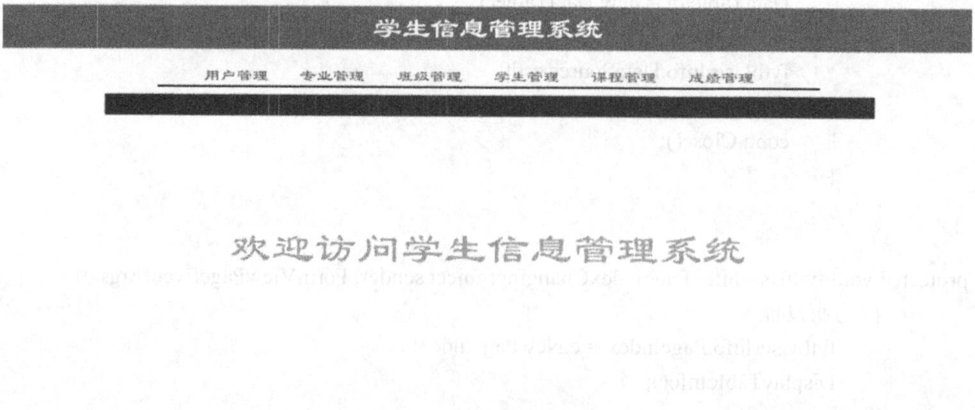

图 8.18 学生信息管理系统的首页面

(6) 用户管理二级菜单中的“用户信息添加”页面如图 8.19 所示。

图 8.19　用户管理二级菜单中的“用户信息添加”页面

(7) 用户管理二级菜单中的“用户浏览”页面如图 8.20 所示。采用 GridView 数据控件显示数据库 SIMSDB 中数据表 tbUserInfo 的数据信息，要求每页显示数据记录条数为 10 条。在用户浏览页面中完成按用户名进行查询的操作。

序号	用户名	密码	性别	出生年月	学历	联系电话	家庭地址	用户类型
1	2330200101	2330200101	男	2000/08/08	本科	13691234890	湖北武汉	学生
2	2330200102	2330200102	女	2002/08/08	本科	13991234890	湖北武汉	学生
3	2330200103	2330200103	女	2001/06/08	本科	13891234890	湖北宜昌	学生
4	2330200104	2330200104	男	2001/06/13	本科	13791234890	湖北黄石	学生
5	2330200201	2330200201	男	2003/06/13	本科	13791234890	湖北黄石	学生
6	2330200202	2330200202	男	2003/06/13	本科	13791234898	湖北黄石	学生
7	2330200203	2330200203	女	2004/06/06	本科	13691234898	湖北荆门	学生
8	2330200108	2330200108	男	2004/06/06	本科	13691234898	湖北荆门	学生
9	2330200109	2330200109	男	2003/06/06	本科	13691234898	湖北宜昌	学生
10	2330200105	2330200105	女	2003/06/06	本科	13691234898	湖北宜昌	学生
1 2								

图 8.20　用户管理二级菜单中的“用户浏览”页面

(8) 用户管理二级菜单中的“用户修改”页面如图 8.21 所示。若在用户信息修改页面中单击“选择”按钮，则将选定行的记录信息加载到 DetailsView 控件上，在该控件中单击“编辑”按钮，进入“更新”“取消”状态，同时页面的各控件对象转换为可输入的文本框。此时用户可进行修改，修改完成后单击“更新”按钮，完成对数据表的修改操作，同时页面跳转到“用户浏览”页面。

学生信息管理系统

用户管理　专业管理　班级管理　学生管理　课程管理　成绩管理

当前位置 > 用户管理 > 用户修改

用户基本信息列表

序号	用户名	密码	性别	出生年月	学历	联系电话	家庭地址	用户类型	编辑
1	2330200101	2330200101	男	2000/08/08	本科	13691234890	湖北武汉	学生	选择
2	2330200102	2330200102	女	2002/08/08	本科	13991234890	湖北武汉	学生	选择
3	2330200103	2330200103	女	2001/06/08	本科	13891234890	湖北宜昌	学生	选择
4	2330200104	2330200104	男	2001/06/13	本科	13791234890	湖北黄石	学生	选择
5	2330200201	2330200201	男	2003/06/13	本科	13791234890	湖北黄石	学生	选择
6	2330200202	2330200202	男	2003/06/13	本科	13791234898	湖北黄石	学生	选择
7	2330200203	2330200203	女	2004/06/06	本科	13691234898	湖北荆门	学生	选择
8	2330200108	2330200108	男	2004/06/06	本科	13691234898	湖北荆门	学生	选择
9	2330200109	2330200109	男	2003/06/06	本科	13691234898	湖北宜昌	学生	选择
10	2330200105	2330200105	女	2003/06/06	本科	13691234898	湖北宜昌	学生	选择
11	2330200106	2330200106	女	2001/06/06	本科	13591234898	湖北宜昌	学生	选择
12	2330200107	2330200107	女	2000/10/10	硕士	13591234898	湖北宜昌	学生	选择

武汉工程科技学院计算机系

图 8.21　用户管理二级菜单中的“用户修改”页面

单击“用户修改”页面中的“选择”按钮，进入“用户信息修改详细页面”界面，如图 8.22 所示。

用户信息修改详细页面

序号	12
用户名	2330200107
密码	2330200107
性别	女
出生年月	2000/10/10
学历	硕士
联系方式	13591234898
家庭地址	湖北宜昌
用户类型	学生
更新 取消	

图 8.22　“用户信息修改详细页面”界面

(9) 用户管理二级菜单中的“用户删除”页面如图 8.23 所示。若在用户删除页面中单击要删除某行的“删除”按钮，则弹出“你真的要删除选定行吗”的提示信息，在该提示信息中单击“确定”按钮完成删除操作，单击“取消”按钮放弃删除操作。

学生信息管理系统

用户管理　专业管理　班级管理　学生管理　课程管理　成绩管理

当前位置 > 用户管理 > 用户删除

用户基本信息

序号	用户名	密码	性别	出生年月	学历	联系电话	家庭地址	用户类型	删除
1	2330200101	2330200101	男	2000/08/08	本科	13691234890	湖北武汉	学生	删除
2	2330200102	2330200102	女	2002/08/08	本科	13991234890	湖北武汉	学生	删除
3	2330200103	2330200103	女	2001/06/08	本科	13891234890	湖北宜昌	学生	删除
4	2330200104	2330200104	男	2001/06/13	本科	13791234890	湖北黄石	学生	删除
5	2330200201	2330200201	男	2003/06/13	本科	13791234890	湖北黄石	学生	删除
6	2330200202	2330200202	男	2003/06/13	本科	13791234898	湖北黄石	学生	删除
7	2330200203	2330200203	女	2004/06/06	本科	13691234898	湖北荆门	学生	删除
8	2330200108	2330200108	男	2004/06/06	本科	13691234898	湖北荆门	学生	删除
9	2330200109	2330200109	男	2003/06/06	本科	13691234898	湖北宜昌	学生	删除
10	2330200105	2330200105	女	2003/06/06	本科	13691234898	湖北宜昌	学生	删除
1 2									

武汉工程科技学院计算机系

图 8.23　用户管理二级菜单中的“用户删除”页面

3. 实验提示

(1) 用户修改功能页面的设计与实现。

在用户管理二级菜单的用户修改页面中显示数据表 tbUserInfo 的数据信息，通过 GridView 控件进行数据绑定。采用<asp:BoundField/>绑定字段列进行，绑定完数据表的所有字段后，添加一命令列<asp:CommandField/>为选择操作。“选择”功能是将该行的记录加载到“用户信息修改详细页面”的 DetailsView 控件中以单条记录数据显示。在“用户信息修改详细页面”后台代码中完成修改功能：数据表信息绑定到 GridView 控件上；GridView 显示数据的分页功能设计；命令列“选择”功能设计。用户修改页面设计代码如下。

```
namespace Experiment8
{
    public partial class UserInfoModefy : System.Web.UI.Page
    {
        protected void Page_Load(object sender, EventArgs e)
        {
            if (!IsPostBack)
            {
                BindtbUserInfotToGridView();
            }
        }
        //定义将数据表数据信息绑定到 GridView 控件的方法
        public void BindtbUserInfotToGridView()
        {
            string sql = "select *from tbUserInfo";
            SqlHeper user = new SqlHeper();
            gvtbUserInfo.DataSource = user.DataBinTable(sql);
            gvtbUserInfo.DataBind();
        }
        protected void gvtbUserInfo_SelectedIndexChanging(object sender, GridViewSelectEventArgs e)
        { //命令列“选择”按钮功能设计
            //获取 GridView 控件行 id
            int id = Convert.ToInt32(gvtbUserInfo.DataKeys[e.NewSelectedIndex].Value);
            //获取 GridView 控件的选择行的页面索引
            gvtbUserInfo.PageIndex = e.NewSelectedIndex;
            //将选择行的 id 值作为查询字符串进行跨页传值
            Response.Redirect("UserInfoModefyDeatailsView.aspx?id=" + id);
        }

        protected void gvtbUserInfo_PageIndexChanging1(object sender, GridViewPageEventArgs e)
        { //GridView 控件的分页功能设计
            gvtbUserInfo.PageIndex = e.NewPageIndex;
            BindtbUserInfotToGridView();
        }
    }
}
```

(2) 用户信息修改详细页面设计与实现。

在用户信息修改详细页面中设计 DeatilsView 控件，用于显示从 GridView 控件的数据表中选择的数据记录。用户信息修改详细页面实现的功能：将从 GridView 控件的数据表中按选择的行数据记录绑定到 DetailsView 控件中，其中 id 值为只读；DetailsView 控件的“编辑”事件设计；“编辑”“删除”“新建”模式转换功能设计。用户信息修改详细页面逻辑功能设计代码如下。

```
namespace Experiment8
{
    public partial class UserInfoModefyDeatailsView : System.Web.UI.Page
    {
        protected void Page_Load(object sender, EventArgs e)
        {
            if (!IsPostBack)
            {
                BindtbUserToDetailsView();
            }
        }
        //将数据源绑定到 DetailsView 控件的方法 BindtbUserToDetailsView
        public void BindtbUserToDetailsView()
        {
            //读取查询字符串中的 id 值
            int id = Convert.ToInt32(Request.QueryString["id"].ToString());
            //定义 SQL 语句
            string sql = "select *from tbUserInfo    where Id=" + id;
            SqlHelper user = new SqlHelper();
            dvtbUserInfo.DataSource = user.DataBinTable(sql);
            dvtbUserInfo.DataBind();
        }

        protected void dvtbUserInfo_ItemUpdating(object sender, DetailsViewUpdateEventArgs e)
        {//修改记录，单击“编辑”按钮，由“编辑”按钮转变为“更新”“取消”按钮
            //按数据表的 Id 进行修改
            int id = Convert.ToInt32(dvtbUserInfo.DataKey[0].ToString());
            //拿到前台页面各文本框的值
            string name = ((TextBox)dvtbUserInfo.Rows[1].Cells[1].Controls[0]).Text;
            string pwd = ((TextBox)dvtbUserInfo.Rows[2].Cells[1].Controls[0]).Text;
            string sex = ((TextBox)dvtbUserInfo.Rows[3].Cells[1].Controls[0]).Text;
            string birthday = ((TextBox)dvtbUserInfo.Rows[4].Cells[1].Controls[0]).Text;
            string education = ((TextBox)dvtbUserInfo.Rows[5].Cells[1].Controls[0]).Text;
            string phone = ((TextBox)dvtbUserInfo.Rows[6].Cells[1].Controls[0]).Text;
            string address = ((TextBox)dvtbUserInfo.Rows[7].Cells[1].Controls[0]).Text;
            string type = ((TextBox)dvtbUserInfo.Rows[8].Cells[1].Controls[0]).Text;
```

```
            string sql = "update tbUserInfo set userName =@myName ,userPwd =@myPwd, userSex
                   =@mySex,userBirthday=@myBirthday,userEducation =@myEducation,userPhone
                   =@myPhone,userAddress =@myAddress,userType =@myType where id=" + id;
            //定义 SqlParameter 数组，将各个参数视为一个数组对象添加到该数组中
             SqlParameter[] pm = new SqlParameter[]{
                    new SqlParameter ("@myName",name), new SqlParameter ("@myPwd",pwd),
                    new SqlParameter ("@mySex",sex ),   new SqlParameter ("@myBirthday",birthday ),
                    new SqlParameter ("@myEducation",education ), new SqlParameter ("@myPhone",
                    phone ), new SqlParameter ("@myAddress",address ), new SqlParameter
                    ("@myType",type )
               };
              SqlHelper user=new SqlHelper();
               if (user .DataAddDeleteModefy (sql,pm)!=0)
               {
                    Response.Redirect("UserInfoBrows.aspx");//修改成功跳转到浏览页面
                    Response.Write("<script>alert('修改成功！！ ')</script>");
               }
               else
               {
                    Response.Write("<script>alert('修改失败！！ ')</script>");
               }
          }

        protected void dvtbUserInfo_ModeChanging(object sender, DetailsViewModeEventArgs e)
        {// “编辑”“删除”“新建”模式间的转换
            dvtbUserInfo.ChangeMode(e.NewMode); //DetailsView 的模式改变为新的模式
            BindtbUserToDetailsView();
        }
    }
}
```

(3) 用户管理二级菜单删除页面设计与实现。

删除页面的前台页面设计除了绑定数据库的数据表字段外，还增加了模板列字段，实现删除时弹出提示框。其模板列代码如下。

```
<asp:TemplateField HeaderText ="删除"   ShowHeader ="false">
        <ItemTemplate>
            <asp:LinkButton ID="linkDelete" runat="server" CausesValidation="false" CommandName
                ="Delete" Text="删除" OnClientClick="return confirm('你真的要删除选定行吗？')" >
            </asp:LinkButton>
        </ItemTemplate>
</asp:TemplateField>
```

删除页面后台代码的 RowDeleting 事件代码设计如下。

```
protected void gvUserInfo_RowDeleting(object sender, GridViewDeleteEventArgs e)
        {//获取删除行的 Id 值
            int id = Convert.ToInt32(gvUserInfo .DataKeys [e.RowIndex ].Value );
```

```
        //定义删除的 SQL 语句
        string sql = "delete from tbUserInfo where id=" + id;
        SqlHelper user = new SqlHelper();
       if( user.DataAddDeleteModefy(sql)!=0)
       {
            Response.Write("<script>alert('删除一条记录成功！')</script>");
            Response.Redirect("UserInfoBrows.aspx");
       }
       else
       {
            Response.Write("<script>alert('删除一条记录失败！')</script>");
       }
    }
```

4. 实验拓展

学生可以完成学生信息系统其他功能菜单页面设计；对“用户添加”页面中的出生年月采用 AJAX 技术实现弹出日历格式。

第9章 ASP.NET AJAX 控件

AJAX 或 Ajax(asynchronous JavaScript and XML，异步 JavaScript 和 XML)是一种创建交互式网页应用的网页开发技术，其允许客户端通过 HTTP 请求与服务交换数据技术，宗旨是利用已经成熟的技术构建具有良好交互性的 Web 应用程序。

9.1 AJAX 技术

AJAX 是一种允许客户端通过异步 HTTP 请求与服务器交换数据的技术。Web 应用程序是最新的潮流，但 Web 应用程序需要 Web 服务器响应、等待请求返回、生成新的页面，因此，程序的交互性较差，而 AJAX 技术能创建更好、更快及交互性更强的 Web 应用程序。

9.1.1 AJAX 工作原理

AJAX 不是编程语言，而是一种用于创建更好、更快及交互性更强的 Web 应用程序的技术。这种技术在浏览器与 Web 服务器之间使用异步数据传输(HTTP 请求)，使网页从服务器请求少量的信息，而不是整个页面，从而使因特网应用程序更小、更快和更好。

AJAX 的工作原理如图 9.1 所示，在用户与服务器间增加一个中间层 AJAX 引擎，使用户操作与服务器响应异步化。但并不是所有的用户请求都提交给服务器，如一些数据验证和数据处理是交给 AJAX 引擎自己来处理，只有确定需要从服务器读取新数据时再由 AJAX 引擎代为向服务器提交请求。

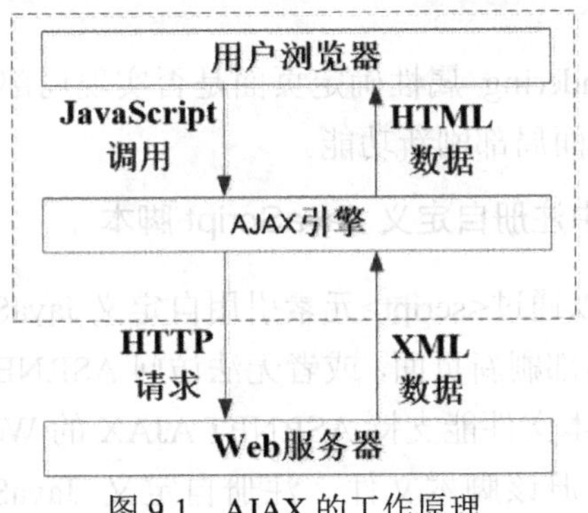

图 9.1　AJAX 的工作原理

9.1.2 ASP.NET AJAX 技术

ASP.NET AJAX 是 AJAX 的 Microsoft 实现方式，专用于 ASP.NET 页面，对 AJAX 的使用以控件形式提供，提高了易用性。使用 ASP.NET AJAX 中的 AJAX 功能，可以生成丰富的 Web 应用程序。基于 ASP.NET AJAX 的 Web 应用程序具有以下优点：①局部页刷新，只刷新已发生更改的页面部分；②自动生成代理类，从而简化从客户端脚本调用 Web 服务器方法的过程；③支持主流浏览器；④页面的大部分处理工作在浏览器中执行，从而提高了效率。

基于 ASP.NET AJAX 的 Web 应用程序有两种实现方式：一种是“仅客户端”解决方案，使用 ASP.NET AJAX Library，但不使用 ASP.NET AJAX 服务器控件；另一种是“客户端与服务器”解决方案，既使用 ASP.NET AJAX Library，又使用 ASP.NET AJAX 服务器控件，其中 ASP.NET AJAX Library 包含一系列的 JavaScript 脚本，允许 AJAX 应用程序在客户端上执行所有的页面处理。ASP.NET AJAX 服务器控件在 Visual Studio 2013 及以上版本工具箱中以“AJAX 扩展”形式提供，像 ASP.NET 其他控件一样使用。

9.2 ASP.NET AJAX 服务器控件

当把 ASP.NET AJAX 服务器控件添加到 ASP.NET 页面后，浏览这些页面会自动将支持的客户端 JavaScript 脚本发送到浏览器实现 AJAX 功能。

9.2.1 ScriptManager 控件

ScriptManager 控件是 ASP.NET AJAX 功能的核心，会把 ASP.NET AJAX Library 的 JavaScript 脚本下载到浏览器，并管理一个页面上所有的 ASP.NET AJAX 资源，包括客户端组件、局部页刷新、本地化、全球化和自定义用户脚本的脚本资源。

每个要实现 AJAX 功能的页面都必须添加一个 ScriptManager 控件且只能添加一个，其语法基本格式如下。

```
<asp:ScriptManager ID="ScriptManager1" runat="server" EnablePartialRendering="true">
</asp:ScriptManager>
```

其中，EnablePartialRendering 属性确定页面是否实现局部刷新功能，默认情况下，其值为 true，此时，将启用页面局部刷新功能。

1. 在 ScriptManager 中注册自定义 JavaScript 脚本

在 ASP.NET 页面中可以通过<script>元素引用自定义 JavaScript 脚本文件。但是，以此方式调用的脚本不能用于局部刷新页面，或者无法访问 ASP.NET AJAX Library 的某些组件。若要使自定义 JavaScript 脚本文件能支持 ASP.NET AJAX 的 Web 应用程序，必须在该页面的 ScriptManager 控件中注册该脚本文件。注册自定义 JavaScript 脚本文件的方法是在 ScriptManager 控件的 Script 属性集合中添加一个指向该脚本文件的 ScriptReference 对象。设计后的前台页面代码如下。

```
<asp:ScriptManager ID="ScriptManager1" runat="server">
            <Scripts >
                <asp:ScriptReference    Path="mySIMS.js"/>
            </Scripts>
 </asp:ScriptManager>
```

上述代码功能：在 ScriptManager 控件 ScriptManager1 中注册了自定义 JavaScript 脚本文件 mySIMS.js。

2. 在母版页中使用 ScriptManager

在母版页中添加 ScriptManager 控件，然后在内容页中添加其他 ASP.NET AJAX 服务器控件，实现页面局部刷新功能。值得注意的是，在 ASP.NET AJAX 页中只允许包含一个 ScriptManager 控件。因此，如果在母版页中已添加了 ScriptManager 控件，则在内容页中就不能再添加 ScriptManager 控件。如果这时还要在内容页中使用 ScriptManager 控件的其他功能，可以通过添加 ScriptManagerProxy 控件来实现。ScriptManagerProxy 控件工作方式与 ScriptManager 控件相同，只是它专门用于母版页的内容页。

以下代码实现在一个由母版页生成的内容页中利用 ScriptManagerProxy 控件注册自定义 JavaScript 脚本文件 mySIMS.js 功能。

```
<%@ Page Title="" Language="C#" MasterPageFile="~/Study.Master" AutoEventWireup="true"
     CodeBehind="WebForm1.aspx.cs" Inherits="Capter4_1.WebForm1" %>
<asp:Content ID="Content1" ContentPlaceHolderID="cphEditRight" runat="server">
    <asp:ScriptManagerProxy ID="ScriptManagerProxy1" runat="server">
        <Scripts>
            <asp:ScriptReference    Path ="mySIMS.js"/>
        </Scripts>
    </asp:ScriptManagerProxy>
</asp:Content>
```

9.2.2　UpdatePanel 控件

UpdatePanel 控件是一个窗口控件，该控件本身在页面上不会显示任何内容，主要作用是放置在其中的控件将具有刷新的功能。通过使用 UpdatePanel 控件，减少了整页回发时屏幕出现“闪烁”的问题，从而提高了页面交互性，增强了用户体验，减轻了客户端与服务器之间的数据传输数量。

在一个页面中可以设置多个 UpdatePanel 控件，每个 UpdatePanel 控件可以指定独立的页面区域，实现独立局部刷新功能。实际使用时将需要局部刷新的控件放在UpdatePanel 控件内部的<ContentTemplate>标签中，或者用控件的<Triggers>标签内的<asp:AsyncPostBack Trigger />标签自定义触发器。

UpdatePanel 控件的基本语法格式如下。

```
<asp:UpdatePanel ID="UpdatePanel1" runat="server">
            <ContentTemplate>
                <!--添加需要局部刷新的控件-->
```

```
        </ContentTemplate>
        <Triggers>
            <asp:AsyncPostBackTrigger ControlID="btnSubmit" EventName="Click"/>
        </Triggers>
    </asp:UpdatePanel>
```

其中，<asp:AsyncPostBackTrigger ControlID="btnSubmit" EventName="Click"/>定义了触发器，表示在 btnSubmit 的 Click 事件后，会产生异步回发并刷新<ContentTemplate>元素中的控件。

【例题 9.1】AJAX 技术刷新页面，创建一个 Web 窗体，在窗体上既有标准服务器控件，即两个标签控件、两个按钮控件，也包含 ASP.NET AJAX 控件，即一个 ScriptManager 控件、一个 UpdatePanel 控件。当单击“没有使用 AJAX”按钮时，刷新整个页面，两个标签的内容均发生改变；当单击“使用 AJAX”按钮时，只刷新页面部分区域，AJAX 技术刷新标签显示系统时间如图 9.2 所示

例题 9.1

AJAX技术刷新系统时间 | 没有使用AJAX | 使用AJAX

AJAX技术刷新系统时间 | 2022/6/13 21:57:23 没有使用AJAX | 2022/6/13 21:57:23 使用AJAX

AJAX技术刷新系统时间 | 2022/6/13 21:57:23 没有使用AJAX | 2022/6/13 21:58:26 使用AJAX

图 9.2　AJAX 技术刷新标签显示系统时间

实现步骤：

(1) 前台页面设计。创建 Capter9_1 网站，添加 AJAXRefreshPage.aspx 页面，设置 DIV 在页面中的样式。在 DIV 层中设计 ScriptManager 控件，同时设计一个标签和一个按钮控件；再设计一个 UpdatePanel 控件，同时在该控件中添加<ContentTemplate>元素，在该元素中设计一个标签和一个按钮控件。前台页面设计代码如下。

```
<body>
    <form id="form1" runat="server">
        <div style="width: 400px; margin: auto; margin-top: 30px; font-family: 隶书; font-size: 20px;
            text-align: center">
            AJAX 技术刷新系统时间<br />
            <asp:ScriptManager ID="ScriptManager1" runat="server"></asp:ScriptManager>
            <asp:Label ID="lblShow1" runat="server" Text=""></asp:Label>
            <asp:Button ID="btnDisplayNotAjax" runat="server" Text="没有使用 AJAX"
                Width="120px" OnClick="btnDisplayNotAjax_Click" />
            <asp:UpdatePanel ID="UpdatePanel1" runat="server">
                <ContentTemplate>
                    <asp:Label ID="lblShow2" runat="server" Text=""></asp:Label>
                    <asp:Button ID="btnDisplayAJAX" runat="server" Text="使用 AJAX"
                        Width="120px" OnClick="btnDisplayAJAX_Click" />
                </ContentTemplate>
            </asp:UpdatePanel>
        </div>
    </form>
</body>
```

(2) 后台逻辑代码设计。刷新整个页面，即“没有使用 AJAX”按钮单击事件代码的设计；只刷新局部页面，即“使用AJAX”按钮单击事件代码设计。两者均是调用系统日期时间在标签处显示出来，后台代码设计如下。

```
namespace Capter9_1
{
    public partial class AJAXRefreshPage : System.Web.UI.Page
    {
        protected void Page_Load(object sender, EventArgs e)
        {

        }
        //刷新整个页面
        protected void btnDisplayNotAjax_Click(object sender, EventArgs e)
        {
            lblShow1.Text = DateTime.Now.ToString();
            lblShow2.Text = DateTime.Now.ToString();
        }
        //刷新 UpdatePanel 控件中标准控件信息
        protected void btnDisplayAJAX_Click(object sender, EventArgs e)
        {
            lblShow1.Text = DateTime.Now.ToString();
            lblShow2.Text = DateTime.Now.ToString();
        }
    }
}
```

(3) 运行程序。按 F5 功能键，进入浏览器页面，若单击“没有使用 AJAX”按钮，则同时刷新整个页面，两个标签均显示系统日期时间信息；若单击“使用 AJAX”按钮，则只刷新 UpdatePanel 控件中<ContentTemplate>元素间标签的系统日期时间信息，即实现页面局部刷新。AJAX 技术刷新标签显示系统时间效果如图 9.2 所示。

9.2.3　Timer 控件

ASP.NET AJAX 提供了一个 Timer 控件，用于执行页面局部刷新，使用 Timer 控件能够控制应用程序在一段时间内进行事件刷新。Timer 控件的基本语法格式如下。

```
<asp:Timer ID="Timer1" runat="server"></asp:Timer>
```

开发人员可以设置Timer控件的属性进行相应事件的触发，Timer控件的属性有：Enabled 属性，指是否启用 Tick 时间引发，默认值是 true；Interval 属性，指设置 Tick 事件之间的连续时间，单位为毫秒。

【例题 9.2】AJAX 技术实现在线考试倒计时。Timer 控件能够引发回发，每隔一段时间固定触发其 Tick 事件，在该事件中如果考试时间进入最后 10 分钟，则给予倒计时提示。如果考试时间已到，则设置 Timer 控件的 Enabled 属性为 false，即不可用。AJAX 实现在线考试倒计时效果如图 9.3 所示。

例题 9.2

图 9.3　AJAX 实现在线考试倒计时效果

实现步骤：

(1) 前台页面代码设计。创建 Capter9_2 网站，添加 TimerCountDown.aspx 页面。在页面中设计一个 ScriptManager 控件用于管理整个页面中的 AJAX 控件，再设计一个 UpdatePanel 控件。在 UpdatePanel 控件中添加<ContentTemplate>标签，在该标签中添加两个 DIV 层，其中一个 DIV 实现"在线考试系统"标题，另一个 DIV 实现倒计时的时间信息，即标签控件和一个 Timer 控件，分别设置两个 DIV 的样式。前台页面设计代码如下。

```
<body>
    <form id="form1" runat="server">
        <asp:ScriptManager ID="ScriptManager1" runat="server"></asp:ScriptManager>
        <asp:UpdatePanel ID="UpdatePanel1" runat="server">
            <ContentTemplate>
                <div style="width: 600px; margin: auto; font-family: 隶书; font-size: 38px; line-height:
                    38px; color: white; background-color: #336699; text-align: center">
                        在线考试系统
        </div>

         <div style="width: 400px; margin: auto; font-family: 隶书; font-size: 20px">
                <asp:Label ID="lblCountDown" runat="server" Text=""></asp:Label>
                <asp:Timer ID="Timer1" runat="server" OnTick="Timer1_Tick"> </asp:Timer>
          </div>
            </ContentTemplate>
        </asp:UpdatePanel>
        <div style="width: 400px; margin: auto; font-family: 隶书; font-size: 20px">
            ASP.NET 在线考试题目
        </div>
    </form>
</body>
```

(2) 后台逻辑代码设计。在 TimerCountDown.aspx.cs 页面中定义属性 Index，用于设置考试的总时间；设计 Timer1 的 Tick 事件实现每 1000 毫秒执行一次 Tick 事件，直到考试结束。后台逻辑代码设计如下。

```
namespace Capter9_2
{
    public partial class TimerCountDown : System.Web.UI.Page
    {
```

```
        protected void Page_Load(object sender, EventArgs e)
        {

        }

        protected void Timer1_Tick(object sender, EventArgs e)
        {
            this.Index --;
            if (this.Index == 0)
            {
                this.Timer1.Enabled = false;
                //此处调用或设计自动提交试卷的方法
            }
            else
            {
                //显示考试的剩余时间
                this.lblCountDown.Text = "还有：" + this.Index / 60 + "分" +  this.Index % 60 + "秒考
                                                试结束！";
            }
        }
        //定义整数类型 Index 属性来设置当考试时间进入最后 10 分钟时给予倒计时提示
        Public int Index //考试总时间属性，并设置读写属性
        {
            get
            {
                object obj = ViewState["Index"];
                return (obj == null) ? 600: Convert.ToInt32(obj);
            }
            set
            {
                ViewState["Index"] = value;
            }
        }
    }
}
```

(3) 运行程序。按 F5 功能键，进入在线考试浏览器页面，直到考试时间还剩 10 分钟时，出现倒计时提示信息，AJAX 实现在线考试倒计时效果如图 9.3 所示。

9.2.4 UpdateProgress 控件

当用户与服务器端进行异步通信时需要使用 UpdateProgress 控件，告诉用户现在正在进行执行中。例如，当用户单击“提交”按钮，向服务器提交表单数据时，系统应提示“正在提交，请稍候！”，这样即可让用户知道应用程序正在运行中。UpdateProgress 控件的基本语法格式如下。

```
<asp:UpdateProgress ID="UpdateProgress1" runat="server">
        <ProgressTemplate>
            应用程序进行操作中，请稍候...<br />
```

```
            </ProgressTemplate>
    </asp:UpdateProgress>
```

上述格式中定义了一个 UpdateProgress 控件，并通过<ProgressTemplate>标签进行等待中的样式控制。<ProgressTemplate>标签用于标记等待中的样式定义，即当用户单击按钮进行相应的操作后，如果服务器端和用户端之间需要时间等待，则<ProgressTemplate>标记样式就会呈现在用户前，以提示用户程序正在进行。

【例题 9.3】AJAX 技术 UpdateProgress 控件的应用。设计要求：在页面上添加一个 Label 控件、一个 Button 控件，使用 UpdateProgress 控件进行用户进度操作更新提示，当用户单击 Button 按钮时，提示用户“正在提交过程中，请稍候！”，等待 5 秒后，则显示时间；若再单击“提交”按钮，则显示操作提示的时间，等待 5 秒后也只显示时间。UpdateProgress 控件应用效果如图 9.4 所示。

例题 9.3

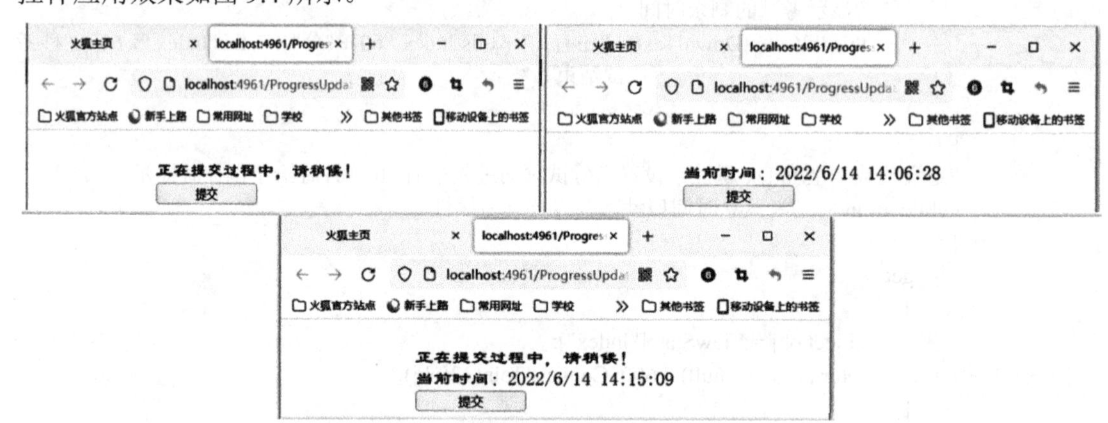

图 9.4　UpdateProgress 控件应用效果

实现步骤：

(1) 前台页面设计。创建 Capter9_3 网站，添加 ProgressUpdate.aspx 页面。设置 DIV 的样式，同时在 DIV 中设计一个脚本管理控件 ScriptManager 实现整个页面刷新、设计一个更新区域控件 UpdatePanel。在更新区域控件的标签<ContentTemplate>中添加更新进度控件 UpdateProgress，同时添加服务器标签控件 Label 和按钮控件 Button，在更新进度控件<ProgressTemplate>标签中添加提示用户信息为“正在提交过程中，请稍后！”。前台页面设计代码如下。

```
<body>
    <form id="form1" runat="server">
    <div style="width:300px;margin :auto;margin-top :30px;font-family :隶书; font-size :20px">
        <asp:ScriptManager ID="ScriptManager1" runat="server"></asp:ScriptManager>
        <asp:UpdatePanel ID="UpdatePanel1" runat="server">
            <ContentTemplate>
                <asp:UpdateProgress ID="UpdateProgress1" runat="server">
                    <ProgressTemplate>
                    正在提交过程中，请稍候！
                    </ProgressTemplate>
```

```
                    </asp:UpdateProgress>
                    <asp:Label ID="lblMessage" runat="server" Text=""></asp:Label>
                    <asp:Button ID="btnSubmit" runat="server" Text="提交" Width ="120px"
                            OnClick="btnSubmit_Click" />
                </ContentTemplate>
            </asp:UpdatePanel>
        </div>
    </form>
</body>
```

(2) 后台逻辑功能代码设计。在页面设计视图界面，单击“提交”按钮，进入更新进度 ProgressUpdate.aspx.cs 页面，btnSubmit_Click 事件代码设计如下。

```
namespace Capter9_3
{
    public partial class ProgressUpdate : System.Web.UI.Page
    {
        protected void Page_Load(object sender, EventArgs e)
        {

        }

        protected void btnSubmit_Click(object sender, EventArgs e)
        {
            //使用 System.Threading.Thread.Sleep 方法指定系统线程挂起的时间
            System.Threading.Thread.Sleep(5000); //方法中的5000毫秒即当用户执行操作后5秒内会
                                                    显示提示信息
            lblMessage.Text = "当前时间：" + DateTime.Now.ToString();
        }
    }
}
```

(3) 运行程序。按 F5 功能键，进入显示“提交”按钮浏览器页面，单击“提交”按钮，在浏览中显示“正在提交过程中，请稍候！”提示信息，5 秒后页面自动刷新，显示当前的日期时间信息。UpdateProgress 控件应用效果如图 9.4 所示。

9.2.5　ScriptManagerProxy 控件

在 Web 应用程序开发过程中，经常需要使用到母版页。母版页和内容页一起组合成了一个新页面呈现在客户端浏览器中，而如果在母版页中使用 ScriptManager 控件的同时在内容页中也使用 ScriptManager 控件，则内容页面会出现错误。因为 ScriptManager 控件只允许在一个页面中使用一次。解决此问题的方法是，使用另一个脚本管理控件 ScriptManagerProxy。

在母版页中使用 ScriptManagerProxy 控件为母版页中的控件进行 AJAX 应用支持，在内容页中也可以使用ScriptManagerProxy进行内容页 AJAX 应用的支持，这样通过使用 Script ManagerProxy 控件就能在母版页和内容页中同时实现 AJAX 应用。

9.2.6　AJAX 控件工具集

ASP.NET AJAX 控件不像 Web 标准服务器控件那么多，原因是 Microsoft 把它们当作开源代码的项目，而不是把它们融合到 Visual Studio 2013 中。Microsoft 及其社区中的开发人员开放了一系列支持 AJAX 的可以在 ASP.NET 应用程序中使用的服务器控件，称为 AJAX 控件工具集。因此，AjaxControlToolkit 项目是开源的，可以从网上下载并安装到自己的项目中。

将 AjaxControlToolkit.dll 文件添加到工具箱 AJAX 组件中的方法如下。

(1) 准备好 AjaxControlToolkit.dll 文件，打开 Visual Studio 2013，右击工具箱中的 AJAX 扩展组件，弹出菜单，执行“选择项”，打开“选择工具箱”对话框，如图 9.5 所示。

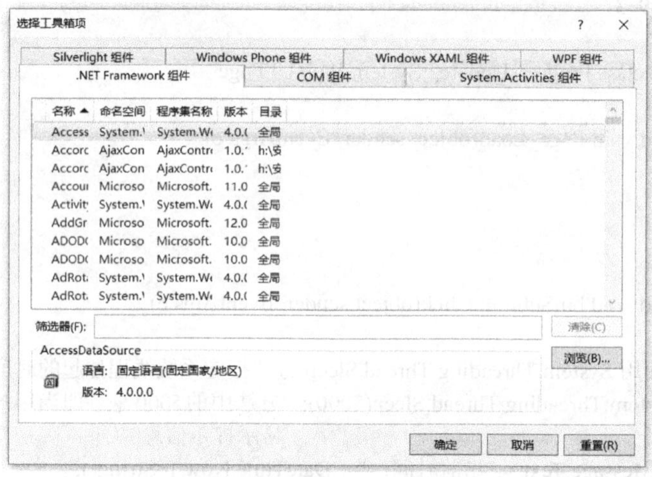

图 9.5　“选择工具箱”对话框

(2) 在“选择工具箱”对话框中，单击“浏览”按钮，找到存放“AjaxControlToolkit.dll”的文件，单击“打开”按钮，加载此文件，单击“确定”按钮，即可在 Visual Studio 2013 的 AJAX 扩展组件中成功添加 AJAX 控件工具集，这些控件(也称为 AjaxControlToolkit 程序包)的使用类似 Web 服务器控件。

在 AjaxControlToolkit 工具集中，PasswordStrength 控件用于检测用户注册时所输入密码的强度，CalendarExtender 控件用于扩展文本框 TextBox，在文本框获得焦点时，弹出输入日历界面等。

【例题 9.4】应用 AJAX 技术实现用户注册时系统检测用户输入密码的强度提示信息。设计要求直接在密码框后根据注册的密码依次显示“强度：弱”“强度：中”“强度：强”的提示信息。用户注册页面注册密码显示提示效果如图 9.6 所示。

例题 9.4

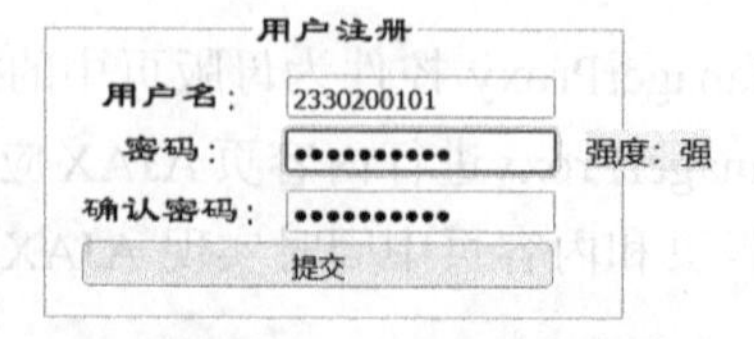

图 9.6　用户注册页面注册密码显示提示效果

实现步骤：

(1) 创建 Capter9_4 网站根目录，添加 CheckUserPassword.aspx 页面。设置页面 DIV 的样式，添加 ScriptManager 页面脚本管理控件、AjaxControlToolkit 工具集 PasswordStrength 显示密码输入强度控件的相关属性。前台页面设计代码如下。

```
<body>
    <form id="form1" runat="server">
    <div style ="width:300px;margin :auto ;margin-top :30px;font-family :隶书; font-size :20px;
            text-align :center">
        <asp:ScriptManager ID="ScriptManager1" runat="server"></asp:ScriptManager>

        <cc1:PasswordStrength ID="txtPwdCfm_PasswordStrength" runat="server" TargetControlID
            ="txtPwdCfm" BarBorderCssClass="BarBorder" StrengthIndicatorType="BarIndicator"
            StrengthStyles="BarWeek;BarAverage;BarGood"> </cc1:PasswordStrength>
      <fieldset >
          <legend align="center" >用户注册</legend>
          <table >
              <tr><td>用户名：</td><td>
                  <asp:TextBox ID="txtName" runat="server" Width ="130px"> </asp:TextBox>
                      </td></tr>
              <tr><td>密码：</td><td>
                  <asp:TextBox ID="txtPwd" runat="server" Width ="130px" TextMode ="Password">
                          </asp:TextBox></td></tr>
              <tr><td colspan ="2">
                  <cc1:PasswordStrength ID="PasswordStrength1" runat="server" TargetControlID
                      ="txtPwd" PrefixText ="强度：" TextStrengthDescriptions="弱;中;强
                      "></cc1:PasswordStrength>
              </td></tr>
              <tr><td>确认密码：</td><td>
                  <asp:TextBox ID="txtPwdCfm" runat="server" Width ="130px" TextMode
                      ="Password"></asp:TextBox></td></tr>
              <tr><td colspan ="2">
                  <asp:Button ID="btnSubmit" runat="server" Text="提交" Width ="240px" /></td></tr>
          </table>
      </fieldset>
    </div>
    </form>
</body>
```

(2) 运行程序。按 F5 功能键，进入浏览器页面，在用户注册页面中输入用户名，在密码框中输入密码信息，根据输入密码位数分别显示“强度：弱”“强度：中”“强度：强”信息。用户注册页面注册密码显示提示效果如图 9.6 所示。

【例题 9.5】应用 AJAX 技术，通过触发出生年月文本框弹出日历控件，实现年、月、日的输入。在日历控件上选择年、月、日后，单击即可，AJAX 实现弹出式日历如图 9.7 所示。

例题 9.5

出生年月：

<			2022年6月			>
周一	周二	周三	周四	周五	周六	周日
30	31	1	2	3	4	5
6	7	8	9	10	11	12
13	14	15	16	17	18	19
20	21	22	23	24	25	26
27	28	29	3 6月23日		2	3
4	5	6	7	8	9	10

图 9.7　AJAX 实现弹出式日历

实现步骤：

(1) 前台页面设计。创建 Capter9_5 网站根目录，添加 AJAXCalendar.aspx 页面。设置 DIV 在页面中的显示样式，添加 ScriptManager 页面脚本管理控件，添加文本框 TextBox 控件，添加 AjaxControlToolkit 工具集 PopupControlExtender 控件，同时设置相关属性，如 TargetControlID 实现绑定的控件 ID。本例中绑定的控件是 TextBox 控件的 ID，PopupControlID 绑定更新部分区域控件 UpdatePanel1，添加 UpdatePanel 控件并在该控件中添加<ContentTemplate>标签，在标签中添加日历控件 Calendar。前台页面设计代码如下。

```
<body>
    <form id="form1" runat="server">
    <div style ="width :400px;margin :auto ; margin-top :30px;text-align :center; font-family :隶书;
            font-size :20px">
        <asp:ScriptManager ID="ScriptManager1" runat="server"></asp:ScriptManager>
        出生年月：<asp:TextBox ID="txtCalendar" runat="server" Width ="120px"> </asp:TextBox>
        <cc1:PopupControlExtender ID="PopupControlExtender1" runat="server" TargetControlID
            ="txtCalendar" PopupControlID ="UpdatePanel1"> </cc1:PopupControlExtender>
        <asp:UpdatePanel ID="UpdatePanel1" runat="server">
            <ContentTemplate>
                <asp:Calendar ID="Calendar1" runat="server" OnSelectionChanged="Calendar1_
                    SelectionChanged"></asp:Calendar>
            </ContentTemplate>
        </asp:UpdatePanel>
    </div>
    </form>
</body>
```

(2) 后台逻辑代码设计。在页面设计视图中，右击日历控件，打开属性面板，选择事件并双击 SelectionChanged，进入 SelectionChanged 事件代码编辑区，设计代码如下。

```
protected void Calendar1_SelectionChanged(object sender, EventArgs e)
{
    PopupControlExtender1.Commit(Calendar1.SelectedDate.ToLongDateString());
}
```

(3) 运行程序。按 F5 功能键，进入浏览器页面，当鼠标进入出生年月的文本框时，弹出日历如图 9.7 所示，单击日历中的某个日期，将选定的日期以“XXXX 年 XX 月 XX 日”的格式加载到方框中。

9.3 上机实验

1. 实验目的

通过实验进一步掌握 Cookie 对象、Session 对象、Application 对象在页面状态管理的常用属性、事件和方法，以及基本应用；通过实验进一步掌握运用 AJAX 技术进行页面刷新。

2. 实验要求

设计一个用户登录页面，用户登录成功，跳转到聊天室页面。聊天室页面由显示聊天内容信息区，以及聊天人、聊天内容编辑区、信息提交按钮对象构成。采用 AJAX 技术实现自动屏幕刷新。

3. 实验内容

设计一个简单聊天室项目。具体设计要求：要有用户登录界面，用户信息来源为数据库 SIMSDB 的 tbUserInfo 数据表，登录成功后，跳转到聊天室主界面，同时把用户名加载到用户名文本框中；在聊天室输入框中输入聊天信息，单击“发送”按钮，输入框中的信息在聊天区域中显示为“某某说：信息内容[当前系统时间]”的格式(说明：按每五条记录显示一个当前系统时间)；如果聊天室输入框中未输入信息，直接单击“提交”按钮，则弹出“不能发送空信息”的信息提示框；具有自动刷新聊天信息功能和到一定时间暂时清除聊天信息功能，当用户再次发起聊天时，原信息又重新显示在聊天信息显示区中。聊天室发送信息及自动刷新功能如图 9.8 所示。

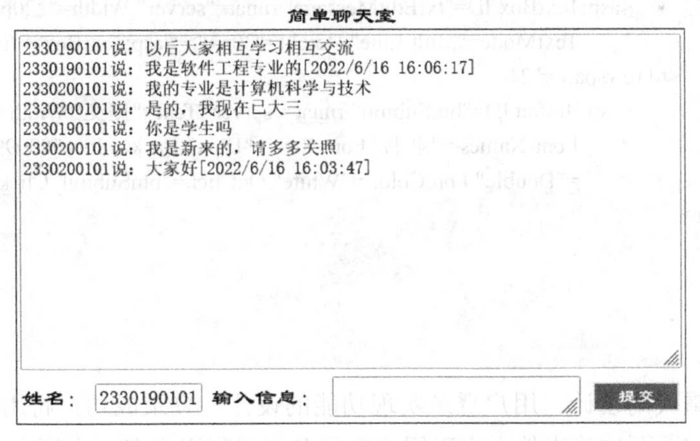

图 9.8　聊天室发送信息及自动刷新功能

4. 实验提示

(1) 前台页面设计。在 DIV 中设计一个 2 行 5 列的 table 表格；在页面中添加 ScriptManager 页面脚本管理控件、UpdatePanel 局部页面刷新控件、Timer 控件实现刷新。前台页面的主要代码如下。

```
<body>
    <form id="form1" runat="server">
        <!--添加页面脚本刷新控件-->
        <asp:ScriptManager ID="ScriptManager1" runat="server"> </asp:ScriptManager>
        <!--添加 Timer 控件实现定时刷新-->
        <asp:Timer ID="Timer1" runat="server" OnTick="Timer1_Tick"> </asp:Timer>
    <div style ="width:600px;margin :auto ;margin-top :30px; font-family :隶书; font-size :20px;
            text-align :center ">
        简单聊天室
      <table style ="border :solid 1px">
          <tr><td colspan ="5">
              <asp:UpdatePanel ID="UpdatePanel1" runat="server">
                  <ContentTemplate>
                      <asp:TextBox ID="txtShowMessage" runat="server"TextMode="MultiLine"
                          Height="300px" Width="600px"></asp:TextBox>
                  </ContentTemplate>
              </asp:UpdatePanel>
              </td>
          </tr>
          <tr>
              <td rowspan ="2">姓名：</td>
              <td rowspan ="2">
                  <asp:TextBox ID="txtName" runat="server" Width ="90px"   Font-Names ="隶书"
                      Font-Size ="18px"></asp:TextBox></td>
              <td rowspan ="2">输入信息：</td>
              <td >
                  <asp:TextBox ID="txtEditMessage" runat="server" Width="220px"
                      TextMode="MultiLine" Height="30px"></asp:TextBox></td>
              <td rowspan ="2">
                  <asp:Button ID="btnSubmit" runat="server" Text="提交" Width ="80px"
                      Font-Names ="隶书" Font-Size ="18px" BackColor="#009933" BorderStyle
                      ="Double" ForeColor ="White" OnClick="btnSubmit_Click"/></td>
          </tr>
      </table>
    </div>
    </form>
</body>
```

(2) 后台逻辑代码设计。用户登录实现功能的设计，登录成功，将用户名传递到聊天室页面。在聊天室页面加载事件中实现用户登录名加载到用户名文本框中。聊天室“提交”按钮事件实现“输入信息框”不为空的判断，若为空，则弹出提示信息；若不为空，则将其信息发送到显示聊天信息框中；Timer 的 Tick 事件实现定时隐藏聊天信息框的信息。

① 聊天室“提交”按钮事件代码设计如下。

```
protected void btnSubmit_Click(object sender, EventArgs e)
        {
```

```
            int num;
            if (txtEditMessage.Text != "")
            {
                Application.Lock();
                if (Application["chatnum"] == null)
                {
                    num = 0;
                }
                else
                {
                    num = Convert.ToInt32(Application["chatnum"].ToString());
                }
                if (num % 5 == 0)
                {
                    Application["chats"] = txtName.Text + "说：" + txtEditMessage.Text + "[" +
                              DateTime.Now.ToString() + "]\n" + Application["chats"];
                }
                else
                {
                    Application["chats"] = txtName.Text + "说：" + txtEditMessage.Text + "\n" +
                              Application["chats"];
                }
                num++;
                object obj = num;
                Application["chatnum"] = obj;
                Application.UnLock();
                txtShowMessage.Text = Application["chats"].ToString();
                txtEditMessage.Text = "";
            }
            else
            {
                Response.Write("<script>alert('不能发送空消息！')</script>");
            }
        }
```

② Timer 的 Tick 事件的代码设计如下。

```
protected void Timer1_Tick(object sender, EventArgs e)
        {
            int chatnum;
            int mynum;
            if (txtName.Text == null && Application["chatnum"] != null)
            {
                chatnum = Convert.ToInt32(Application["chatnum"].ToString());
                mynum = Convert.ToInt32(Session["mynum"].ToString());
                if (mynum < chatnum)
                {
                    txtShowMessage.Text = Convert.ToString(Application["chats"]);
```

```
                txtShowMessage.Focus();
            }
            else
            {
                txtEditMessage.Focus();
            }
        }
        else
        {
            txtShowMessage.Text = "";
        }
    }
```

第 10 章

三层架构和 MVC 开发技术

10.1 三层架构概述

在软件体系设计中，分层式结构是最常见也是最重要的一种结构。微软公司推出的分层结构主要是三层架构，其是基于模块化程序设计思想，实现分解应用程序的需求，逐步形成的一种标准模式的模块划分方法。

三层架构的软件体系不因业务逻辑上的微小变化而修改整个项目，只需修改业务逻辑层中设计的方法，从而增强项目开发的可升级性及项目代码的重用性。

10.1.1 三层架构的构成

三层架构包含数据访问层(DAL)、业务逻辑层(BLL)、表示层(UI)，划分三层的宗旨是体现“高内聚、低耦合”的软件项目开发思想。三层架构各层间的关系如图 10.1 所示。

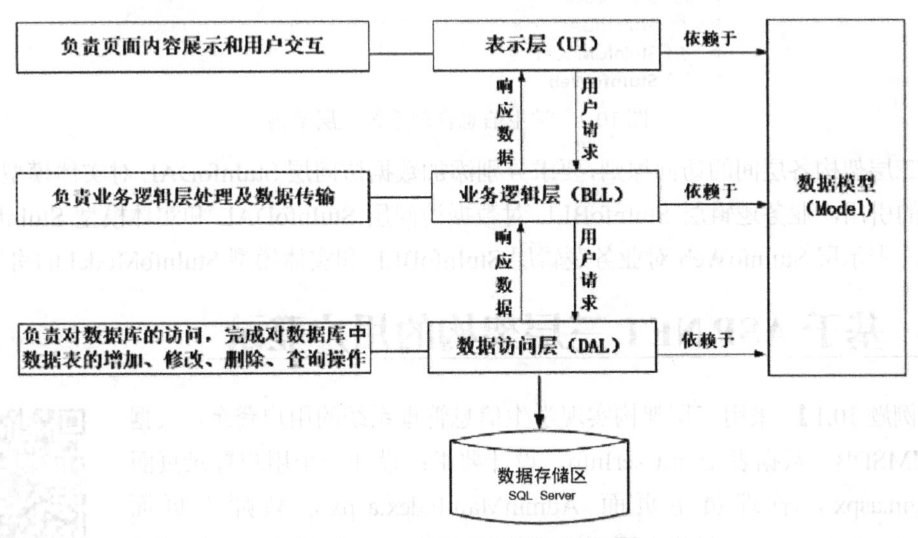

图 10.1 三层架构各层间的关系

三层架构各层的作用如下。

(1) 数据访问层(DAL)。其作用是负责对数据库的访问，实现对数据库中数据表的增加、修改、删除和查询操作。

(2) 业务逻辑层(BLL)。其作用是负责业务处理和数据传递、核心业务逻辑，是表示层与数据层的中间桥梁，实现数据传递和处理，起到数据交换中承上启下的作用。

(3) 表示层(UI)。其作用是负责页面内容展示和用户的交互，给予用户直接体验，从业务逻辑层获取数据并在页面上展示，与用户直接进行交互并将相关数据送回业务逻辑层进行处理。

图 10.1 中的数据模型(Model)作用是标准和规范，包含与数据库的数据表相对应的实体类，作为数据容器贯穿三层之间，用于数据传递。

三层架构中各层间的依赖顺序是：表示层依赖于业务逻辑层，业务逻辑层依赖于数据访问层，表示层、业务逻辑层、数据访问层都依赖于实体类模型。层是一种弱耦合的结构，三层之间的依赖是向下的，上层可以使用下层的功能，而下层不能使用上层的功能，即改变上层的设计对于其调用的下层是没有任何影响的。

10.1.2 ASP.NET 三层架构的搭建

根据三层架构基本原理，运用软件工程思想，按企业项目管理要求创建项目的解决方案名称为 StudentInfomationManagerSystem，即学生信息管理。同时在该解决方案下分别创建表示层名为 StuInfoWeb 的 Web 应用程序；创建实体模型名为 StuInfoModel 的类库；创建数据访问层名为 StuInfoDAL 的类库；创建业务逻辑层名为 StuInfoBLL 的类库。学生信息管理系统三层架构如图 10.2 所示。

解决方案'StudentInfomationManagerSystem' (4 个项目)
StuInfoBLL
StuInfoDAL
StuInfoModel
StuInfoWeb

图 10.2 学生信息管理系统三层架构

按三层架构各层间的访问原则，要求分别添加数据访问层 StuInfoDAL 对实体模型 StuInfo Model 的引用，业务逻辑层 StuInfoBLL 对数据访问层 StuInfoDAL 和实体模型 StuInfoModel 的引用，表示层 StuInfoWeb 对业务逻辑层 StuInfoBLL 和实体模型 StuInfoModel 的引用。

10.2 基于 ASP.NET 三层架构的用户登录

【例题 10.1】 采用三层架构实现学生信息管理系统的用户登录，数据库为 SIMSDB，数据表是 tbUserInfo。设计要求：设计一个用户登录页面 UserLogin.aspx，管理员主页面 AdminMainIndex.aspx，教师主页面 TeacherMainIndex.aspx，学生主页面 StudentMainIndex.aspx。其中，管理员主页面、教师主页面、学生主页面仅有页面标题。创建的学生信息管理系统目录结构如图 10.3 所示。

例题 10.1

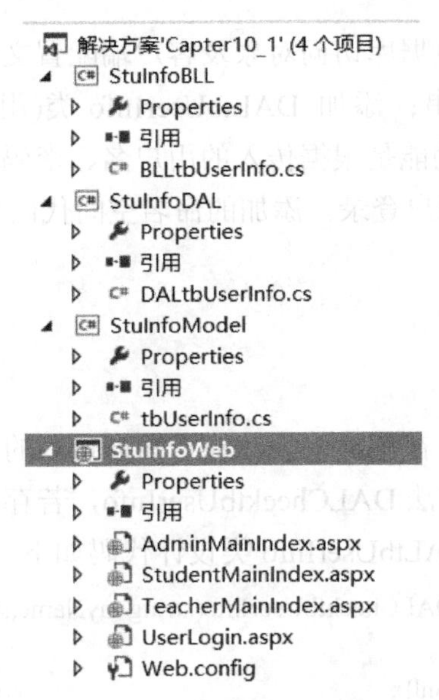

图 10.3　创建的学生信息管理系统目录结构

实现步骤：

(1) 创建学生信息管理系统项目框架。启动 Visual Studio 2013，创建项目 Capter10_1 解决方案，右击解决方案，在弹出的快捷菜单中分别添加网站根目录表示层 StuInfoWeb、类库业务逻辑层 StuInfoBLL、类库数据访问层 StuInfoDAL、类库模型 StuInfoModel。创建业务逻辑层、数据访问层和模型时，由系统自动创建的类文件 Class1.cs 分别重命名为自己项目的类文件或直接删除，然后根据项目开发需要添加所需类文件。

(2) 模型 StuInfoModel 的设计。在模型 StuInfoModel 中添加与数据库中数据表 tbUserInfo 名相同的类文件，在该类中仅设计各字段的属性。tbUserInfo 类设计代码如下。

```
public class tbUserInfo    //该类与数据表的表名相同，只需定义各字段属性
    {
        public int id { get; set; }
        public string userName { get; set; }
        public string userPwd { get; set; }
        public string userSex { get; set; }
        public string userBirthday { get; set; }
        public string userEducation { get; set; }
        public string userPhone { get; set; }
        public string userAddress { get; set; }
        public string userType { get; set; }
    }
```

(3) 数据访问层 StuInfoDAL 的设计。数据访问层需要完成的任务是，应用程序操作数据库的系列方法均在数据访问层中完成，如：读取配置文件中定义的数据库连接字符串，数据表的查询操作方法定义，数据表的增加、修改、删除操作方法的定义等。这些方法既可被业务逻辑层调用，也可操作数据库实现相应的功能。

本例中导入 ADO.NET 数据库访问对象及客户端配置文件访问所在的命名空间；读取配置文件中数据库连接字符串；添加 DALtbUserInfo 类(用户自定义的类)，在类中定义 DALChecktbUserInfo 方法，功能是根据传入的用户名、密码、用户级别 3 个参数，返回一个用户对象是否存在来判断用户登录。添加的命名空间代码如下。

```
using System.Data;
using System.Data.SqlClient;
using System.Configuration;
using StuInfoModel;
```

定义 DALtbUserInfo 类，在该类中设计检查根据传入的参数即用户名、密码、用户级别判断用户对象是否存在的方法 DALChecktbUserInfo，若存在，则返回一个用户对象；若不存在，则返回一个空值。DALtbUserInfo 类设计代码如下。

```
        public tbUserInfo DALChecktbUserInfo(string myName,string myPwd,string myType)
        {
            tbUserInfo user=null ;
            SqlConnection conn = new SqlConnection(conStr);
            string sql = "select *from tbUserInfo where userName ='"+myName +"' and
                    userPwd='"+myPwd+"' and userType='"+myType+"'";
            try
            {
                conn.Open();
                SqlDataAdapter da = new SqlDataAdapter(sql, conn);
                DataSet ds = new DataSet();
                da.Fill(ds);
                if (ds.Tables[0].Rows.Count != 0) //数据表集 ds 中第一张表满足 SQL 语句的行统计
                {
                    user = new tbUserInfo(); //创建一个用户对象，不满足条件则不创建
                }
            }
            catch { }
            finally { conn.Close(); }
            return user;
        }
```

(4) 业务逻辑层 StuInfoBLL 的设计。业务逻辑层中需要完成的任务是，定义返回一个用户对象的方法，供表示层调用，该方法的参数分别是用户名、密码和用户级别，方法体是调用数据访问层返回对象的方法，完成用户传递数据(用户名、密码、用户级别)、调用数据访问层 DALChecktbUserInfo 方法操作数据库是否满足条件的用户对象功能。

本例中，导入数据访问层命名空间、模型命名空间；定义 BLLtbUserInfo 类，在该类中实例化数据访问层 DALtbUserInfo 类对象、定义调用数据访问层 DALtbUserInfo 类 DALChecktbUserInfo 方法返回值为用户对象的 BLLCheckUserInfo 方法，该方法参数分别是用户名、密码和用户级别。

添加业务逻辑层引用数据访问层和模型的命名空间代码如下。

```
using StuInfoDAL;
using StuInfoModel;
```

定义 BLLtbUserInfo 类，在该类中定义 BLLCheckUserInfo 方法的代码设计如下。

```
namespace StuInfoBLL
{
    public    class BLLtbUserInfo
    {
        //实例化数据层 DALtbUserInfo 类对象
        DALtbUserInfo dalUserInfo = new DALtbUserInfo();
        //定义调用数据层 DALtbUserInfo 类返回值为用户对象的方法 BLLCheckUserInfo
        public tbUserInfo    BLLCheckUserInfo( string myName,string myPwd,string myType)
        {
            return dalUserInfo.DALChecktbUserInfo(myName ,myPwd ,myType );
        }
    }
}
```

(5) 表示层 StuInfoWeb 的设计。表示层需要完成的任务是，提供一个与用户进行交互操作的界面，在 StuInfoWeb 层中添加用户登录页面 UserLogin.aspx、管理员主页面、教师主页面、学生主页面。

本例仅实现用户登录功能，用户登录前台页面代码设计如下。

```
<body>
    <form id="form1" runat="server">
    <div style ="width :350px;margin :auto;margin-top:150px;font-family :隶书; font-size :20px">
    <fieldset>
        <legend align="center">用户登录</legend>
        <table>
            <tr><td>用户名：</td><td>
                <asp:TextBox ID="txtName" runat="server" Width ="180px"> </asp:TextBox></td></tr>
            <tr><td>密  码：</td>
                <td>
                    <asp:TextBox ID="txtPwd" runat="server" Width ="180px" TextMode=
                        "Password" ></asp:TextBox></td>
            </tr>
            <tr>
                <td>用户类型：</td>
                <td>
                    <asp:DropDownList ID="ddlType" runat="server" Width ="190px" >
                        <asp:ListItem>管理员</asp:ListItem>
                        <asp:ListItem>教师</asp:ListItem>
                        <asp:ListItem>学生</asp:ListItem>
                    </asp:DropDownList></td>
            </tr>
            <tr><td colspan ="2">
```

```
                    <asp:Button ID="btnLogin" runat="server" Text="登录"    Width ="290px"
                        OnClick="btnLogin_Click"/></td></tr>
            </table>
        </fieldset>
        </div>
        </form>
</body>
```

用户登录前台页面效果如图 10.4 所示。

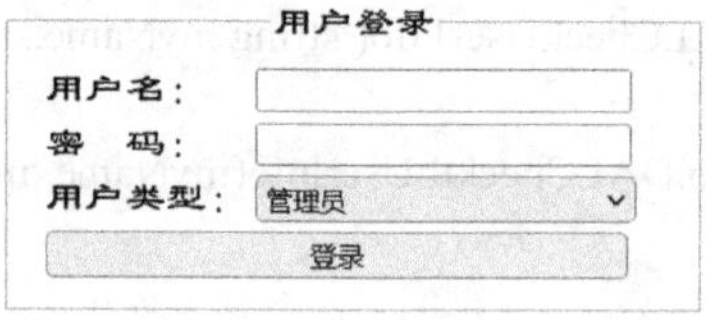

图 10.4　用户登录前台页面效果

用户登录后台逻辑功能代码的设计如下。

```
protected void btnLogin_Click(object sender, EventArgs e)
        {
            tbUserInfo user = new tbUserInfo();
            BLLtbUserInfo bllUser = new BLLtbUserInfo();
            if (string.IsNullOrEmpty(txtName.Text))
            {
                Response.Write("<script>alert('用户名不得为空 !')</script>");
            }
            if (string.IsNullOrEmpty(txtPwd .Text ))
            {
                Response.Write("<script>alert('密码不得为空 !')</script>");
            }
            if (bllUser.BLLCheckUserInfo(txtName .Text ,txtPwd .Text , ddlType .SelectedValue .
                ToString ()) != null)
            {
                switch (ddlType.SelectedValue.ToString())
                {
                    case "管理员":
                        Response.Redirect("AdminMainIndex.aspx");
                        break;
                    case "教师":
                        Response.Redirect("TeacherMainIndex.aspx");
                        break;
                    case "学生":
                        Response.Redirect("StudentMainIndex.aspx");
                        break;
```

```
            }
        }
    }
```

(6) 运行程序。设置 StuInfoWeb 项目为启动项，同时设置 UserLogin.aspx 页面为起始页，当在工具栏中单击“运行”按钮时，即可打开如图 10.4 所示的用户登录页面。在页面中没有输入用户名、密码信息时，单击“登录”按钮，则弹出“用户名不得为空！”的网页对话框；当输入用户名而没有输入密码时，单击“登录”按钮，则弹出“密码不得为空！”的网页对话框；当输入用户名、密码并选择用户级别时，如果该用户存在，则跳转到相应的页面(管理员主页面、教师主页面、学生主页面)，如果用户不存在，则弹出“用户名或密码或用户级别错误!”对话框。

10.3　MVC 开发技术

ASP.NET MVC 开发技术与 ASP.NET WebForm 开发技术是目前 ASP.NET 的两种主流开发方式，两者间是并行关系，不存在谁取代谁的问题，只是软件开发者多了一种选择。

10.3.1　MVC 模式概述

MVC 是一种流行的 Web 应用程序开发模式，被命名为模型-视图-控制器(Model-View-Controller)。MVC 模块实现了显示模块与功能模块的分离，提高了程序的可维护性、可移植性、可扩展性和可重用性，降低了程序的开发难度。

MVC 模式强大且简洁，尤其适合应用在 Web 应用程序中，它将 Web 应用程序大致划分为 3 个组件，分别是模型(Model)、视图(View)、控制器(Controller)，它们的主要功能如下。

- 模型。其是存储或处理数据的组件，主要是业务逻辑层对实体类对应的数据库进行操作。
- 视图。其是用户接口层组件，主要用于用户界面的呈现，包括输入与输出。
- 控制器。其是处理用户交互的组件，主要负责转发请求、对请求进行处理，将数据从模型中获取并传给指定的视图。

10.3.2　MVC 页面请求与路由

认识 MVC 模式的 3 个组件后，通过这 3 个组件可以创建 MVC 模式的项目。创建 MVC 模式项目前需要了解页面的请求过程与路由(Routing)的基本概念。

1. MVC 模式页面请求过程

在 ASP.NET MVC 开发模式中，当用户发出页面请求时，服务器中可能并不存在相应的页面，但有可能是服务器中的某个方法，因此页面请求地址不能按 ASP.NET Web 方式进行分析，这就需要了解 ASP.NET MVC 的页面请求模型。MVC 模式页面请求响应模型如图 10.5 所示。

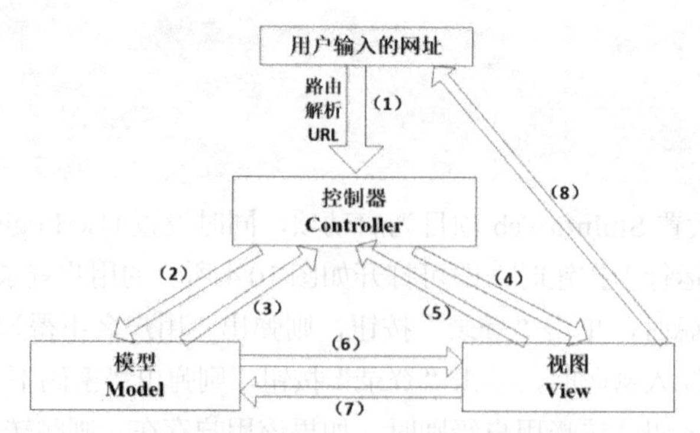

图 10.5　MVC 模式页面请求响应模型

图 10.5 中 MVC 模式页面请求响应模型过程如下。

图中(1)表示用户在浏览器地址栏中输入要访问的网址后，相当于发送一个请求(request)，该请求会被传递给路由，路由会对请求的 URL 进行解析，解析后找到相应的控制器。

图中(2)表示在控制器接收网页发送的请求后，如果需要请求数据，则从模型中取出数据。

图中(3)表示按控制器发出的数据请求，将模型中的数据传递给控制器。

图中(4)表示控制器中获取的数据交给视图负责展示数据，如果不需要请求数据，则直接通过控制器返回一个视图。

图中(5)表示当用户操作视图时，会调用控制器中对应的方法进行操作。

图中(6)表示如果修改模型中的数据，会直接影响视图的显示。

图中(7)表示视图可以直接修改模型中的数据。

图中(8)表示将视图显示到浏览器上供用户查看。

2. URL 路由

路由是指用于识别 URL 的规则，当客户端发送请求时根据规则来识别请求的数据，将请求传递给相应的控制器的 Action 方法，在该方法中执行相应的操作。

在传统 Web 应用程序开发中(如 ASPX、JSP、PHP 等)，URL 表示磁盘上的文件。例如，http://localhost:58756/IndexUserLogin.aspx 路由，可以准确理解为在 Web 站点上有一个文件名为 IndexUserLogin.aspx 的文件，此时 URL 与磁盘文件存在一种对应关系。如果指定的 URL 所对应的文件在服务器上不存在，则浏览器会收到服务器返回的 404 错误。

在 ASP.NET MVC Web 应用程序中，URL 被映射为对一个类的方法调用，而不是服务器磁盘文件。被映射的类称为控制器(controller)类，被调用的方法称为操作(Action)方法。每一个 ASP.NET MVC Web 应用程序至少需要一个路由来说明 URL 如何映射到 Controller 类及 Action 方法；一个 ASP.NET MVC Web 应用程序中可以有多个路由，这些路由存储在路由集(RouteCollection)中，它们共同决定了请求 URL 如何映射到一个资源。

10.3.3　ASP.NET MVC 应用程序结构

创建一个 ASP.NET MVC 程序来了解 ASP.NET MVC 项目框架的一些基本概念和执行过程。

1. ASP.NET MVC 项目开发基本流程

新建一个 MVC 项目，新建 Controller 和 Action，根据 Action 创建 View，在 Action 获取数据并生产 ActionResult 传递给 View(View 是显示数据的模板)，URL 请求即 Controller.Action 处理、View 视图响应。

ASP.NET MVC 项目创建过程如下。

(1) 启动 Visual Studio 2013，选择“文件/新建项目 FirstMVC”，在开发模板中选择“ASP.NET MVC 4 Web 应用程序”，创建 FirstMVC 项目如图 10.6 所示。

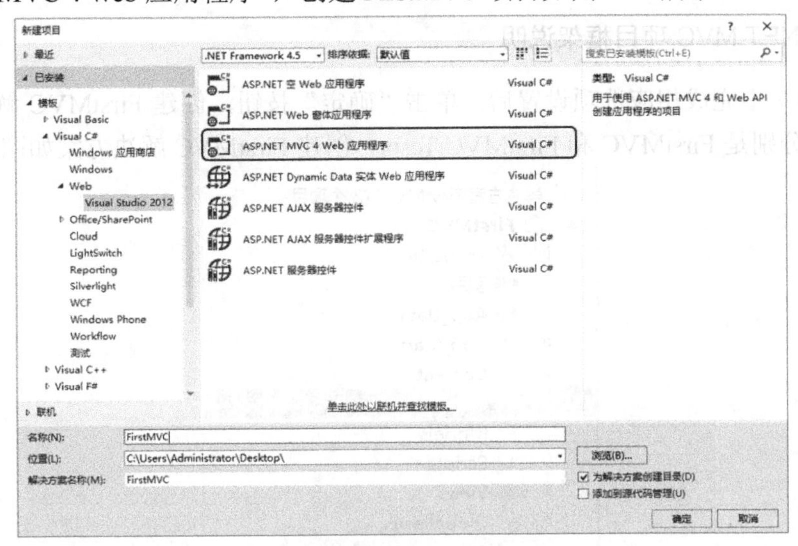

图 10.6　创建 FirstMVC 项目

(2) 单击“确定”按钮，打开项目开发模板选择窗口，如图 10.7 所示。为了培养一个良好的开发习惯，需勾选“创建单元测试项目”复选框。开发项目时，通常选用“基本”模板，视图引擎选择 Razor。

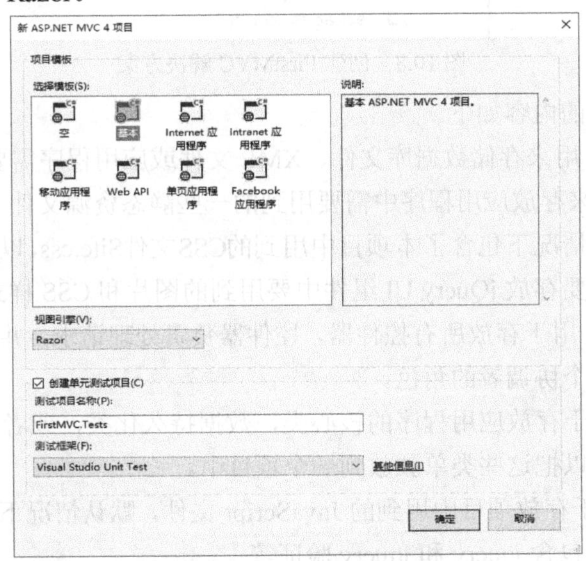

图 10.7　项目开发模板选择

图 10.7 中项目开发模板说明如下。

- Internet 应用程序：外网访问的 Web 应用。
- Intranet 应用程序：局域网访问的 Web 应用。
- 单页应用程序：即 Webpages，目前该模板用得比较少。
- 移动应用程序：构建移动端程序。
- Web API：构建 RESTful 服务，轻量级 API 开发框架，与微软之前的 Wcf 重型框架相应。

2. ASP.NET MVC 项目框架说明

在图 10.7 中完成相应选项设置后，单击“确定”按钮，创建 FirstMVC 解决方案下的两个项目，分别是 FirstMVC 和 FirstMVC.Tests。创建 FirstMVC 解决方案如图 10.8 所示。

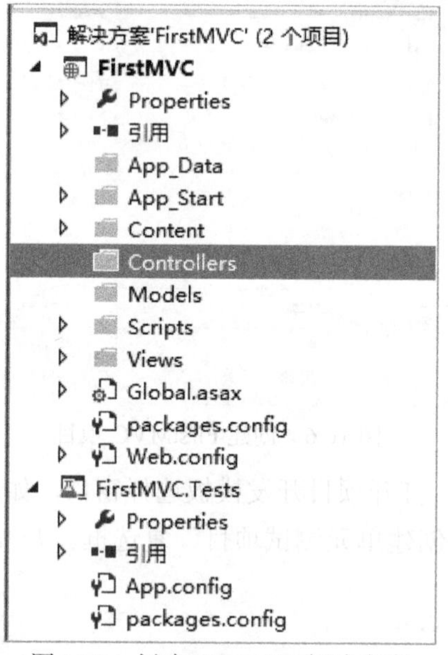

图 10.8　创建 FirstMVC 解决方案

默认项目模板中的内容如下。

- APP_Data：用来存储数据库文件、XML 文件或应用程序需要的一些其他数据。
- Content：用来存放应用程序中需要用到的一些静态资源文件，如图片和 CSS 文件。该目录默认情况下包含了本项目中用到的CSS文件Site.css，以及一个文件夹 themes，该文件夹主要存放 jQuery UI 组件中要用到的图片和 CSS 样式。
- Controllers：用于存放所有控件器，控件器负责处理请求，并决定哪一个Action 执行，充当一个协调者的角色。
- Models：用于存放应用程序的核心类，数据持久化类，或者视图模型。如果项目比较大，可以把这些类单独放到一个项目中。
- Scripts：用于存放项目中用到的 JavaScript 文件，默认情况下，系统自动添加了一些 js 文件，包含 jquery 和 jquery 验证等。

- Views：包含了许多用于用户界面展示的模板，这些模板都是使用 Rasor 视图展示的，子目录对应着控制器相关的视图。
- Global.asax：存放在项目根目录下，代码中包含应用程序第一次启动时的初始化操作，如路由器注册。
- Web.config：同样存在于项目根目录下，包含 ASP.NET MVC 正常运行所需的配置文件信息。

【例题 10.2】运用 MVC 创建一个用户登录页面，如图 10.9 所示。

图 10.9　运用 MVC 创建的用户登录页面

例题 10.2

实现步骤：

(1) 创建一个 ASP.NET MVC 项目 UserLogin 解决方案。具体过程如下：启动 Visual Studio 2013，执行“文件/新建项目”命令，打开“新建项目”对话框，在开发模板中选择“ASP.NET MVC 4 Web 应用程序”，单击“确定”按钮，打开“新 ASP.NET MVC 4 项目”模板窗口，在模板中选择“基本”，在“视图引擎”框中选择 Razor，勾选“创建单元测试项目”复选框，即完成 MVC 项目的创建。

(2) 添加用户实体数据模型。在项目的 Models 文件夹中创建一个实体类。例如，用户类 UserInfo 的代码设计如下。

```
namespace UserLogin.Models
{
    public class UserInfo
    {
        public string UsernName { get; set; }
        public string UserPwd { get; set; }
    }
}
```

(3) 添加登录的控制器。选中项目中的 Controllers 文件夹，右击执行“添加/控制器”命令，打开“添加控制器”对话框，在对话框的“控制器名称”中将 Default 修改为 UserLogin 后，单击“添加”按钮，完成控制器UserLoginController的创建。UserLoginController.cs 文件代码如下。

```
namespace UserLogin.Controllers
{
    public class UserLoginController : Controller
    {
        // GET: /UserLogin/
```

```
            public ActionResult Index()
            {
                return View();
            }
        }
    }
```

代码中的 Index 方法用于处理浏览器的请求，该方法返回值类型是 IActionResult，该类型表示请求响应结果类型。

(4) 修改程序运行的启动控制器。在项目 App_Start 的 RouteConfig.cs 类中将默认的控制器修改为用户添加的控制器 UserLogin。代码设计如下。

```
namespace UserLogin
{
    public class RouteConfig
    {
        public static void RegisterRoutes(RouteCollection routes)
        {
            routes.IgnoreRoute("{resource}.axd/{*pathInfo}");
            routes.MapRoute(
                name: "Default",
                url: "{controller}/{action}/{id}",
                defaults: new { controller = "UserLogin", action = "Index", id = UrlParameter.Optional });
        }
    }
}
```

(5) 添加登录页面视图。将鼠标指针放在 Index 上或选中该方法，然后右击执行“添加视图”命令，打开“添加视图”对话框，单击“添加”命令，在项目的 View 文件夹中会自动生成 UserLogin 文件夹，同时在该文件夹中还会自动创建一个 Index.cshtml 文件，该文件就是登录页面对应的视图文件。视图文件代码设计如下。

```
@{
    ViewBag.Title = "Index";
}
<form>
    <div style="width :350px;margin :auto ;margin-top :30px;font-family :隶书;font-size :20px">
        <fieldset >
            <legend   align="center">用户登录</legend>
            <table>
                <tr><td>用户名：</td><td><input id="Text1" type="text" name="UserName"
                        /></td></tr>
```

```
                <tr><td>密码：</td><td><input id="Password1" type="password" name="UserPwd"
                        /></td></tr>
                <tr><td colspan="2"><input id="Button1" type="button" value="登录"   name="
                        =UserLogin"   /></td></tr>
            </table>
        </fieldset>

    </div>
</form>
```

(6) 运行程序。按 F5 功能键，程序运行效果如图 10.9 所示。

参考文献

[1] 崔淼，关六三，彭炜. ASP.NET 程序设计教程(C#版)[M]. 2 版. 北京：机械工业出版社，2010.

[2] 崔淼，关六三，彭炜. ASP.NET 程序设计教程(C#版)上机指导与习题解答[M]. 2 版. 北京：机械工业出版社，2010.

[3] 韩啸，王瑞敬，刘健南. ASP.NET Web 开发学习实录[M]. 北京：清华大学出版社，2011.

[4] 刘瑞新. ASP.NET 数据库网站设计教程(C#版)[M]. 北京：电子工业出版社，2015.

[5] 朱勇. ASP.NET MVC 项目开发教程[M]. 北京：清华大学出版社，2015.

[6] 喻钧，白小军. Web 应用开发技术(ASP.NET)[M]. 北京：机械工业出版社，2015.

[7] 刘萍. ASP.NET 动态网站设计教程[M]. 2 版. 北京：清华大学出版社，2016.

[8] 李春葆，蒋林，喻丹丹，等. ASP.NET 4.5 动态网站设计教程[M]. 2 版. 北京：清华大学出版社，2017.

[9] 邹琼俊. ASP.NET MVC 企业级实战[M]. 北京：清华大学出版社，2017.

[10] 涂俊英. ASP.NET 程序设计案例教程[M]. 北京：清华大学出版社，2018.

[11] 沈士根，叶晓彤. Web 程序设计——ASP.NET 实用网站开发微课版[M]. 3 版. 北京：清华大学出版社，2018.

[12] 蒋冠雄，叶晓彤，戴振中，等. Web 程序设计——ASP.NET 项目实训[M]. 北京：清华大学出版社，2018.

[13] 储久良. Web 前端开发技术——HTML5、CSS3、JavaScript[M]. 3 版. 北京：清华大学出版社，2019.

[14] 黑马程序员. jQuery 前端开发实战教程[M]. 北京：中国铁道出版社，2020.

[15] 肖宏启，苏畅. ASP.NET 网站开发项目化教程[M]. 北京：清华大学出版社，2021.

[16] 刘伟. 设计模式[M]. 2 版. 北京：清华大学出版社，2021.